普通高等教育"十二五"规划教材

高炉炼铁设计与设备

郝素菊　张玉柱　蒋武锋　编著

北　京

冶金工业出版社

2011

内 容 提 要

全书分为 10 章，系统地介绍了高炉炼铁车间设计、高炉本体设计、高炉装料系统、送风系统、喷吹煤粉系统、煤气除尘系统、渣铁处理系统以及能源回收利用中设备的工作原理、设备选型、工艺流程。对近年来国内外高炉炼铁设计技术发展中应用的新工艺、新方法进行了阐述，反映了目前高炉炼铁设备发展的成果。

本书可作为高等学校冶金工程专业本科、专科和高职高专冶金工程专业教材，也可作为高炉炼铁设计人员和生产技术人员的参考用书。

图书在版编目（CIP）数据

高炉炼铁设计与设备/郝素菊，张玉柱，蒋武锋编著，—北京：冶金工业出版社，2011.7

普通高等教育"十二五"规划教材

ISBN 978-7-5024-5674-0

Ⅰ.①高… Ⅱ.①郝… ②张… ③蒋… Ⅲ.①高炉炼铁—设计—高等学校—教材 ②高炉炼铁—炼铁设备—高等学校—教材 Ⅳ.①TF53 ②TF57

中国版本图书馆 CIP 数据核字（2011）第 184731 号

出 版 人　曹胜利
地　　址　北京北河沿大街嵩祝院北巷 39 号，邮编 100009
电　　话　（010）64027926　电子信箱　yjcbs@cnmip.com.cn
责任编辑　王之光　美术编辑　李　新　版式设计　孙跃红
责任校对　石　静　责任印制　李玉山
ISBN 978-7-5024-5674-0
北京百善印刷厂印刷；冶金工业出版社发行；各地新华书店经销
2011 年 7 月第 1 版，2011 年 7 月第 1 次印刷
787mm×1092mm　1/16；15 印张；364 千字；230 页
32.00 元

冶金工业出版社发行部　电话：（010）64044283　传真：（010）64027893
冶金书店　地址：北京东四西大街46号（100010）　电话：（010）65289081（兼传真）
（本书如有印装质量问题，本社发行部负责退换）

前　言

我国钢铁产量已连续多年位居世界第一。要全面贯彻"高效、优质、低耗、长寿、环保"的炼铁方针,高炉炼铁设计必须积极推行可持续发展和循环经济理念,提高环保和资源综合利用水平。尽管现代高炉炼铁理论已经十分完善,但对炼铁技术的革新从未停止。近年来,随着钢铁技术的发展和产能结构的调整,新技术、新设备不断涌现,一些高能耗、高污染的设备在逐渐被淘汰。本书力求以我国目前所采用的先进生产工艺为主,精练了传统的经典工艺方法,涵盖了近年在吸收国外先进技术基础上,通过自主创新,在高炉长寿技术、高风温热风炉技术、炉渣处理技术以及有关节能减排方面的新工艺、新设备。

炼铁设计是冶金工程专业重要的专业课之一,具有紧密结合生产实际、应用性强的特点,为了满足工程应用型人才培养的需求,我们在编写过程中广泛征求了有关生产厂家、设计院所、高等院校师生的意见,对炼铁设计存在的问题进行了反复的研讨,在参考有关著作、教材、相关文献的基础上,结合笔者多年在教学、生产实践中的应用体会,最后审查定稿。

本书全面涵盖了高炉炼铁的主体设备及附属系统,共分10章,主要内容有:高炉炼铁车间平面布置设计、高炉本体设计、原料供应系统、炉顶装料设备、送风系统、喷煤系统、煤气除尘系统、渣铁处理系统以及能源回收利用。详细阐述了高炉本体、热风炉、高炉炉顶设备、煤气除尘设备和渣铁处理设备的工作原理、特点及应用。

本书可以作为高等院校冶金工程专业的教材,也可作为冶金行业职业培训教材,同时也可以作为高炉炼铁工作人员的参考书。

由于作者的水平所限,书中难免存在不足之处,敬请读者批评指正。

作　者
2011 年 5 月

目 录

1 高炉炼铁设计概述

1.1 高炉炼铁生产工艺流程

高炉炼铁是用还原剂（焦炭、煤等）在高温下将铁矿石或含铁原料还原成液态生铁的过程。其生产工艺流程如图 1-1 所示。

图 1-1 高炉生产工艺流程

1—矿石输送皮带机；2—称量漏斗；3—贮矿槽；4—焦炭输送皮带机；5—给料机；6—粉焦输送皮带机；7—粉焦仓；
8—贮焦槽；9—电除尘器；10—调节阀；11—文氏管除尘器；12—净煤气放散管；13—下降管；14—重力除尘器；
15—上料皮带机；16—焦炭称量漏斗；17—废铁称量漏斗；18—冷风管；19—烟道；20—蓄热室；
21—热风主管；22—燃烧室；23—煤气主管；24—混风管；25—烟囱

高炉本体是冶炼生铁的主体设备，是由耐火材料砌筑的竖立式圆筒形炉体，最外层是由钢板制成的炉壳，在炉壳和耐火材料之间有冷却设备。

要完成高炉生产，除高炉本体外，还必须有其他附属系统的配合，分别是：

（1）供料系统：供料系统的主要任务是及时、准确、稳定地将合格原料送入高炉。包括贮矿槽、贮焦槽、称量与筛分等一系列设备。

（2）送风系统：送风系统主要任务是连续可靠地供给高炉冶炼所需热风。包括鼓风机、热风炉及一系列管道和阀门等。

（3）煤气除尘系统：煤气除尘系统的主要任务是回收高炉煤气，使其含尘量降至 $10mg/m^3$ 以下，以满足用户对煤气质量的要求。包括煤气管道、重力除尘器、洗涤塔、文氏管、脱水器等。

（4）渣铁处理系统：渣铁处理系统的主要任务是及时处理高炉排放出的渣、铁，保证高炉生产正常进行。包括出铁场、开铁口机、堵铁口泥炮、炉前吊车、铁水罐车及炉渣处理设备等。

（5）喷吹燃料系统：喷吹燃料系统主要任务是均匀稳定地向高炉喷吹大量煤粉，以煤代焦，降低焦炭消耗。包括原煤的储存、运输，煤粉的制备、收集及煤粉喷吹等设备。

1.2　高炉生产主要技术经济指标

生产生铁是建设高炉的目的。高炉的高效化，提高利用系数是重要的方面之一，但不应片面理解高效化即为了提高利用系数，而应从高炉的经济效益和社会效益上，全面认识高炉的高效化。高炉的高效化还应包括资源和能源的高效利用、延长高炉寿命、提高设备利用率等。

高炉在高效利用资源和能源方面，应将降低燃料比和焦比放在突出的位置。降低燃料比和焦比是强化高炉冶炼的有力措施，是提高利用系数的有效途径，是全面降低炼铁能源消耗的手段。

强化高炉冶炼包括两个方面：一是提高冶炼强度；二是降低燃料比，缺一不可。两者必须统一。延长高炉寿命，使高炉在一代炉役中单位炉容生产更多的生铁，以充分利用高炉设备资源。

高炉生产技术水平和经济效果以其技术经济指标来衡量，主要技术经济指标有：

（1）高炉利用系数（η_V）。高炉利用系数是指高炉日产量与高炉有效容积之比，即每昼夜、每 $1m^3$ 高炉有效容积的合格生铁产量。计算式如下：

$$高炉利用系数（t/(m^3 \cdot d)）= 高炉日合格产量(t/d)/高炉有效容积(m^3) \tag{1-1}$$

高炉利用系数与高炉炉容有关，是高炉冶炼的一个重要指标，高炉利用系数愈大，高炉生产率愈高。目前，一般大型高炉的高炉利用系数为 $2.2 \sim 2.5 t/(m^3 \cdot d)$。小型高炉利用系数更高，如 $450m^3$ 高炉的利用系数达到 $4.0 \sim 5.0 t/(m^3 \cdot d)$。

（2）焦比。焦比是指高炉冶炼每吨合格生铁所消耗的干焦炭量，也称为入炉焦比。即每昼夜干焦炭消耗量与每昼夜生铁产量之比。

$$焦比（kg/t）= 入炉干焦炭耗用量(kg)/生铁产量(t) \tag{1-2}$$

焦炭消耗量约占生铁成本的 30% ~ 40%，欲降低生铁成本必须力求降低焦比。焦比大小与冶炼条件密切相关，喷吹煤粉可以有效地降低焦比。

（3）煤比。高炉冶炼每吨合格生铁消耗的煤粉量称为煤比。计算式如下：

$$煤比（kg/t）= 煤粉耗用量(kg)/生铁产量(t) \tag{1-3}$$

喷吹其他辅助燃料时的计算方法类同，但气体燃料应以体积（m^3）计量。

单位质量的煤粉所代替的焦炭的质量称为煤焦置换比，表示煤粉利用率的高低。一般煤粉的置换比为 $0.7 \sim 0.9$。

（4）小块焦比。高炉冶炼每吨合格生铁所消耗的干小块焦炭量。计算式如下：

$$小块焦比（kg/t）= 入炉干小块焦炭耗用量(kg)/生铁产量(t) \tag{1-4}$$

（5）燃料比。高炉冶炼每吨合格生铁所消耗的焦炭、煤粉、小块焦炭等燃料的总和。

根据钢铁工业节能设计规范，不同炉容高炉的设计利用系数、焦比和燃料比应符合表1-1。

表1-1 不同炉容高炉的设计利用系数、焦比和燃料比

炉容级别/m³	1000	2000	3000	4000	5000
设计年平均利用系数/t·(m³·d)⁻¹	2.0~2.4	2.0~2.35	2.0~2.3	2.0~2.3	2.0~2.25
设计年平均燃料比/kg·t⁻¹	≤520	≤515	≤510	≤505	≤500
设计年平均焦比/kg·t⁻¹	≤360	≤340	≤330	≤310	≤310

注：不包括特殊矿石炼铁的设计指标。

（6）冶炼强度。冶炼强度是每昼夜、每1m³高炉有效容积燃烧的干焦炭量，即高炉一昼夜焦炭消耗量与有效容积的比值，计算式如下：

$$冶炼强度（t/(m³·d)）=入炉干焦炭耗用量(t/d)/高炉有效容积（m³） \qquad (1-5)$$

冶炼强度表示高炉的作业强度，与鼓入高炉的风量成正比，在焦比不变的情况下，冶炼强度越高，高炉产量越大。

（7）生铁合格率。化学成分符合国家标准的生铁称为合格生铁，合格生铁占总产生铁量的百分数为生铁合格率。是衡量产品质量的指标。

（8）炼铁工序单位能耗。高炉冶炼每吨合格生铁所消耗的各种能源总量。炼铁工序单位能耗包括工序耗用的燃料和动力等能源总量。计算时应扣除回收二次能源外供量、利用余热外供量和利用余能外供量。工序能耗可根据热能平衡表取得。炼铁工序单位能耗等于炼铁工序净耗能量除以生铁产量。

炼铁工序能耗用标准煤来计算时，计算式如下：

$$炼铁工序单位能耗(标准煤)(kg/t)=炼铁工序净耗能量(标准煤)(kg)/生铁产量(t)$$

$$(1-6)$$

根据钢铁工业节能设计规范，不同炉容高炉的炼铁工序单位能耗应符合表1-2。

表1-2 炼铁工序单位能耗

炉容级别/m³		1000	2000	3000	4000	5000
工序单位能耗（标准煤）[电按0.404kg/(kW·h)]	kg/t	≤430	≤425	≤420	≤415	≤405
	MJ/t	≤12588	≤12441	≤12295	≤12148	≤11855
工序单位能耗（标准煤）[电按0.1229kg/(kW·h)]	kg/t	≤400	≤395	≤390	≤385	
	MJ/t	≤11709	≤11563	≤11417	≤11270	

注：1. 不包括特殊矿石炼铁的设计指标。

2. 本表综合了《钢铁工业节能设计规范》的规定。

（9）作业率。作业率是指高炉实际作业时间占日历时间的百分数。作业率反映高炉设备维护的水平。

（10）高炉一代寿命。高炉一代寿命是指高炉从点火开炉到停炉大修之间的冶炼时间，或是指高炉相邻两次大修之间的冶炼时间。大型高炉一代寿命为10~15年。

判断高炉一代寿命结束的准则主要是高炉生产的经济性和安全性。如果高炉的破损程度已使生产陷入效率低、质量差、成本高、故障多、安全差的境地，就应考虑停炉大修或改建。衡量高炉炉龄的指标有两条，一是高炉的炉龄，二是一代炉龄内单位容积的合格生铁产量。

1.3　高炉炼铁设计的基本原则

1.3.1　高炉炼铁设计应遵循的基本原则

高炉炼铁设计应该保证新建的高炉车间工艺布置合理、技术经济指标先进、设备有较高的机械化、自动化水平，有安全和尽可能舒适的劳动条件，有可靠而稳定的环境保护措施。高炉炼铁设计应遵循的基本原则有：

（1）合法性。设计原则和设计方案的确定，应当符合国家工业建设的方针和政策。

（2）客观性。设计所选用的指标和技术方案应以客观的数据为依据，做出的设计经得起全面的客观的评审，保证所采用的方案有坚实的基础，并且能成功地付诸实践。

（3）先进性。设计应反映出最近在该领域里成就，并应考虑到发展趋势。

（4）经济性。在厂址、产品、工艺流程等多方案的比较中，选择最经济的方案，使得单位产品投资最低、成本最低、经济效益最佳。

（5）综合性。在设计过程中，各部分的设计方案要互相联系，局部方案应与总体方案相一致，各专业的设计应服从工艺部分。

（6）发展远景。要考虑车间将来发展的可能性，适当保留车间发展所需的土地、交通线路和服务设施。

（7）安全和环保。保证各领域和工作岗位都能安全生产，不受污染，力争做到"场外看不到烟，场内听不到声"，排出的废水、废气应达到国家环保法的要求。

（8）标准化。在设计中尽可能采用各种标准设计，这样可减小设计工作量和缩短建设周期。

（9）美学原则。使车间和工作环境有良好的布局和较好的心理学、生理学劳动条件。在厂内应具有排列美观、色彩明快、安全宜人的环境，以减少疲乏和提高劳动生产率。

1.3.2　钢铁厂的组成

钢铁厂一般包括炼铁、炼钢、轧钢三个车间，如果再加上矿石准备车间和焦化车间，这个工厂就称为钢铁联合企业，只有炼钢和轧钢车间组成的工厂称为钢铁加工厂。

钢铁联合企业是一个完整生产过程的组合体，在经济上是最合理的，可以保证较低的产品成本，在技术上可以合理利用资源、能源及本企业的各种副产品，因此，一般大型企业都建成钢铁联合企业。它与不完整的钢铁厂和钢铁加工厂比较，具有以下优点：

（1）运输费用低廉。如炼钢或轧钢所需要的原材料均由本厂直接供应，这样可节省大量运输费用。

（2）在生产中可以采用热装，因而可以节约燃料、提高产量。

（3）能充分利用本企业的副产品。如将高炉煤气、焦炉煤气或焦油供给本企业其他熔炼炉或加热炉作为燃料。

（4）联合企业设有许多辅助设施，如发电站、水站及各种加工厂等，这样可以充分保证本企业生产的正常进行，不致受外界因素的影响。

1.4 高炉炼铁设计程序和内容

高炉炼铁设计的基本程序是有强约束作用的法定程序。一般要经过以下几个阶段：提出项目建议书及设计任务书；进行项目可行性研究；审批可行性研究报告；进行初步设计；审批初步设计；进行施工图设计；施工建设；竣工验收；交付使用。

建设项目一经决策，并确定建设地点后，即由建设单位委托有资格的设计部门进行设计。设计的根据是经过批准的设计任务书。

设计工作分三个阶段进行，依次为可行性研究、初步设计和施工图设计。设计的不同阶段有不同的要求。

可行性研究的主要内容应包括：设计的指导思想；建设规模；产品方案；总体布置；项目构成；工艺流程；占地面积和土地利用情况；工程投资概算等。

初步设计的内容要比可行性研究报告的内容更详细，更具体，除包含可行性研究的内容外，还应包括主要设备选型和设备数量，公用设施和辅助设施，占地面积和土地利用情况，生产组织和劳动定员，工艺布置图，主要建筑材料用量，环境保护措施及消防设施，工程投资预算及设备回收期等。

初步设计批准后才能做施工图设计。施工图设计就是要绘制出建设施工所必需的一切图纸和文件，包括工艺布置、建筑物、设备制造、安装、试车等所必需的所有施工图纸和施工说明，各种钢材用量、原材料消耗等。

在施工过程中，发现设计错误应由设计单位及时修改，修改后给施工单位发变更通知单，然后按照变更内容进行施工。

1.5 高炉炼铁厂的厂址选择

确定厂址要做多方案比较，选择最佳者。厂址选择的合理与否，不仅影响建设速度和投资，也影响到投产后的产品成本和经济效益，必须十分慎重。厂址选择应考虑以下因素：

（1）要考虑工业布局，有利于经济协作。

（2）合理利用地形设计工艺流程，简化工艺，减少运输量，节省投资。

（3）尽可能接近原料产地及消费地点，以减小原料及产品的运输费用。

（4）地质条件要好，地层下不能有有开采价值的矿物，也不能是已开采区。

（5）水电资源要丰富，高炉车间要求供水、供电不得间断，供电要双电源。

（6）尽量少占良田。

（7）厂址要位于居民区主导风向的下风向或侧风向。

2 高炉炼铁车间设计

在钢铁联合企业中，高炉炼铁车间占有重要地位。在总平面布置中，高炉炼铁车间位置应靠近原、燃料供应车间和成品生铁使用车间，务必使物料流程短捷合理。

2.1 高炉座数及容积的确定

高炉炼铁车间建设高炉的座数，既要考虑尽量增大高炉容积，又要考虑企业的煤气平衡和生铁量的均衡，所以一般根据车间规模，由两座或三座高炉组成为宜。

2.1.1 生铁产量的确定

设计任务书中规定的生铁年产量是确定高炉炼铁车间年产量的依据。

如果任务书给出多种品种生铁的年产量，如制钢铁与铸造铁，则应换算成同一品种的生铁。一般是将铸造铁乘以换算系数，换算为同一品种的制钢铁，求出总产量。折算系数与铸造铁的硅含量有关，详见表 2-1。

表 2-1 折算系数与铸造铁的硅含量关系

铸铁代号	Z15	Z20	Z25	Z30	Z35
Si/%	1.25 ~ 1.75	1.75 ~ 2.25	2.25 ~ 2.75	2.75 ~ 3.25	3.25 ~ 3.75
折算系数	1.05	1.10	1.15	1.20	1.25

如果任务书给出钢材产量，则需要根据金属平衡，确定生铁年产量。首先算出钢液消耗量，这时要考虑浇注方法、喷溅损失等，一般单位钢锭的钢液消耗系数为 1.010 ~ 1.020。再由钢液消耗量确定生铁年产量。吨钢的铁水消耗取决于炼钢方法、炼钢炉容大小、废钢消耗等因素，一般为 1.050 ~ 1.10t，技术水平较高，炉容较大的选低值；反之，取高值。

2.1.2 高炉炼铁车间总容积的确定

计算得到的高炉炼铁车间生铁年产量，除以年工作日，即得出高炉炼铁车间日产量（t），即：

$$高炉炼铁车间日产量 = \frac{年产量}{年工作日} \qquad (2-1)$$

高炉年工作日一般取日历时间的 96%。

根据高炉炼铁车间日产量和高炉利用系数可以计算出高炉炼铁车间总容积（m^3）：

$$高炉炼铁车间总容积 = \frac{日产量}{高炉利用系数} \tag{2-2}$$

高炉利用系数一般直接选定。利用系数的选择应该既先进又留有余地，保证投产后短时间内达到设计产量。如果选择过高则达不到预定的生铁产量，选择过低则使生产能力得不到发挥。

2.1.3　高炉座数的确定

高炉炼铁车间的总容积确定之后就可以确定高炉座数和一座高炉的容积。设计时，一个车间的高炉容积最好相同，这样有利于生产管理和设备管理。

高炉座数要从两方面考虑：从投资、生产效率、管理等方面考虑，数目越少越好；另一方面从铁水供应、高炉煤气供应的角度考虑，则希望数目多些。确定高炉座数的原则应保证在一座高炉停产时，铁水和煤气的供应不致间断。过去钢铁联合企业中高炉数目较多，如鞍钢 10 座以上。近年来随着管理水平的提高，新建企业一般只有 2~3 座高炉，如宝钢现有 3 座高炉。

2.2　高炉炼铁车间平面布置

高炉炼铁车间平面布置的合理性，关系到相邻车间和公用设施是否合理，也关系到原料和产品的运输能否正常连续进行，设施的共用性及运输线、管网线的长短，对产品成本及单位产品投资有一定影响。因此，规划车间平面布置时一定要考虑周到。

2.2.1　高炉炼铁车间平面布置应遵循的原则

高炉炼铁车间平面布置应遵循下列原则：

（1）在工艺合理、操作安全、满足生产的条件下，应尽量紧凑，并合理地共用一些设备与建筑物，以求少占土地和缩短运输线、管网线的距离。

（2）有足够的运输能力，保证原料及时入厂和产品（副产品）及时运出。

（3）车间内部铁路、道路布置要畅通。

（4）要考虑扩建的可能性，在可能条件下留一座高炉的位置。在高炉大修、扩建时施工安装作业及材料设备堆放等不得影响其他高炉正常生产。

2.2.2　高炉炼铁车间平面布置形式

高炉炼铁车间平面布置形式根据铁路线的布置可分为以下四种。

2.2.2.1　一列式布置

一列式高炉平面布置如图 2-1 所示，其主要特点是：高炉与热风炉在同一列线，出铁场也布置在高炉列线上成为一列，并且与车间铁路线平行。这种布置可以共用出铁场和炉前起重机，共用热风炉值班室和烟囱，节省投资；热风炉距高炉近，热损失少。但是运输能力低，在高炉座数多、产量高时，运输不方便，特别是在一座高炉检修时车间调度复杂。

图 2-1　一列式高炉平面布置图

1—高炉；2—热风炉；3—重力除尘器；4—出铁场；5—高炉计器室；6—休息室；7—水渣沟；
8—卷扬机室；9—热风炉计器室；10—烟囱；11—贮矿槽；12—贮焦槽；13—铁水罐车停放线

2.2.2.2　并列式布置

并列式高炉平面布置如图 2-2 所示，其主要特点是：高炉与热风炉分设于两条列线上，出铁场布置在高炉列线，车间铁路线与高炉列线平行。这种布置可以共用一些设备和建筑物，节省投资；高炉间距离近。但是热风炉距高炉远，热损失大，并且热风炉靠近重力除尘器，劳动条件不好。

图 2-2　并列式高炉平面布置图

1—高炉；2—热风炉；3—重力除尘器；4—出铁场；5—高炉计器室；6—休息室；7—水渣池；
8—卷扬机室；9—热风炉计器；10—烟囱；11—铁水罐车停放线；12—洗涤塔

2.2.2.3　岛式布置

岛式高炉平面布置如图 2-3 所示，每座高炉和它的热风炉、出铁场、铁水罐车停放线等组成一个独立的体系，并且铁水罐车停放线与车间两侧的调度线成一定交角，一般为 11°~13°。岛式布置的铁路线为贯通式，空铁水罐车从一端进入炉旁，装满铁水的铁水罐车从另一端驶出，运输量大，并且设有专用辅助材料运输线。但是高炉间距大，管线长；设备不能共用，投资高。

图 2-3 岛式高炉平面布置图

1—高炉及出铁场；2—贮焦槽；3—贮矿槽；4—上料皮带机；5—热风炉；6—重力除尘器；7—文氏管；

8—干渣坑；9—计器室；10—循环水设施；11—浓缩池；12—出铁场除尘设施；

13—煤气罐；14—修理中心；15—修理场；16—总值班室

现代高炉炼铁车间的特点是高炉数目少，容积大。为了适应这种大型高炉的需要，岛式布置又有了新的发展，如图 2-4 所示。这种布置采用皮带机上料、圆形出铁场，高炉两侧各有两条铁水罐车停放线，配用大型混铁炉式铁水罐车和摆动流嘴。在炉子两侧还各有一套炉前水冲渣设施，水渣外运采用皮带机。前苏联新里别斯克的 3200m³ 高炉和我国武钢 4 号高炉的布置均与此相似。

图 2-4 圆形出铁场的高炉平面布置图

1, 11—铁水罐车走行线；2, 13—铁水罐车停放线；3—炉前水冲渣设施；4—高炉计器室；5—热风炉；6—烟囱；

7—热风炉风机站；8—圆形出铁扬；9—煤气除尘设备；10—干式除尘设备；12—清灰铁路线；14—上料皮带机；

15—炉渣粒化用压缩空气站；16—运出水渣皮带机；17—辅助材料运输线；18—上炉台的公路；19—矿槽栈桥

2.2.2.4　半岛式布置

半岛式布置是岛式布置与并列式布置的过渡，高炉和热风炉列线与车间调度线间交角增大到45°，因此高炉距离近，并且在高炉两侧各有三条独立的有尽头的铁水罐车停放线和一条辅助材料运输线，如图2-5所示。出铁场和铁水罐车停放线垂直，缩短了出铁场长度；设有摆动流嘴，出一次铁可放置几个铁水罐车，近年来新建的大型高炉多采用这种布置形式。

图2-5　半岛式高炉平面布置示意图

1—高炉；2—热风炉；3—除尘器；4—净煤气管道；5—高炉计器室；6—铁水罐车停放线；7—干渣坑；
8—水淬电器室；9—水淬设备；10—沉淀室；11—炉前除尘器；12—脱水机室；13—炉底循环水槽；
14—原料除尘器；15—贮焦槽；16—贮矿槽；17—备品库；18—机修间；19—碾泥机室；
20—厂部；21—生活区；22—公路；23—水站

3 高炉本体设计

高炉本体包括高炉基础、钢结构、炉衬、冷却设备以及高炉内型设计等。高炉的大小以高炉有效容积表示，高炉有效容积和高炉座数表明高炉车间的规模，高炉内型设计是高炉本体设计的基础。近代高炉内型向着大型横向发展，高炉本体结构设计的先进、合理是实现优质、低耗、高产、长寿的先决条件，也是高炉辅助系统设计和选型的依据。

高炉本体设计应按照高炉长寿技术的要求，选用冷却设备的结构形式、材质、冷却介质、耐火材料、砌体结构及监控技术。高炉长寿是一项系统工程，要注重整体的长寿优化设计。高效冷却设备与优质耐火炉衬的有效匹配，确保高炉各部位同步长寿；使用质量稳定的优质原燃料，保证高炉稳定顺行；在降低燃料比的前提下取得高产；采用有效的监测和维护手段是实现高炉长寿的重要保证。

3.1 高炉内型

高炉是竖炉，高炉内部工作空间剖面的形状称为高炉内型。高炉冶炼的实质是上升的煤气流和下降的炉料之间进行传热传质的过程，因此必须提供燃料燃烧的空间，提供高温煤气流与炉料进行传热传质的空间。高炉内型要适应原燃料条件的要求，保证冶炼过程的顺行。

3.1.1 高炉内型的发展过程

高炉内型的发展过程主要受当时的技术条件和原燃料条件的限制。随着原燃料条件的改善以及鼓风能力的提高，高炉内型也在不断地演变和发展，高炉内型演变过程大体可分为三个阶段。

(1) 无型阶段，又称生吹法。在土坡上挖洞四周砌石块，以木炭冶炼，这是原始的方法。

(2) 大腰阶段，炉腰尺寸过大的高炉内型。由于当时工业不发达，高炉冶炼以人力、蓄力、风力、水力鼓风，鼓风能力很弱，为了保证整个炉缸截面获得高温，炉缸直径很小；冶炼以木炭或无烟煤为燃料，机械强度很低，为了避免在高炉下部燃料被压碎，影响料柱透气性，故有效高度很低；为了人工装料方便并能够将炉料装到炉喉中心，炉喉直径也很小；而大的炉腰直径减小了烟气外流速度，延长了烟气在炉内停留时间，起到焖住炉内热量的作用。因此，炉缸和炉喉直径小，有效高度低，而炉腰直径很大。这类高炉生产率很低，一座 28m³ 高炉日产量只有 1.5t 左右。

19 世纪末，由于蒸汽鼓风机和焦炭的使用，炉顶装料设备逐步实现机械化，高炉内型趋向于扩大炉缸和炉喉直径，并向高度方向发展，逐渐形成近代五段式高炉内型。最初的五段式高炉内型，基本上是瘦长型，由于冶炼效果并不理想，相对高度又逐渐降低。

（3）近代高炉，由于鼓风机能力进一步提高，原燃料处理更加精细，高炉内型向着"大型横向"发展。

高炉大型化是世界炼铁的发展趋势之一。各国高炉容积在迅速扩大，由 $2000m^3$ 级向 $5000m^3$ 级发展，使得生产集中度提高，生铁成本降低。全世界 $5000m^3$ 级高炉已达 12 座以上。日本 1973 年高峰时有 63 座高炉，1989 年高炉座数已降到 37 座，平均炉容为 $3143.43m^3$，目前生产高炉仅为 28 座，平均炉容已达到 $4002m^3$，而这期间日本生铁产量变化不大。表 3-1 列举了国外 20 世纪 90 年代以后大修或扩建的高炉。我国生铁产量猛增，但仍有大量 $1000m^3$ 以下的高炉，平均炉容不足 $2000m^3$，大于 $1000m^3$ 的高炉平均利用系数为 $2.5t/(m^3 \cdot d)$，只占生铁产量的 40%，还有 60% 的生铁是由小高炉生产的。要成为钢铁强国，必须扭转这种局面。国内大型高炉在迅速增加，2000 年大于 $2000m^3$ 级高炉有 18 座，到 2006 年底大于 $2000m^3$ 级的高炉已发展到 49 座，且 $4000 \sim 5500m^3$ 高炉也在快速建设之中。表 3-2 列举了国内部分新建的大型高炉，如鞍钢拆掉日伪时期 7 座 $631 \sim 1050m^3$ 高炉，由两座 $3200m^3$ 高炉取代。

表 3-1 国外 20 世纪 90 年代以后大修或扩建部分高炉情况

国别	厂 名	炉号	有效容积/m^3	投产日期（年.月.日）	装料设备形式	冷却设备	铜冷却壁使用情况	冷却用水
日本	户 畑	4	4250	1998.2.1	无料钟	冷却壁		纯水
	名古屋	1	4650	1992.5.6	无料钟	冷却壁		纯水
	君 津	4	5555	2003.5.8	无料钟	冷却壁	炉缸、炉腹、炉腰、炉身 11 段，556 块	纯水
	君 津	3	4822	2001	无料钟	冷却壁		纯水
	大 分	1	4884	1993.5.18	料钟	冷却壁	炉腹至炉身中部铸铜冷却壁	纯水
	大 分	2	5775	2004.5.15	料钟	冷却壁	炉腹至炉身中部铸铜冷却壁	纯水
	福 山	4	4288	1990.6.11	料钟	冷却壁	2 段铸铜冷却壁	纯水
	水 岛	4	4826	2001.10	无料钟	板壁结合	炉身下部 2 段铜冷却壁与铜冷却板结合	纯水
	千 叶	6	5153	1998.5.26	无料钟	板壁结合	冷却壁与铜冷却板结合	纯水
	鹿 岛	3	5050	1990.8.24	无料钟	冷却壁		纯水
韩国	光 阳	4	3800	1992	无料钟	板壁结合		纯水
	光 阳	5	3800	2000	无料钟	冷却壁		纯水
德国	施韦尔根	1	4416	1996.6	无料钟	板壁结合，炉身为铜冷却板	炉腹、炉腰 3 段用 SMS 轧制铜冷却壁（7 块为上一代用过 11 年的）	软水
	施韦尔根	2	5513	1993.11	无料钟	板壁结合，炉身为铜冷却板	炉腰 1 段用 SMS 轧制铜冷却壁	软水
	马里蒂姆	A	2022	1992.6	无料钟	冷却壁		
	马里蒂姆	B	2374	1998.6	无料钟	冷却壁	炉身 7 段 + 炉缸 2 段为 SMS 轧制铜冷却壁	
	林 茨	A	2772	1994.9	无料钟	冷却壁		软水
	迪林根	4	2120	1996	无料钟	冷却壁	炉腹、炉腰 4 段用 SMS 轧制铜冷却壁	软水

续表 3-1

国别	厂 名	炉号	有效容积/m³	投产日期 (年.月.日)	装料设备形式	冷却设备	铜冷却壁使用情况	冷却用水
卢森堡	艾莫伊登	7	4450	1991.7	料钟	铜板＋石墨砖		
	格 里	13	2952	1991.6	无料钟	板壁结合		
	HKM	A	2445	1998.9	料钟	板壁结合	炉腹、炉腰 6 段，采用高 800mm 小型铜冷却壁与铜冷却板结合	
英国	Bremen（布莱梅）	2	3198	1999	料钟	冷却壁	炉腹 4 段，炉缸 2 段，采用铜冷却壁和 PW 连铸坯铜冷却壁	软水
法国	敦刻尔克	4	4265	2000	无料钟	冷却壁	炉腹、炉腰 4 段，用 SMS 轧制铜冷却壁	软水

表 3-2　国内部分新建的大型高炉

厂 名	首钢曹妃甸	鞍 钢	武 钢	本 钢	邯 钢
高炉炉容/m³	5500	4038	4000	4350	3200
高炉座数/座	2	2	1	1	2
投产时间	2008 年	2008 年	2008 年	2008 年	2008 年

高炉内型合理与否对高炉冶炼过程有很大影响。高炉内型设计合理是获得良好技术经济指标，保证高炉操作顺利的基础。

3.1.2　高炉内型

高炉内型分为六个部分，由炉缸、炉腹、炉腰、炉身、炉喉和死铁层组成。炉缸、炉腰和炉喉为圆柱形，炉腹和炉身为锥台形。高炉内型各部位尺寸的表示符号如图 3-1 所示。

图 3-1　高炉内型各部位尺寸的表示符号

d—炉缸直径；D—炉腰直径；d_1—炉喉直径；H_u—有效高度；h_1—炉缸高度；h_2—炉腹高度；h_3—炉腰高度；h_4—炉身高度；h_5—炉喉高度；h_0—死铁层高度；h_f—风口高度；α—炉腹角；β—炉身角

3.1.2.1 高炉有效高度和有效容积

高炉有效高度为高炉零料线到出铁口中心线之间的垂直距离。料钟式高炉的零料线是指大钟下降下沿位置。无料钟式高炉的零料线设置在炉喉钢砖上沿位置。出铁口中心线的定义是以炉缸内型的轮廓线与出铁口通道中心线的交点为基准点引出的水平线（见图 3-1）。出铁口中心线只与内型有关，而与出铁口处的砌体厚度和炉壳的尺寸无关。

高炉有效容积为高炉有效高度内所包容的容积。

高炉有效高度对高炉内煤气与炉料之间的传热传质过程有很大影响。在相同炉容和冶炼强度条件下，增大有效高度，炉料与煤气流接触机会增多，有利于改善传热传质过程，降低燃料消耗；但过分增加有效高度，料柱对煤气的阻力增大，容易形成料拱，对炉料下降不利，甚至破坏高炉顺行。高炉有效高度应适应原燃料条件，如原燃料强度、粒度及均匀性等。生产实践证明，高炉有效高度与有效容积有一定关系，但不是直线关系，当有效容积增加到一定值后，有效高度的增加则不显著。

有效高度与炉腰直径的比值（H_u/D）是表示高炉"矮胖"或"细长"的一个重要设计指标。

随着高炉有效容积的增加，H_u/D 在逐渐降低。表 3-3 为国内外部分高炉内型及 H_u/D 值。

表 3-3 国内外部分高炉内型及 H_u/D 值

国　家	乌克兰	日　本			俄罗斯	中　国			
厂　别	克里沃罗格	鹿岛	君津	千叶	新利佩茨克	宝钢	武钢	马钢	包钢
炉　号	9	3	3	5	5	3	5	1	3
炉容/m³	5026	5050	4063	2584	3200	4350	3200	2545	2200
H_u/m	33.5	31.8	32.6	30	32.2	31.5	30.6	29.4	27.3
D/m	16.1	16.3	14.6	12.1	13.3	15.2	13.4	12.0	11.6
H_u/D	2.08	1.95	2.23	2.48	2.421	2.072	2.283	2.45	2.353

3.1.2.2 炉缸

高炉内型下部的圆筒部分为炉缸，炉缸的上、下部位分别设有风口与铁口，现代大型高炉多不设渣口。炉缸下部容积盛装液态渣铁，上部空间为风口的燃烧带。

A　炉缸直径

炉缸直径（d）过大和过小都直接影响高炉生产。直径过大将导致炉腹角过大，边缘气流过分发展，中心气流不活跃而引起炉缸堆积，同时加速对炉衬的侵蚀；炉缸直径过小限制焦炭的燃烧，影响产量的提高。炉缸截面积应保证一定数量的焦炭和喷吹燃料的燃烧。炉缸截面燃烧强度是高炉冶炼的一个重要指标，是指每小时每平方米炉缸截面积所燃烧的焦炭的数量，一般为 $1.0 \sim 1.25t/(m^2 \cdot h)$。炉缸截面燃烧强度的选择，应与风机能力和原燃料条件相适应，风机能力大、原料透气性好、燃料可燃性好的燃烧强度可选大些，否则选低值。

根据高炉每天燃烧的焦炭量得到下列关系式：

$$\frac{\pi}{4}d^2 i_{燃} \cdot 24 = I V_{u}$$

得出

$$d = 0.23 \sqrt{\frac{I V_{u}}{i_{燃}}} \tag{3-1}$$

式中　I——冶炼强度，$t/(m^3 \cdot d)$；

　　$i_{燃}$——燃烧强度，$t/(m^2 \cdot h)$；

　　V_{u}——高炉有效容积，m^3；

　　d——高炉炉缸直径，m。

计算得到的炉缸直径应该再用 V_{u}/A 进行校核，根据经验 V_{u}/A 取值一般为 24~30。

B　炉缸高度

炉缸高度 (h_1) 的确定，包括风口高度以及风口安装尺寸的确定。

铁口位于炉缸下水平面，铁口数目根据高炉炉容或高炉产量而定，一般 $1000m^3$ 以下高炉设一个铁口，$1500~3000m^3$ 高炉设 2~3 个铁口，$3000m^3$ 以上高炉设 3~4 个铁口，或以每个铁口日出铁量 1500~3000t 设铁口数目。原则上出铁口数目取上限，有利于强化高炉冶炼。

风口中心线与铁口中心线间距离称为风口高度 (h_{f})。

风口高度的确定，可以参照下式计算：

$$h_{f} = h_{铁} \frac{b}{c}$$

根据

$$P = h_{铁} A \rho_{铁} N$$

$$A = \frac{\pi}{4}d^2$$

得出

$$h_{f} = \frac{4bP}{\pi N c \rho_{铁} d^2} \tag{3-2}$$

式中　$h_{铁}$——两次出铁之间铁水面最大高度，m；

　　P——日产生铁量，t；

　　b——生铁产量波动系数，一般取 1.2；

　　N——昼夜出铁次数，一般 2h 出一次铁；

　　$\rho_{铁}$——铁水密度，$7.1t/m^3$；

　　c——风口以下炉缸容积利用系数，一般取 0.25~0.36，炉容大取低值；

　　A——炉缸截面积，m^2；

　　d——炉缸直径，m。

高炉风口数目 (n) 的确定，应符合炼铁工艺要求以及风口区炉壳开孔和结构的要求。风口数目主要取决于炉容大小，与炉缸直径成正比，还与预定的冶炼强度有关。风口数目多有利于减小风口间的"死料区"，改善煤气分布。确定风口数目可以按下式计算：

$$n = 2(d+2) \tag{3-3}$$

4000m³ 左右的巨型高炉

$$n = 3d \qquad\qquad (3-4)$$

式中　d ——炉缸直径，m。

风口数目也可以根据风口中心线在炉缸圆周上的距离进行计算：

$$n = \frac{\pi d}{s} \qquad\qquad (3-5)$$

s 取值在 1.1 ~ 1.6m 之间。日本设计的 4000m³ 以上的巨型高炉，s 取 1.1m，增加了风口数目，有利于高炉冶炼的强化。确定风口数目时还应考虑风口直径与入炉风速，风口数目一般取偶数。风口数目宜符合表 3-4 的规定。

表 3-4　不同炉容的高炉适宜的风口数目

炉容级别/m³	1000	1500	2000	2500	3000	3500	4000	4500	5000
风口数目/个	16 ~ 20	18 ~ 26	24 ~ 28	26 ~ 30	28 ~ 32	30 ~ 34	34 ~ 38	36 ~ 40	40 ~ 42

风口直径由出口风速决定，一般出口风速为 100m/s 以上，4000m³ 左右巨型高炉的出口风速可达 200m/s。风口直径亦可根据经验确定。

风口结构尺寸（a）根据经验直接选定，一般为 0.35 ~ 0.5m。

炉缸高度 h_1

$$h_1 = h_f + a \qquad\qquad (3-6)$$

3.1.2.3　炉腹

炉腹在炉缸上部，呈倒截圆锥形。炉腹的形状适应了炉料熔化滴落后体积的收缩，稳定下料速度。同时，可使高温煤气流离开炉墙，既不烧坏炉墙又有利于渣皮的稳定，对上部料柱而言，使燃烧带处于炉喉边缘的下方，有利于松动炉料，促进冶炼顺行。燃烧带产生的煤气量为鼓风量的 1.4 倍左右，理论燃烧温度 1800 ~ 2000℃，气体体积激烈膨胀，炉腹的存在适应这一变化。

炉腹的结构尺寸是炉腹高度（h_2）和炉腹角（α）。炉腹过高，有可能炉料尚未熔融就进入收缩段，易造成难行和悬料；炉腹过低则减弱炉腹的作用。炉腹高度也可由下式计算：

$$h_2 = \frac{D - d}{2}\tan\alpha \qquad\qquad (3-7)$$

炉腹角一般为 79° ~ 83°，过大不利于煤气分布并破坏稳定的渣皮保护层，过小则增大对炉料下降的阻力，不利于高炉顺行。

3.1.2.4　炉身

炉身呈正截圆锥形，其形状适应炉料受热后体积的膨胀和煤气流冷却后体积的收缩，有利于减小炉料下降的摩擦阻力，避免形成料拱。炉身角（β）对高炉煤气流的合理分布和高炉顺行影响较大。炉身角小，有利于炉料下降，但易发展边缘煤气流，过小时会导致边缘煤气流过分发展，使焦比升高。炉身角大，有利于抑制边缘煤气流，但不利于炉料下降，对高炉顺行不利。设计炉身角时要考虑原燃料条件，原燃料条件好，炉身角可取大值；相反，原料粉末多，燃料强度差，炉身角取小值；高炉冶炼强度高，喷煤量大，炉身角取小值。同时也要适应高炉容积，一般大高炉由于径向尺寸大，所以径向膨胀量也大，这就要求 β 角小些，相反炉容小的高炉 β 角大些。炉身角一般取值为 $81.5° \sim 85.5°$ 之间。$4000 \sim 5000 m^3$ 高炉 β 角取值为 $81.5°$ 左右，前苏联 $5580 m^3$ 高炉 β 角取值 $79°42'17''$。

炉身高度（h_4）占高炉有效高度的 $50\% \sim 60\%$，保障了煤气与炉料之间传热和传质过程的进行。可按下式计算：

$$h_4 = \frac{D - d_1}{2} \tan\beta \tag{3-8}$$

3.1.2.5 炉腰

炉腹上部的圆柱形空间为炉腰，是高炉内型中直径最大的部位。炉腰处恰是冶炼的软熔带，透气性变差，炉腰的存在扩大了该部位的横向空间，改善了透气条件。

在高炉内型结构上，炉腰起着承上启下的作用，使炉腹向炉身的过渡变得平缓，减小死角。经验表明，炉腰高度（h_3）对高炉冶炼的影响不太显著，一般取值 $1 \sim 3m$，炉容大取上限，设计时可通过调整炉腰高度修定炉容。

炉腰直径（D）与炉缸直径（d）和炉腹角（α）、炉腹高度（h_2）几何相关，并决定了高炉内型的下部结构特点。一般炉腰直径（D）与炉缸直径（d）有一定比例关系，大型高炉 D/d 取值 $1.09 \sim 1.15$。

3.1.2.6 炉喉

炉喉呈圆柱形，其作用是承接炉料，稳定料面，保证炉料合理分布。炉喉直径（d_1）与炉腰直径（D）、炉身角（β）、炉身高度（h_4）几何相关，并决定了高炉内型的上部结构特点。d_1/D 取值在 $0.64 \sim 0.73$ 之间。

3.1.2.7 死铁层厚度

铁口中心线到炉底砌砖表面之间的距离称为死铁层厚度（h_0）。死铁层是不可缺少的，其内残留的铁水可隔绝铁水和煤气对炉底的侵蚀，其热容量可使炉底温度均匀稳定，消除热应力的影响。

根据经验，浅的死铁层的边缘角部仍存在狭小的无焦炭的铁水自由空间。在那里形成强烈的环流，冲刷炉缸耐火材料，不易形成凝结保护层。因此，加深死铁层已被公认为延长炉缸、炉底寿命的措施。但死铁层应该多深合适，尚无定论，意见还不统一，总的来说，国内高炉死铁层正谨慎地逐渐加深。

由于喷煤量的提高，炉料重量增加，沉入铁水的深度加大。此外，较深的死铁层能减轻炉缸的环流，保护炉底，延长高炉炉底寿命。建议死铁层深度按下式计算：

$$h_0 = 0.0436 V_u^{0.522} \tag{3-9}$$

高炉的死铁层高度与炉缸直径之比增加到 $0.22 \sim 0.25$，对提高喷煤量、活跃炉缸有利。

3.1.3 高炉内型设计与计算

3.1.3.1 高炉内型设计方法

高炉内型设计的依据是单座高炉的生铁产量，由产量确定高炉有效容积，再以有效容积为基础，计算其他尺寸。有关高炉内型的名词概念有：

（1）高炉设计内型指高炉设计者设计砖衬所包容的内型尺寸，即喷涂料及保护砖应包括在有效容积之内。但是，一旦高炉投入生产，内衬会受到损坏和侵蚀，设计内型会发生变化。设计内型的合理与否取决于设计者的经验，即设计者预见高炉投产后形成的操作内型是否合理的能力。

（2）高炉操作内型指高炉投产后，工作一段时间，炉衬被侵蚀，高炉内型发生变化后的高炉内型。实际上，它对高炉生产起着主导的作用。由于目前一般采用厚壁炉墙，在高炉生产过程中，随着高炉内衬的侵蚀，高炉内型是不断变化的。往往高炉投产初期生产指标（包括高炉利用系数和燃料比等）较差，而后指标逐渐改善，但到炉役后期又有不同程度的变坏。同时，往往在投产初期采取发展边缘的操作，但到后期采取压制边缘的操作。相应的，在炉役期间指标也在不断变化。合理高炉内型是在高炉生产操作过程中，操作指标最佳时期所具有的内型尺寸，具有时间性和相对性。这时既不是设计的高炉内型，也不同于生产末期，停炉后测量得到的内型。在设计时，应充分考虑这一变化规律，力求在生产中获得合理操作内型。

高炉炼铁是复杂的物理化学过程，设计的高炉内型必须适应冶炼过程的需要，保证高炉一代寿命获得稳定的较高的产量，优质的产品，较低的能耗和长寿。高炉在一代炉役中，炉衬不断被侵蚀，高炉内型不断发生变化。高炉内型变化的程度和趋势与冶炼原料条件、操作制度有关，与炉衬结构和耐火材料的性能有关，还与冷却系统结构及冷却制度有关。高炉冶炼实际上是长时间在操作高炉内型内进行。因此，掌握冶炼过程中高炉内型的变化及其趋势，对设计合理的高炉内型非常重要。

高炉内型设计一般都采用经验数据和经验公式，这具有一定的局限性，不能生硬套用，应做具体分析和修正。下面介绍两种高炉内型设计的方法。

A 比较法

由给定的产量确定炉容，根据建厂的冶炼条件，寻找条件相似，炉容相近，各项生产技术指标较好的合理高炉内型作为设计的基础。首先确定几个主要设计参数，然后，选择各部位的比例关系作容积计算，并与已确定的高炉内型进行比较，经过几次修订参数和计算，确定较为合理的高炉内型。目前，设计高炉多采用这种方法。

B 计算法

高炉内型的计算法即经验数据的统计法，对一些经济技术指标比较先进的高炉内型进行分析和统计，得到高炉内型中某些主要尺寸与有效容积的关系式，以及各部位尺寸间的关系。计算时可选定某一关系式，算出某一主要尺寸，再根据高炉内型中各部位尺寸间的关系式作高炉内型计算，最后校核炉容，修定后确定设计高炉内型。

下面介绍一些经验公式，可作为设计参考。

$$H_u = 6.44 V_u^{0.2} \tag{3-10}$$

$$d = 0.32 V_u^{0.45} \tag{3-11}$$

式（3-10）、式（3-11）适应于我国 20 世纪 50~70 年代 1000~2000m³ 高炉的基本情况，高炉内型偏高，横向尺寸偏小，为瘦长型。

随着原燃料条件的改善及富氧喷煤技术的发展，高炉内型在不断变化。通过对国内外

100 多座近代大型和巨型高炉进行分析和统计计算，推导出以下高炉内型计算式：

$$h_0 \geqslant 0.0937 V_u d^{-2} \tag{3-12}$$

$$d = 0.4087 V_u^{0.4205} \tag{3-13}$$

$$h_1 = 1.4206 V_u^{0.159} - 34.8707 V_u^{-0.841} \tag{3-14}$$

$$h_2 = （1.6818 V_u + 63.5879）÷（V_u^{0.7848} + 0.719 V_u^{0.8129} + 0.517 V_u^{0.841}） \tag{3-15}$$

$$D = 0.5684 V_u^{0.3942} \tag{3-16}$$

$$h_3 = 0.3586 V_u^{0.2152} - 6.3278 V_u^{-0.7848} \tag{3-17}$$

$$h_4 = （6.3008 V_u - 47.7323）÷（V_u^{0.7848} + 0.7833 V_u^{0.7701} + 0.5769 V_u^{0.7554}） \tag{3-18}$$

$$d_1 = 0.4317 V_u^{0.3771} \tag{3-19}$$

$$h_5 = 0.3527 V_u^{0.2446} + 28.3805 V_u^{-0.7554} \tag{3-20}$$

按式（3-12）式（3-20）对各级别高炉进行计算，计算结果误差小于 0.25%。计算得到的高炉内型基本符合近代大型高炉内型尺寸结构，体现了近代高炉横向型发展的总趋势。但计算得到的高炉内型只是相似型，没有有效地反映出高炉冶炼条件的差异。因此，考虑到不同地区的高炉冶炼条件及特点，应对计算得到的高炉内型做合理调整。

表 3-5 为国内外部分高炉内型尺寸，设计高炉时可作参考。

表 3-5 国内外部分高炉内型尺寸

符号	单位	大分	前苏联	日本鹿岛	日本福山	日本君津	新利佩茨克	宝钢	武钢	本钢	南钢
V_u	m³	5775	5580	5050	4617	4063	3200	4063	3381	2686	2150
d	mm	15600	15100	15000	14400	13400	12000	13400	12200	11000	10300
D	mm	17200	16500	16300	15900	14600	13300	14600	13900	12880	11800
d_1	mm	11100	11200	10900	10700	9500	8900	9500	9000	8200	7600
H_u	mm	33575	34800	31800	30500	32600	32200	32100	30800	28900	27200
h_1	mm	6050	5700	5100	4700	4900	4600	4900	5000	4300	4500
h_2	mm	4000	3700	4000	4300	4000	3400	4000	3500	3600	3300
h_3	mm	2500	2000	2800	2500	3100	1900	3100	2000	2000	1800
h_4	mm	18400	20700	16900	17000	18100	20000	18100	17900	17000	15600
h_5	mm	2625	3000	3000	2000	2500	2300	2000	2400	2000	2000
h_0	mm	4294	—	1500	1500	1800	—	1800	2500	1900	2000
α		78°41′24″	82°42′17″	82°25′	80°06′	81°28′	79°10′57″	81°28′9″	76°20′59″	75°21′59″	77°11′45″
β		80°35′18″	79°13′17″	81°24′	81°18′	81°59′	83°43′22″	81°58′50″	82°12′23″	82°9′46″	82°20′

3.1.3.2 高炉内型计算例题

设计年产制钢生铁 500 万吨的高炉车间。

（1）确定年工作日：

$$365 \times 96\% = 351d$$

日产量

$$P_总 = \frac{500 \times 10^4}{351} = 14245.0t$$

（2）定容积：选定高炉座数为 2 座，利用系数 $\eta_V = 2.3t/（m^2 \cdot d）$

每座高炉日产量

$$P = \frac{P_{总}}{2} = 7122.5t$$

每座高炉容积

$$V'_u = \frac{P}{\eta_V} = \frac{7122.5}{2.3} = 3097m^3$$

（3）炉缸尺寸：

1）炉缸直径。选定冶炼强度：$I = 0.95t/(m^2 \cdot d)$； 炉缸截面燃烧强度：$i_燃 = 1.05t/(m^2 \cdot h)$

则 $d = 0.23\sqrt{\frac{IV_u}{i_燃}} = 0.23\sqrt{\frac{0.95 \times 3097}{1.05}} = 12.17m$ 取 $d = 12.2m$

校核 $\frac{V_u}{A} = \frac{3097}{\frac{\pi}{4} \times 12.2^2} = 26.51$ 合理

2）炉缸高度。

风口高度

$$h_f = \frac{4bP}{\pi Nc\rho_铁 d^2} = \frac{4 \times 1.20 \times 7122.5}{3.14 \times 10 \times 0.28 \times 7.1 \times 12.2^2} = 3.68m$$ 取 $h_f = 3.7m$

风口数目

$$n = 2(d + 2) = 2 \times (12.2 + 2) = 28.4 个$$ 取 $n = 28$ 个

风口结构尺寸

选取 $a = 0.5m$

则炉缸高度

$$h_1 = h_f + a = 3.7 + 0.5 = 4.2m$$

（4）死铁层厚度：

选取 $h_0 = 1.5m$

（5）炉腰直径、炉腹角、炉腹高度：

选取 $\frac{D}{d} = 1.11$

则 $D = 1.11 \times 12.2 = 13.54m$ 取 $D = 13.5m$

选取 $\alpha = 80.5°$

则 $h_2 = \frac{D - d}{2}\tan80.5° = \frac{13.5 - 12.2}{2}\tan80.5° = 3.88m$ 取 $h_2 = 3.8m$

校核 α $\tan\alpha = \frac{2h_2}{D - d} = \frac{2 \times 3.8}{13.5 - 12.2} = 5.85$ $\alpha = 80.29°$

（6）炉喉直径、炉喉高度：

选取 $\frac{d_1}{D} = 0.68$

则 $d_1 = 0.68 \times 13.5 = 9.18m$ 取 $d_1 = 9.2m$

选取 $h_5 = 2.0m$

（7）炉身角、炉身高度、炉腰高度：

选取 $\qquad \beta = 82.5°$

则 $\qquad h_4 = \dfrac{D - d_1}{2}\tan\beta = \dfrac{13.5 - 9.2}{2}\tan 82.5° = 16.33\text{m} \qquad$ 取 $h_4 = 16.3\text{m}$

校核 β $\qquad \tan\beta = \dfrac{2h_4}{D - d_1} = \dfrac{2 \times 16.3}{13.5 - 9.2} = 7.58 \qquad \beta = 82.48°$

选取 $\qquad \dfrac{H_u}{D} = 2.1$

则 $\qquad H_u = 2.1 \times 13.5 = 28.35\text{m} \qquad$ 取 $H_u = 28.4\text{m}$

求得 $\qquad h_3 = H_u - h_1 - h_2 - h_4 - h_5 = 28.4 - 4.2 - 3.8 - 16.3 - 2.0 = 2.1\text{m}$

（8）校核炉容：

炉缸体积

$$V_1 = \frac{\pi}{4}d^2 h_1 = \frac{\pi}{4} \times 12.2^2 \times 4.2 = 490.97\text{m}^3$$

炉腹体积

$$V_2 = \frac{\pi}{12}h_2(D^2 + Dd + d^2)$$

$$= \frac{\pi}{12} \times 3.8 \times (13.5^2 + 13.5 \times 12.2 + 12.2^2) = 493.23\text{m}^3$$

炉腰体积

$$V_3 = \frac{\pi}{4}D^2 h_3 = \frac{\pi}{4} \times 13.5^2 \times 2.1 = 300.59\text{m}^3$$

炉身体积

$$V_4 = \frac{\pi}{12}h_4(D^2 + Dd_1 + d_1^2)$$

$$= \frac{\pi}{12} \times 16.3 \times (13.5^2 + 13.5 \times 9.2 + 9.2^2) = 1668.91\text{m}^3$$

炉喉体积

$$V_5 = \frac{\pi}{4}d_1^2 h_5 = \frac{\pi}{4} \times 9.2^2 \times 2.0 = 132.95\text{m}^3$$

高炉容积

$$V_u = V_1 + V_2 + V_3 + V_4 + V_5$$
$$= 490.97 + 493.23 + 300.59 + 1668.91 + 132.95$$
$$= 3086.65\text{m}^3$$

误差

$$\Delta V = \frac{V_u' - V_u}{V_u'} = \frac{3097 - 3086.65}{3097} \times 100\%$$
$$= 0.33\% < 1\%$$

高炉内型设计合理，符合要求。

（9）绘制高炉内型图。高炉内型图如图3-2所示。

图3-2 3097m³ 高炉内型图

3.2 高炉炉衬

按照高炉设计内型，用耐火材料砌筑的实体为高炉炉衬。高炉炉衬的作用在于构成高炉的工作空间，减少高炉的热损失，并保护炉壳和其他金属结构免受热应力和化学侵蚀的作用。

高炉炉衬的寿命决定高炉一代寿命的长短。高炉内不同部位工作条件不同，发生不同的物理化学反应，所以需要具体分析各部位炉衬的破损机理，选择不同的耐火材料。

3.2.1 高炉炉衬破损机理

3.2.1.1 炉底、炉缸

根据高炉停炉大修前炉底、炉缸破损状况知道，高炉炉底、炉缸侵蚀的形状为"蒜头形"，在高炉炉底中心"死区"下部及炉底边缘存在铁水环流，对砖衬有较强的冲刷侵蚀。

A 炉底

炉底破损可以分为两个阶段，初期是铁水渗入，第二阶段是熔结层形成后的化学侵蚀。

铁水渗入的条件：一是炉底砌砖承受着液体渣铁、煤气压力及料柱的部分重量；二是砌砖存在砖缝和裂缝。当铁水在高压下渗入砖衬缝隙时，会缓慢冷却，在1150℃时凝固，在冷凝过程中体积膨胀，从而又扩大了缝隙，如此互为因果，铁水可以渗入很深。铁水的渗入会引起炭砖体积膨胀，结构破坏，产生环裂。炉底砖衬在长期的高温高压下，部分会软化重新结晶，形成熔结层。熔结层和下部未熔结的砖衬相比较，熔结层的砖被压缩，气孔率显著降低，体积密度显著提高。

熔结层中砖与砖已烧结成一个整体，能抵抗铁水的渗入，此时铁水渗入已不再是炉底炭砖损坏的主要原因，而转化为铁水对炭砖的化学侵蚀，炉底的侵蚀速度也大大减慢了。

总之，影响炉底寿命的因素：首先是它承受的高压，其次是高温，再次是铁水和渣水在出铁时的流动对炉底的冲刷，炉底的砖衬在加热过程中产生温度应力引起砖层开裂，此外在高温下渣铁也对砖衬有化学侵蚀作用，特别是渣液的侵蚀更为严重。

B 炉缸

炉缸下部是盛渣铁液的地方，而且周期地进行聚积和排出，所以渣铁的流动、炉内渣铁液面的升降、大量的煤气流等高温流体对炉衬的冲刷是主要的破坏因素，特别是铁口附近区域是冲刷最厉害的部位。

高炉炉渣偏碱性，在高温下会引起砖衬的化学侵蚀，这也是一个重要的破坏因素。整个高炉的最高温度区域是炉缸上部的风口带，此处炉衬内表面温度高达1300~1900℃，所以，砖衬的耐高温性能和相应的冷却措施都是非常重要的。

炉缸部位受的压力虽不算很大，但它是难以对付的侧向压力，故仍然不可忽视。

3.2.1.2 炉腹

此处距风口带近，故高温热应力作用很大。由于炉腹倾斜承受着料柱压力和高炉异常操作如崩料、坐料时冲击力的影响。另外还承受初渣的化学侵蚀。由于初渣中 FeO、MnO 以及自由 CaO 含量较高，初渣中 FeO、MnO、CaO 与砖衬中的 SiO_2 反应，生成低熔点化合物，使砖衬表面软熔，在液态渣铁和煤气流的冲刷下而脱落。在实际生产中，往往开炉不久这部分炉衬便很快就被完全侵蚀掉，增加炉衬厚度也无济于事，而是靠冷却壁上的渣皮维持生产。

3.2.1.3 炉腰

炉腰部位砖衬的损坏主要有以下几个方面：高温热应力的影响，初渣的化学侵蚀，煤气流的摩擦冲刷。高炉内煤气实际流速可达 15 ~ 20m/s，并且携带大量粉尘，上升的煤气流对炉衬有很大的冲刷磨损作用，对炉腰上下折角部位的磨损尤为严重。

3.2.1.4 炉身

炉身中下部温度较高，故热应力的影响较大，同时也受到初渣的化学侵蚀以及碱金属和锌的化学侵蚀。炉料中的碱金属和锌，一般以盐类存在，进入高炉后在高温下分解为氧化物，在高炉下部被还原为金属 K、Na、Zn，并挥发随煤气上升，在上升过程中又被氧化为 K_2O、Na_2O、ZnO，部分氧化物沉积在炉料上再循环，部分沉积在炉衬上，还有一部分随煤气排出炉外，这就是碱循环。沉积在炉衬上的这部分碱金属和锌的氧化物与炉衬中的 Al_2O_3、SiO_2 反应生成低熔点的硅铝酸盐，使炉衬软熔并被冲刷而损坏。碱金属氧化物与焦炭在高温下反应生成氰化物（KCN、NaCN），并同水蒸气和 CO_2 反应生成氰化氢（HCN），氰化氢渗入砖衬内分解产生碳沉积，也会引起对炉衬的破坏。碱金属和锌的蒸气渗入砖缝，在适当的温度下同 CO 反应，同样可产生氧化和碳沉积，损坏炉衬。

另外，碳素沉积也是该部位炉衬损坏的一个原因。上升的煤气流中含有 25% 左右的 CO，渗入砖衬气孔和缝隙中的 CO，在 400 ~ 800℃ 发生碳素沉积反应（$2CO = CO_2 + C\downarrow$），尤其当炉衬中有金属铁存在时，铁是碳素沉积反应的催化剂，会加速反应的进行，在 400 ~ 700℃ 之间进行最快，而整个炉身的炉衬却正好都有处于这一温度范围的地方，这是由于炉身下部炉墙内表面温度虽然高于 700℃，但在炉衬内部却有着碳素沉积的适当温度点，因此就会在炉衬中进行沉积，炉身上部沉积点位置靠近炉墙内表面。当碳素沉积在砖缝和裂缝中时，当有温度变化时，沉积碳发生晶型转变，体积变化，使砖衬组织改变，强度下降，以致龟裂而破坏，这对强度较差的耐火砖和泥浆不饱满的炉衬，影响更为严重。

在炉身上部，炉料比较坚硬，具有棱角，下降炉料的磨损和夹带着大量炉尘的高速煤气流的冲刷是这部位炉衬损坏的主要原因。

3.2.1.5 炉喉

炉喉受到炉料落下时的撞击作用，故都用金属保护板加以保护，又称炉喉钢砖，即使如此，它仍会在高温下失去强度和由于温度分布不均匀而产生热变形，炉内煤气流频繁变化时损坏更为严重。

高炉内任何部位的破坏，都是诸多破损机理交替综合作用的结果。对于大型高炉来说，炉身部位是整个高炉的薄弱环节，这里的工作条件虽然比下部好，但由于没有渣皮的保护，寿命反而较短。

最终决定炉衬寿命的因素有：

（1）炉衬质量，是决定炉衬寿命的关键因素，如耐火砖的化学成分、物理性质、外形公差等。

（2）砌筑质量，砌缝大小及是否均匀，膨胀缝是否合理，填料是否填实等。

（3）操作因素，如开炉时的烘炉质量，正常操作时各项操作制度是否稳定、合理。

（4）高炉内型结构尺寸是否合理，如炉身角、炉腹角等。

另一方面高炉内也存在着保护炉衬的因素，如合理的冷却设备、渣皮的形成、炉壳的存在，都有助于炉衬的保护，减弱了高温热应力的破坏。

3.2.2 高炉用耐火材料

3.2.2.1 对耐火材料的要求

根据高炉炉衬的工作条件和破损机理可知，炉衬的质量是决定炉衬寿命的关键因素，对炉衬寿命有重要作用，故对高炉用耐火材料提出如下要求：

（1）耐火度要高。耐火度是指耐火材料开始软化的温度。它表示了耐火材料承受高温的能力。因为高炉长期在高温高压的条件下工作，要求耐火材料具有较高的耐火度，并且高温机械强度要大，具有良好的耐磨性，抗撞击能力。

（2）荷重软化温度要高。荷重软化温度是指将直径 36mm，高 50mm 的试样在 0.2MPa荷载下升温，当温度达到某一值时，试样高度突然降低，这个温度就是荷重软化温度。荷重软化温度能够更确切地评价耐火材料的性能。

（3）Fe_2O_3 含量要低。耐火材料中的 Fe_2O_3 和 SiO_2 在高温下相互作用生成低熔点化合物，降低耐火材料的耐火度；在高炉内，耐火材料中的 Fe_2O_3 有可能被渗入砖衬中的CO 还原生成海绵铁，而海绵铁又促进 CO 分解产生石墨碳沉积，构成对砖衬的破坏作用。

（4）重烧收缩要小。重烧收缩也称残余收缩，是表示耐火材料升至高温后产生裂纹可能性大小的一种尺度。

（5）气孔率要低。气孔率是耐火材料重要指标之一，在高炉冶炼条件下，如果砖衬材料的气孔率大，则为碳素沉积和碱金属的沉积创造了条件，从而引起炉衬破坏。

3.2.2.2 高炉常用耐火材料

高炉常用的耐火材料主要有陶瓷质耐火材料和碳质耐火材料两大类。陶瓷质耐火材料包括黏土砖、高铝砖、刚玉砖和刚玉莫来石砖等；碳质耐火材料包括炭砖、石墨炭砖、半石墨炭砖、微孔炭砖、氮结合碳化硅砖等。

A 黏土砖和高铝砖

黏土砖和高铝砖在高炉上使用已有较长的历史，目前主要用于高炉炉身。

高炉用黏土砖比一般黏土砖具有优良性能。黏土砖过去曾广泛用于炉底、炉缸，现在主要用于高炉炉身上部。高炉用黏土砖要求常温耐压强度高，能够抵抗炉料长期作业磨损；在高温长期作业下体积收缩小，有利于炉衬保持整体性；显气孔率低和 Fe_2O_3 含量低，减少碳素在气孔中沉积，避免砖在使用过程中膨胀疏松而损坏；低熔点物形成少；黏土砖的成本低廉。

YB/T 5050—1993 将高炉用黏土砖按理化指标分为 ZGN-42 和 GN-42 两种牌号，其理化指标见表3-6。

表3-6　高炉用黏土砖的理化指标

项　目	指　标		项　目	指　标	
	ZGN-42	GN-42		ZGN-42	GN-42
$w(Al_2O_3)/\%$	≥42	≥42	重烧线变化/% (1450℃，3h)	0 -0.2	0 -0.3
$w(Fe_2O_3)/\%$	≤1.6	≤1.7	显气孔率/%	≤15	≤16
耐火锥号	176	176	常温耐压强度/MPa	≥58.8	≥49.0
0.2MPa 荷重软化开始温度/℃	≥1450	≥1430	透气率	必须进行此项检验，将实测数据在质量证明书中注明	

YB/T 112—1997 规定了高炉用磷酸浸渍黏土砖的理化指标，见表3-7。

表3-7　磷酸浸渍黏土砖的理化指标

项　目	指标	项　目	指标
$w(Al_2O_3)/\%$	41~45	重烧线变化 (1450℃，3h) /%	-0.2~0
$w(Fe_2O_3)/\%$	≤1.8	显气孔率/%	≤14
$w(P_2O_5)/\%$	≥7	常温耐压强度/MPa	≥60
0.2MPa 荷重软化开始温度/℃	≥1450	抗碱性（强度下降率）/%	≤15

高铝砖是以高铝矾土熟料为主要原料制成的 Al_2O_3 含量大于48%的耐火制品，它比黏土砖有更高的耐火度和荷重软化温度，由于 Al_2O_3 为中性，故抗渣性较好，但是加工困难，成本较高。YB/T 5015—1993 将高炉用高铝砖按 Al_2O_3 含量分为 GL-65、GL-55、GL-48三种牌号，其理化指标见表3-8。

表3-8　高炉用高铝砖的理化指标

项　目		指　标		
		GL-65	GL-55	GL-48
$w(Al_2O_3)/\%$		≥65	≥55	≥48
$w(Fe_2O_3)/\%$		≤2.0		
耐火锥号		180	178	176
0.2MPa 荷重软化开始温度/℃		≥1500	≥1480	≥1450
重烧线变化率/%	1500℃，2h	0 -0.2		
	1450℃，2h			0 -0.2
显气孔率/%		≤19		≤18
常温耐压强度/MPa		≥58.8		49.0
透气率		必须进行此项检验，将实测数据在质量证明书中注明		

黏土砖和高铝砖的外形质量也非常重要，特别是精细砌筑部位更为严格，对于制品的尺寸允许偏差及外形分级规定见表3-9。有时还需再磨制加工才能合乎质量要求，所以在贮运过程中要注意保护边缘棱角，否则会降低级别甚至报废。

表 3-9 黏土砖和高铝砖尺寸允许偏差及外形分级

允许偏差		单位	一级	二级
长 度		%	±1.0	±1.5
炉底砖长度		mm	±2	±3
宽 度		%	±2	±2
厚 度		mm	±1	±2
扭曲	炉底砖	mm	≤1	≤1
	其他部位用砖	mm	≤1.5	≤2
缺角深度		mm	≤3	≤5
缺棱深度		mm	≤3	≤5
熔洞直径		mm	≤3	≤5
渣 蚀			不准有	不准有
裂纹宽度≤0.25mm，长度		mm	不限制	不限制
裂纹宽度0.26~0.50mm，长度		mm	≤15	≤15
裂纹宽度>0.50mm，长度		mm	不准有	不准有

B 碳质耐火材料

随着高炉的强化，喷煤量的增加，炉底、炉缸工作条件的恶化，加速了耐火材料的破坏。碳质耐火材料具有独特的性能，因此逐渐应用到高炉上来，早在20世纪50年代，高炉炉底、炉缸就开始采用炭砖。最早采用炭砖砌筑的炉底炉缸结构为综合炉底。除炉底中心部位上部砌筑高铝砖外，其余炉缸、炉底均用大块炭砖砌筑。由于当时炭砖质量较差，热导率（$\lambda = 3.5 \sim 4.7 W/(m \cdot ℃)$）和抗渗透能力都较低，综合炉底结构普遍存在的问题是炉缸炭砖出现严重的环裂和出铁口区域以下出现异常的"蒜头形"侵蚀。

目前，炉底炉缸部位几乎普遍采用碳质材料，并且在其他部位炉衬的使用量也日趋增加。碳质耐火材料的主要特性如下：

（1）耐火度高，碳是不熔化物质，在3500℃升华，在高炉冶炼温度下碳质耐火材料不熔化也不软化；

（2）极高的荷重软化温度；

（3）高温耐磨性能良好；

（4）具有高导热性，抗热震性好，可以很好地发挥冷却设备的作用，有利于延长炉衬寿命；

（5）高温体积稳定性好；

（6）致命弱点是易氧化，对氧化性气氛抵抗能力差。一般碳质耐火材料在400℃能被气体中 O_2 氧化，500℃开始和 H_2O 作用，700℃时开始和 CO_2 作用，FeO 高的炉渣也易损坏它，所以使用碳质耐火材料时需要砌筑保护层。碳化硅质耐火材料发生上述反应的温度要高一些。

碳质耐火材料主要包括炭砖、石墨砖和碳化硅砖。

a 炭砖

炭砖是以热处理无烟煤或焦炭、石墨为主要原料,以焦油沥青或酚醛树脂为结合剂制成的耐火制品。近年炭砖的使用范围不断扩大,炉腹和炉身下部也开始采用炭砖。

(1) 半石墨炭砖。半石墨炭砖是采用高温煅烧无烟煤、石墨、添加剂为主要原料而制成的耐火制品。半石墨炭砖配方中一般不使用冶金焦为粉料,而使用磨碎的石墨粉料,半石墨炭砖的导热性能非常好,而且抗碱金属盐类腐蚀的能力也比普通炭砖好。

我国某些耐火材料厂生产的半石墨炭砖的理化指标见表3-10。

表3-10　半石墨炭砖的理化指标

项　目	指　标			项　目	指　标		
	WSB	HYB	GYB		WSB	HYB	GYB
真密度/g·cm^{-3}		≥1.90	≥1.9	铁水熔蚀性指数/%	≤30		
体积密度/g·cm^{-3}	≥1.52	≥1.55	≥1.5	抗碱性能	U, LC	U, LC	
显气孔率/%	≤18	≤20	≤20	平均孔半径/μm	<1.25		
氧化率/%	≤20			<1.0μm 的孔径比/%	≥56		
透气率/毫达西①	≤60			灰分/%		≤7	≤8
抗折强度/MPa	≥8.5	≥9	≥7.8	热导率（800℃）/W·(m·K)$^{-1}$	≥7	≥8	≥7
耐压强度/MPa	≥30	≥35	≥30				

① 1 毫达西 = 0.987 × 10^{-3} μm^2。

(2) 微孔炭砖。微孔炭砖是以高温电煅烧无烟煤、人造石墨、碳化硅为主要原料,煤焦油沥青为黏结剂,加入多种添加剂微粉,经过振动成型、高温焙烧、精磨加工而制成的,主要用于高炉炉底上部、炉缸和出铁口。微孔炭砖理化指标(YB/T 141—1998)见表3-11。

表3-11　微孔炭砖理化指标

项　目	指　标	项　目		指　标
真密度/g·cm^{-3}	≥1.90	抗碱性能/级		U, LC
体积密度/g·cm^{-3}	≥1.54	平均孔径/μm		≤0.5
显气孔率/%	≤18	<1.0μm 的孔径比/%		≥70
氧化率/%	≤16	热导率/W·(m·K)$^{-1}$	常温	≥7
透气率/毫达西	≤11		300℃	≥9
耐压强度/MPa	≥36		600℃	≥10
铁水熔蚀性指数/%	≤30		800℃	≥12

(3) 国外炭砖。美国 UCAR 公司生产的热压小块炭砖,采用热压制砖法 BP 工艺(即热模压)成型。将配好的料经过加热混练,与定量的糊料一起放到模具内进行模压、通电加热,脱模后即成。这种热压小块炭砖具有如下特点:优良的高温性能;热导率高,导电性好;良好的抗碱侵蚀性能;抗热震性、热冲击性好;低渗透性,孔隙度小,气孔封闭,吸水性能极弱;炭砖尺寸小,单块炭砖的温差小。日本以电煅烧无烟煤、人造石墨为主要原料生产的炭砖也具有良好的抗碱侵蚀性能以及优良的高温性能和导热性能。法国生产的AM101、AM102 型炭砖,热导率高,抗碱侵蚀性能好。表3-12 ~ 表3-15列出了国外炭砖

的技术指标。

表 3-12　日本电极炭砖的技术指标

项　　目		指　　标				
		石墨砖 AG-C	普炭砖 BC-5	微孔炭砖 BC-7S	超微孔炭砖 BC-8SR	超微孔炭砖 BC-12
密度/g·cm⁻³		≥1.62	≥1.53	1.62	1.71	1.78
显气孔率/%		≤21	≤19	17.5	17	18.5
常温抗压强度/MPa		≥22	≥30.5	43	63	56
抗折强度/MPa				12	14	16
固定碳/%		≥99	≥92			
烧后残余/%				17.5	23	25
挥发分/%		≤0.7	≤0.7			
灰分/%		≤0.3	≤6			
平均孔径/μm				0.3	0.05	0.05
抗碱性能		U	U	U 或 LC	U	U
热导率 /W·(m·K)⁻¹	室温	≥100	≥11	12.8	20.8（200℃）	37（200℃）
	400℃		≥12	13.5	21.1	35
线膨胀系数 （20～900℃）/K⁻¹		≤4.5×10⁻⁶	≤4.5×10⁻⁶	3.4×10⁻⁶	3.5×10⁻⁶	3.4×10⁻⁶

表 3-13　美国热压炭砖的技术指标

项　　目	NMA 热压炭砖	NMD 热压半石墨砖	NMG 热压低灰分炭砖	NMS 含 SiC 热压半石墨砖	NMGS 热压半石墨砖
体积密度/g·cm⁻³	1.61	1.82	1.78	1.86	1.84
显气孔率/%	18	16	16	16	16
耐压强度/kPa	33000	30000	292000	35000	292000
灰分/%	12	9	0.6	17	10
重烧线变化率/%（1000℃）	±0.1	±0.1	±0.1	±0.1	±0.1
热导率（20℃）/W·(m·K)⁻¹	17	60	83	60	70
渗透率/毫达西[①]	11	5	4	3	4

①1 毫达西 = 0.987×10⁻³ μm²，按 UCAR 测量方法检测。

表 3-14　德国 SGL 炭砖的技术指标

项　　目		指　　标				
		石墨砖 AG-C	普炭砖 RD-N	微孔炭砖 3RD-N	炭砖 5RD-N	超微孔炭砖 7RD-N	超微孔炭砖 9RD-N
密度/g·cm⁻³		1.6	1.56	1.64	1.57	1.7	1.69
显气孔率/%		23	14	15	14	15	15
常温抗压强度/MPa		23	40	55	35	55	50

项 目	指 标					
	石墨砖 AG-C	普炭砖 RD-N	微孔炭砖 3RD-N	炭砖 5RD-N	超微孔炭砖 7RD-N	超微孔炭砖 9RD-N
含铁量/%	0.5	0.1	0.1	0.1	0.1	0.1
挥发分/%						
灰分/%	0.5	3	18（含添加剂）	3	22（含添加剂）	20（含添加剂）
>1μm 的孔径比/%			4		2	2
抗碱性能		LC	U	LC	U	U
热导率（30℃） /W·(m·K)$^{-1}$	150	11	9	16	17	18
线膨胀系数 （20~200℃）/K^{-1}	2×10^{-6}	2.4×10^{-6}	2.6×10^{-6}	2.5×10^{-6}	2.6×10^{-6}	2.8×10^{-6}

表 3-15　法国炭砖的技术指标

项 目	AM101	AM102	项 目	AM101	AM102
原料构成	电煅烧、无烟煤、 天然石墨、金属 Si	无烟煤、石墨	灰分/%	5.00	12.00
			氧化速度 /mg·(cm·h)$^{-1}$	10.0	1.0
体积密度/g·cm^{-3}	1.54	1.56	透气率/毫达西	2000	20
显气孔率/%	14	18	热导率（25℃） /W·(m·K)$^{-1}$	6.5	10.0
耐压强度/MPa	31.3	37.2			

　　目前国产炭砖的性能与国外产品相比存在一定差距，因此在大型高炉上使用量较少，炭砖进口量逐渐增加，多数高炉使用了日本、美国和德国的炭砖。因此，迫切需要提高国产炭砖的质量。

　　b　石墨砖

　　高炉用石墨砖是以石油焦、沥青焦和煤沥青等为主要原料。高炉用石墨砖除具有高炉炭砖的一般特性外，还具有较高的热导率。其理化指标应符合 YB/T 122—1997 的规定，详见表3-16。

表 3-16　高炉用石墨砖的理化指标

项 目	指 标	项 目		指 标
真密度/g·cm^{-3}	≥2.18	耐碱性能/级		不低于 LC
体积密度/g·cm^{-3}	≥1.60	热导率/W·(m·K)$^{-1}$	室温	≥45.0
显气孔率/%	≤21		200℃	≥43.0
耐压强度/MPa	≥23.0		600℃	≥40.0
灰分/%	≤0.5		800℃	≥35.0

c　碳化硅砖

用以 Si_3N_4 结合的碳化硅砖砌筑高炉炉身中下部，可以延长高炉寿命。这种砖的优点是：高温性能好（2600℃升华）、耐磨性好、抗渣性好、热膨胀小、热稳定性好、导热性好，其缺点主要是怕氧化。碳化硅砖性能见表3-17。

表 3-17　日本、英国和荷兰高炉用碳化硅砖的性能

国　名	日　本			英　国			荷　兰	
砖　种	Si_3N_4 结合	直接结合	碳素结合	Si_3N_4 结合	Si_2ON_2 结合	直接结合	Si_2ON_2 结合	直接结合
体积密度/g·cm^{-3}	2.78	2.73	1.98	2.60	2.67	2.55	2.53	2.52
显气孔率/%	12.5	15.0	14.4	13.6	14.6	13.2	20.0	（开口）18.0
常温耐压强度/MPa	156.8	137.2	38.2	147.0	>98.0	131.3	168.6	113.7
高温耐压强度（1400℃）/MPa	—	—	—	—	—	—	18.0	42.1
高温抗折强度（1400℃）/MPa	55.9	49.0	—	40.2	32.3	13.7（1500℃）	—	—
荷重软化温度/℃	>1750	>1750	1450	—	—	—	>1600	>1600
热导率/W·(m·K)$^{-1}$	16.66	13.40	—	14.02	—	—	—	—
抗碱性试验（试样掉 2 片或以上）	390①	340①	—	无侵蚀	基质受侵蚀	无侵蚀	—	无侵蚀

①试样于1400℃加热并保温2h、碱处理后的抗折强度（×10^{5}Pa）。

高炉用大块碳质耐火材料的断面尺寸为 400mm×400mm，长度为 800～4000mm。

C　不定形耐火材料

不定形耐火材料主要有捣打料、喷涂料、浇注料、泥浆和填料等。按成分可分碳质不定形耐火材料和陶瓷质不定形耐火材料。

耐火泥浆的作用是填充砖缝，将砖黏结成整体。砖缝是高炉砌砖的薄弱环节，炉衬的侵蚀和破坏首先从砖缝开始。因此耐火泥浆的质量对炉衬寿命有直接影响。耐火泥浆的粒度组成要与炉衬的砖缝相适应。

耐火泥浆由散状耐火材料调制而成，有良好的筑炉性能，即良好的流动性、可塑性及保水性，保证揉砖时间内不干涸、以达到合乎要求的砖缝厚度及砖缝内泥浆饱满。还要有良好的高温性能保证高温下性能稳定及气孔率低。

填料是两层炉衬之间的隔热物质或是黏结物质。一般冷却壁之间用15mm锈接料，冷却壁与炭砖之间用150～200mm炭捣料，冷却壁与炉壳间用15～20mm稀泥浆，炉身砌砖与炉壳之间用100～150mm水渣石棉，炉身部位炉壳内喷涂30～50mm不定形耐火材料，炉喉与钢砖之间用75～150mm耐火泥，炉底炭砖与高铝砖之间用40mm炭糊，水冷管中心线以上用150～200mm炭捣层，水冷管中心线以下用150～200mm耐热混凝土。高炉砌砖用泥浆、填料的组成配比及应用详见表3-18。

表 3-18 高炉砌砖所用的泥浆和填料成分

项次	名 称	成分和数量	使用部位	附 注
1	碳素填料	体积比: 粒度在 4mm 以下冶金焦 80% ~ 84%; 煤焦油 (脱水) 8% ~ 10%, 煤沥青 8% ~ 10%	炉基黏土砖砌体与炉壳之间, 以及黏土砖或高铝砖砌体与周围冷却壁之间的缝隙	
2	厚缝糊	质量比: 粒度为 0 ~ 8mm 的热处理无烟煤或干馏无烟煤 51% ~ 53%; 粒度为 0 ~ 0.5mm 的冶金焦 33% ~ 35%; 油沥青 13% ~ 15% (油沥青成分: 煤沥青 69% ~ 71%; 蒽油 31% ~ 29%)	碳素砌体的厚缝以及炭砖砌体与周围冷却壁之间的缝隙; 炉底平行砌筑炭砖的底层	由制造厂制成的
3	黏土火泥-石棉填料	体积比: NF-28 粗粒黏土火泥 60%; 牌号 7-370 的石棉 40%	炉身黏土砖或高铝砖砌体与炉壳之间、炉喉钢砖区域以及热风炉隔热砖与炉墙之间的缝隙	
4	水渣-石棉填料	体积比: 干燥的水渣 50%, 牌号 7-370 的石棉 50%	炉身黏土砖或高铝砖砌体与炉壳之间、热风炉下部隔热砖与炉墙之间的缝隙	
5	硅藻土填料	粒度为 0 ~ 5mm 的硅藻土粉	热风炉隔热砖与炉墙之间的缝隙	
6	黏土火泥-水泥泥料	体积比: NF-28 中粒黏土火泥 60% ~ 70%; 400 号硅酸盐水泥或矾土水泥 30% ~ 40%	高炉炉底、底基、环梁托圈和热风炉炉底铁板找平	
7	黏土火泥-水泥稀泥浆	体积比: NF-28 中粒黏土火泥 60% ~ 65%; 水泥 40% ~ 35%	炉壳与周围冷却壁之间的缝隙	
8	黏土火泥泥浆	NF-40, NF-38, NF-34 黏土火泥	高炉炉身冷却箱区域及其以下各部位和热风炉各部位的黏土砖砌体	
9	黏土火泥-水泥半浓泥浆	体积比: NF-38 黏土火泥和外加 10% 的水泥	高炉炉身无冷却箱区域的黏土砖砌体和热风管的内衬	
10	黏土熟料-矾土-水玻璃半浓泥浆	质量比: 黏土熟料 55%, 工业用矾土 6%, 水玻璃 10%, 耐火生黏土 (干料) 5%, 水 24%	高炉炉身砌体和热风管的砖衬	水玻璃的密度为 1.3 ~ 1.4g/cm³, 模数为 2.6 ~ 3.0
11	高铝火泥泥浆	高铝水泥	各部位高铝砖砌体	
12	高铝火泥-水玻璃半浓泥浆	体积比: 高铝火泥和外加 15% 的水玻璃	高炉炉身无冷却箱区域的高铝砌体	
13	碳素油	质量比: 粒径为 0 ~ 0.5mm 的冶金焦 49% ~ 51%; 油沥青 51% ~ 49% (其中煤沥青 45%, 蒽油 55%)	炭砖砌体的薄缝以及黏土砖或高铝砖砌体与炭砖砌体的接缝处	由制造厂制成的
14	高强磷酸盐泥浆	高铝熟料粉 100; 工业磷酸 15% ~ 17.5%; 牛皮胶水 20% ~ 24%	各部位高铝砖砌体	

不定形耐火材料与成型耐火材料相比, 具有成型工艺简单、能耗低、整体性好、抗热震性强、耐剥落等优点, 还可以减小炉衬厚度, 改善导热性等。

3.2.3　高炉用砖型与砖数

高炉炉衬设计的内容是选择各部位炉衬的材质，确定炉衬的厚度、计算砖量，说明砌筑方法以及各种耐火泥浆、填料等消耗量计算。炉衬设计的合理可以延长高炉寿命，并获得良好的技术经济指标。

做炉衬设计时要考虑到以下三点：

（1）高炉各部位的工作条件及其破损机理；

（2）冷却设备形式及对砖衬所起的作用；

（3）要预测侵蚀后的高炉内型是否合理。

砖型设计的合理才能保证砌筑质量。砖的厚度一致，均为75mm，可以获得最小的水平缝。砖的长度有230mm和345mm两种，可以方便错缝。砖型有两种，直形砖和楔形砖，单独使用楔形砖或直形砖和楔形砖配合使用，才能砌筑出任意直径的环形炉衬，满足不同炉容高炉的需要。我国高炉用黏土砖和高铝砖的砖型、砖号及尺寸见表3-19。

表3-19　高炉用黏土砖和高铝砖形状及尺寸

砖型	砖号	尺寸/mm			
		a	b	c	d
直形砖	G-1	230	150	—	75
	G-2	345	150	—	75
楔形砖	G-3	230	150	135	75
	G-4	345	150	125	75
	G-5	230	150	120	75
	G-6	345	150	110	75

砖数计算：对炉底可按砌砖总容积除以每块砖的容积来计算。求每层的砖数时，可以用炉底砌砖水平截面积除以每块砖的相应表面积来计算。一般还要考虑2%～5%的损耗。如果需要计算砖的重量，则用每块砖的重量乘砖数。高炉其他部位都是环形圆柱体或圆锥体，不论上下层或里外层，都要砌出环圈来，而砌成环圈时必须使用楔形砖。若砌任意直径的环圈，则需楔形砖和直形砖配合使用，一般以G-1直形砖与G-3或G-5楔形砖配合，G-2直形砖与G-4或G-6楔形砖相配合。由于要求的环圈直径不同，故直形砖和楔形砖的配合数目也不同。

如果单独用G-3、G-4、G-5、G-6楔形砖砌筑环圈，则楔形砖砖数可由下式计算：

$$n_s = \frac{\pi(D_外 - D_内)}{b - b_1} = \frac{2\pi a}{b - b_1} \tag{3-21}$$

式中　n_s——楔形砖数，块；

$D_外$——环圈外径，mm；

$D_内$——环圈内径，mm；

a——砖长度，mm；

b——楔形砖大头宽度，mm；

b_1——楔形砖小头宽度，mm。

由式（3-21）可知，砌筑环圈所需要的楔形砖的砖数 n_s 只与楔形砖两头宽度和砖长度有关，而与环圈直径无关。由此得出：

用 G-3 砌筑环圈需要砖数 $n_s = \dfrac{2 \times 3.14 \times 230}{150 - 135} = 97$ 块

用 G-4 砌筑环圈需要砖数 $n_s = \dfrac{2 \times 3.14 \times 345}{150 - 125} = 87$ 块

用 G-5 砌筑环圈需要砖数 $n_s = \dfrac{2 \times 3.14 \times 230}{150 - 120} = 48$ 块

用 G-6 砌筑环圈需要砖数 $n_s = \dfrac{2 \times 3.14 \times 345}{150 - 110} = 54$ 块

同时得到单独用上述四种楔形砖所砌筑环圈的内径依次是 4150mm、3450mm、1840mm、1897mm。如果要砌筑任意直径的圆环，需要直形砖与楔形砖配合使用，并且楔形砖的砖数仅与砖号有关，是个固定值。总砖数可由下式计算：

$$n_{总} = \frac{\pi D_{外}}{b} \tag{3-22}$$

式中　$n_{总}$——直形砖和楔形砖的总砖数，块；

$D_{外}$——环圈外径，mm；

b——直形砖宽度（楔形砖大头宽度），mm。

则直形砖的砖数可由下式计算：

$$n_{直} = n_{总} - n_s \tag{3-23}$$

式中　$n_{直}$——直形砖的砖数，块；

$n_{总}$——直形砖和楔形砖的总砖数，块；

n_s——楔形砖的砖数，砖型确定后，是一常数。

计算例题　试用 G-3 与 G-1 砖砌筑内径为 12m 的圆环，求所需楔形砖的砖数与直形砖的砖数。

解　圆环外径为：$D_{外} = D_{内} + 2a = 12000 + 2 \times 230 = 12460$ mm

直形砖和楔形砖的总砖数为：$n_{总} = \dfrac{\pi D_{外}}{b} = \dfrac{3.14 \times 12460}{150} = 261$ 块

楔形砖的砖数为：$n_s = \dfrac{2\pi a}{b - b_1} = \dfrac{2 \times 3.14 \times 230}{150 - 135} = 97$ 块

直形砖的砖数为：$n_{直} = n_{总} - n_s = 261 - 97 = 164$ 块

3.2.4　炉底、炉缸结构与砌筑

综合分析高炉炉衬的破损机理发现，高温是炉衬破损的根本条件，其次是渣铁液、碱金属的侵蚀，机械冲刷、渗漏、胀缩开裂、磨损等的动力作用也不可忽视，但就主次来说，应着重从传热学来分析，其次也要从化学侵蚀、动力学来研究，才能得到合理的炉衬结构。

3.2.4.1　炉底、炉缸结构

炉底、炉缸工作条件十分恶劣，承受高温、高压、渣铁冲刷侵蚀和渗透作用。炉缸内盛装铁水和熔渣，特别是风口区燃烧焦炭产生大量煤气，是高炉内温度最高的区域。过去较长一段时间，炉底炉缸采用黏土砖或高铝砖砌筑。此时，炉缸烧穿是对我国高炉生产的

主要威胁，也是影响高炉寿命的主要限制环节。因为，炉底、炉缸的砌筑材料高铝砖和黏土砖的导热性极差，抵抗不住渣铁的侵蚀和机械冲刷。

随着高炉冶炼的强化，喷煤量的增加，加速了对炉底、炉缸耐火材料的破坏。碳质耐火材料因具有独特的性能，逐渐应用到高炉上来，出现了综合炉底结构，且炉底采用风冷或水冷，炉底、炉缸工作状况大为改观，之后 20 多年没有发生大高炉炉缸烧穿事故。

1964 年鞍钢 7 号高炉首次采用综合炉底结构，它是在风冷管碳捣层上满铺 3 层 400mm 炭砖，上面环形炭砖砌至风口中心线，中心部位砌 6 层 400mm 高铝砖，环砌炭砖与中心部位高铝砖相互错台咬合，其寿命达到了 12.4 年，每 1m³ 高炉容积产铁 6471t。之后又在鞍钢多座高炉使用，不过在高铝砖和炭砖的厚度上有所调整，总的趋势是炉底减薄了。综合炉底结构如图 3-3 所示。

图 3-3　综合炉底结构示意图

1—冷却壁；2—炭砖；3—碳素填料；4—水冷管；5—黏土砖；6—保护砖；7—高铝砖；8—耐热混凝土

武钢也曾采用综合炉底结构。在高炉大修时发现，综合炉底结构普遍存在的问题是炉缸高铝砖和环砌炭砖之间出现严重的环裂，经分析是因为高铝砖和炭砖膨胀系数不同造成的，所以之后就出现了全炭砖炉底。宝钢 1 号 4063m³ 高炉在大修前采用全炭砖炉底。包钢生产实践证明，冶炼含氟矿石应采用全炭砖炉底。目前大型高炉普遍采用全炭砖炉底。

目前，国内外高炉炉底、炉缸结构有以下三种基本形式：大块炭砖砌筑，炉底设陶瓷垫；热压小块炭砖，炉底设陶瓷垫；大块或小块炭砖砌筑，炉底和炉缸设陶瓷杯。下面分别详细介绍。

A　大块炭砖砌筑，炉底设陶瓷垫

日本及我国的许多高炉都采用这种形式的炉底、炉缸结构。这种结构的特点是炉缸和炉底上部区域侧墙采用具有高热导率（$\lambda = 21 \mathrm{W/(m \cdot ℃)}$）的大块炭砖砌筑，而炉底部位用微孔或超微孔大块炭砖（$\lambda \geq 9.3 \mathrm{W/(m \cdot ℃)}$）砌筑。炉底上部砌筑优质陶瓷耐火材料的衬垫，称为陶瓷垫。炉底炭砖有平砌和立砌两种砌筑方式。其结构如图 3-4 所示。

图 3-4a 所示为炭砖平砌方式。大型高炉在炉底铺设一层高导热的石墨炭砖，其上满铺 2~3 层普通炭砖，在上面有一层微孔炭砖或不设微孔炭砖，侧壁象脚侵蚀部位采用微孔炭砖。最上层铺设两层由高铝质耐火材料组成的陶瓷垫。炉缸部分由大块炭砖环砌构成，在出铁口部位局部加厚。

图 3-4b 所示为立砌两层炭砖的方式。下层炭砖高 800mm，上层炭砖高 1200mm。上面再砌筑两层高铝砖，总厚度为 2800mm。

图 3-4 大块炭砖炉底炉缸结构

a—炭砖平砌；*b*—炭砖竖砌

1—高导热性石墨炭砖；2—炭砖；3—陶瓷垫；4—微孔炭砖；5—环砌炭砖；6—风口砖

在砌筑前，炭砖必须进行预组装、编号。高炉在砌筑炭砖之前，基准面必须用碳素捣打料或碳化硅浇注料找平。砌筑时，按照预组装时的编号进行砌筑。砌筑时用千斤顶把炭砖顶紧。每砌完一层环砖后，用碳素填料将周围的膨胀缝分层填捣密实。

我国长寿高炉中，宝钢 1 号、2 号高炉及武钢 5 号高炉的炉底、炉缸采用日本炭砖，炉底设陶瓷垫。炉缸寿命均在 10 年以上。

常规大块炭砖的断面尺寸为 400mm × 400mm 的正方形，长度为 800 ~ 4000mm 不等。大块炭砖是以煅烧无烟煤、焦炭为骨料，以沥青焦油为结合剂，经热混合、挤压成形，在800 ~ 1400℃烧成及机械加工而成。烧成中结合剂碳化，将炭颗粒黏结并部分挥发逸出，使炭砖形成孔隙。这些孔隙为高炉内碱金属入侵、渣铁渗透提供条件。

炉缸常规大炭砖损坏的特征，是在单环环形炭砖内形成环状裂缝。环状裂缝形成的机理，除碱金属侵蚀外，还与大炭砖热导率较低（10W/（m·K））引起的冷热面温度差太大

（可达 1450℃）有关，这使炭砖在炉缸厚度方向产生不易缓冲的差热膨胀。工作热面与冷面的体积膨胀差值在同一大炭砖中产生巨大的应力，导致距炭砖热面一定尺寸处形成环状裂缝。由于充满气体的炭砖环状裂缝降低了传热效果，炭砖热面不容易形成保护性"渣皮"，已形成的"渣皮"也会脱落。没有"渣皮"保护的炭砖，必将受到铁水及碱金属的剧烈侵蚀。

基于上述观点，美国提出了选用高热导率、低渗透度和优良抗碱侵蚀性能的碳质材料，采用小块热压成型炭砖砌筑，以减小单块砖的温度梯度。

B　热压小块炭砖，炉底设陶瓷垫——散热型

这种结构的特点是用热压小块炭砖取代炉缸和炉底上部区域侧墙的大块炭砖，并使用特殊泥浆吸收温度造成的热应力，使热量能顺利传递到冷却设备，以避免这一部位的炭砖出现环裂。其他部位的砌砖与大块炭砖砌筑相同。热压小块炭砖的炉缸结构如图 3-5 所示。砌筑炉底中部的大块炭砖的方法与前相同，小块炭砖用专门的泥浆，小块炭砖与冷却壁之间不留膨胀缝，与冷却壁直接顶砌。砌筑方法与高铝砖的砌筑相同。

热压小炭砖的骨料及结合剂与常规炭砖相同。为提高抗碱性能，在配料中另加 9%～9.5% 的石英和硅石。使钠和钾优先与石英和硅石中的 SiO_2 反应，生成无破坏性的化合物，以消除使炭砖膨胀裂散的层状化合物。混合料送往可通电加热的特制砖模内，用液压机边加压边加热，2.5～8min 内升至1000℃ 左右，使结合剂碳化，炽热的炭砖出模后经水淬冷及磨加工处理，热压过程中挥发物逸出时留

图 3-5　热压小块砖的炉底炉缸结构
1—大块炭砖；2—高导热性石墨炭砖；
3—陶瓷垫；4—热压小块炭砖；5—风口砖

下的孔隙被压紧甚至封闭，其透气率仅为常规大炭砖的 1% 左右。这种低透气率并加入抗碱剂的热压炭砖热导率比常规大炭砖几乎高一倍，因此有利于炉缸碳砖热面凝固物料早期形成"渣皮"保护层，防止或减轻高炉环境气体及熔体对碳砖的化学侵蚀。常规大炭砖与热压小炭砖的主要性能比较见表 3-20。

表 3-20　常规大炭砖与热压小炭砖的主要性能比较

项　目	体积密度 /g·cm^{-3}	常温抗压强度/MPa	抗折强度/MPa	灰分/%	透气率 /毫达西	热导率/ W·(m·K)$^{-1}$			
						600℃	800℃	1000℃	1200℃
常规大炭砖	1.6	17.9	4.1	8.0	800	10.4	10.4	10.5	10.9
热压炭砖 NMA	1.62	30.5	8.1	10.0①	9	18.4	18.8	19.3	19.7

①包括为控制碱侵蚀而特意加入的 9%～9.5% 石英和硅石。

热压小炭砖的尺寸缩小为 229 mm×114 mm×64 mm ～514 mm×229 mm×114mm。它与单环大炭砖砌成的炉缸不同，热压小炭砖炉缸是用多环小炭砖紧靠冷却壁或炉壳（外喷水冷）砌成，其间没有炭捣厚缝，这对于调节与缓冲差热膨胀有利，可避免因热应力而产

生的环状裂缝。小炭砖间的 2mm 砖缝，采用热固性炭胶（由液态酚醛树脂和石墨粉组成）黏结。由于炭胶能在使用中碳化，黏结强度及热导率均很高，能缓冲热膨胀，既不阻碍砖的膨胀位移，又能使热面碳化形成致密的封口。

热压小炭砖已在世界上数百座高炉应用，使用寿命都在 10 年以上。我国长寿高炉中，本钢 4 号和 5 号高炉，鞍钢 10 号和新 1 号高炉，包钢 3 号高炉及宝钢 3 号高炉采用了热压小块炭砖，炉底设陶瓷垫。

C 大块或小块炭砖砌筑，炉底和炉缸设陶瓷杯——隔热保温型

20 世纪 80 年代初，法国 Savoie 耐火材料公司在蒂森钢铁公司高炉上就已开发并安装了一种新型复合式炉衬，由于其类似一个杯子，故称为"陶瓷杯"。

陶瓷杯炉底炉缸结构如图 3-6 所示。陶瓷杯是在大块炭砖的炉缸内，衬以导热性低的陶瓷质耐火材料与炉底的陶瓷垫构成杯状的耐火砖衬，称为陶瓷杯。炉底砌砖的卜部为垂直或水平砌筑的炭砖，炭砖上部为 1～2 层刚玉莫来石砖。炉缸壁是由通过一厚度灰缝（60mm）分隔的两个独立的圆坯组成，外环为炭砖，内环是刚玉质预制块。

图 3-6 大块炭砖的陶瓷杯结构

陶瓷杯是利用刚玉砖或刚玉莫来石炉衬的高荷重软化温度和较强的抗渣铁侵蚀性能，以及低导热性，使高温等温线集中在刚玉或刚玉莫来石砖炉衬内。陶瓷杯起保温和保护炭砖的作用。炭砖的高导热性又可以将陶瓷杯输入的热量，很快传导出去，从而达到提高炉衬寿命的目的。

陶瓷杯炉底炉缸结构的优越性概括起来有以下几点：

（1）提高铁水温度。由于陶瓷杯的隔热保温作用，减少了通过炉底炉缸的热损失，因此，铁水可保持较高的温度，给炼钢生产创造了良好的节能条件。

（2）易于复风操作。由于陶瓷杯的保温作用，在高炉休风期间，炉子冷却速度慢，热损失减少，这有利于复风时恢复正常操作。

（3）防止铁水渗漏。由于1150℃等温线紧靠炉衬的内表面，并且由于耐火材料的膨胀，缩小了砖缝，因而铁水的渗透是有限的，降低了炉缸烧穿的危险性。

陶瓷杯壁砖有大型预制块和小块砖两种。大型预制块在砌筑前，按预组装顺序逐块吊装就位。小块砖与一般耐火砖的砌筑相同。

近年来，国内外有30余座大型高炉采用陶瓷杯。国内首钢1号高炉、梅山新建高炉、宝钢1号高炉第二代炉役都先后使用了陶瓷杯结构。

3.2.4.2　出铁口区和风口带的结构

出铁口一般采用小块炭砖砌筑成出铁口通道，或者在大块炭砖上钻出出铁口通道。

风口带目前多采用碳化硅组合砖砌筑。风口和铁口的砌筑如图3-7所示。

图3-7　风口和铁口的砌筑

1—炭砖；2—碳素填料；3—侧砌盖砖；4—异型砖；5—出铁口框；6—冷却壁

3.2.4.3　炉底炉缸砌筑

炉衬砌筑和炉衬材质具有同等的重要性，因此，对砌筑砖缝的厚度、砖缝的分布等都有严格要求。

A　满铺炭砖炉底砌筑

满铺炭砖炉底的结构如图3-8所示，炭砖砌筑在水冷管的碳捣层上。有厚缝和薄缝两种连接形式，薄缝连接时，各列砖砌缝不大于1.5mm，各列间的垂直缝和两层间的水平缝不大于2.5mm。厚缝连接时，砖缝为35~45mm，缝中以碳素料捣固。目前的砌法是炭砖两端的短缝用薄缝连接，而两侧的长缝用厚缝连接。相邻两行炭砖必须错缝200mm以上。上下两层炭砖的砖缝（长缝）成90°，最上层炭砖砖缝（长缝）与铁口中心线成90°。

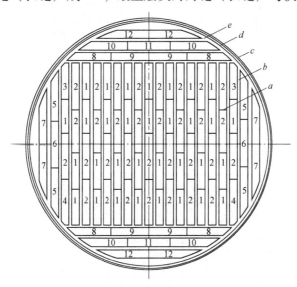

图3-8 满铺炭砖炉底砌筑

a—薄缝；b—厚缝；c—炉壳；d—冷却壁；e—炭砖与冷却壁间填料缝

B 环砌炭砖砌筑

环砌炭砖砌筑以薄缝相连。在炭砖炉缸的内表面设有保护层，以防开炉时被氧化，一般都砌一层高铝砖或 Al_2O_3 含量更高的陶瓷质耐火砖衬。

C 综合炉底砌筑

综合炉底结构是高炉炉底发展史上一个重要的里程碑。

综合炉底砌筑集合了满铺炭砖砌筑、环砌炭砖砌筑和中心部位高铝砖砌筑，虽然现在已经不再使用，有必要做一了解。

综合炉底的砌筑如图3-9所示，炉底中心部位的高铝砖砌筑高度必须与周围环形炭砖高度一致，高铝砖与环砌炭砖间的连接为厚缝，环砌炭砖与冷却壁之间膨胀缝填以碳素填料。环砌炭砖为薄缝连接，炉底满铺炭砖侧缝为厚缝连接，端缝为薄缝连接。

环砌炭砖为楔形炭砖，大小头尺寸由计算而定，厚度为400mm，第一层应能盖上三块半满铺炭砖，以上每层与高铝砖交错咬砌200~300mm，死铁层处炭砖比其下层炭砖长250~300mm。上下两层砖之间的垂直缝和环缝要错开，并且采用薄缝连接。

中心部位高铝砖砌筑：高铝砖采用立砌，层高400mm，与环砌炭砖相同。砌筑由中心开始，成十字形，结构如图3-10所示。为了错开上下两层砖缝，上下两层的十字中心线成22.5°~45°；为了防止两层砖中心缝相通，上下两层中心点应错开半块砖。最上层砖缝与铁口中心线成22.5°~45°。

图 3-9　综合炉底的砌筑

1—满铺炭砖；2—薄缝；3—厚缝；4—环砌炭砖；5—高铝砖；6—内环缝；7—外环缝；8—炭捣层；9—水冷管

图 3-10　黏土砖和高铝砖炉底砌砖

a—十字形砌砖；b—砌砖中心线

1—出铁口中心线；2—单数层中心线；3—双数层中心线

为防止炉缸烧穿事故发生，对炉缸厚度有一定要求，一般规定大型高炉铁口水平面处的厚度为1150mm或更厚些。

3.2.4.4 炭砖破损原因

炭砖破损有以下几种原因：

（1）铁水接触炭砖后，发生铁液的渗透，碳的溶解和铁水的机械冲刷，因温度波动，导致炭砖龟裂和脆化，这就破坏了炭砖的结构，造成了炭砖的侵蚀。

（2）热应力的破坏作用。因炉壳在炉缸处有折点，加之大块炭砖尺寸大，开炉后炭砖里外两端温差大，使炭砖产生热应力，炭砖热端的热膨胀量大，而冷端受到炉壳的限制，对于综合炉底，炉底中部的高铝砖和炭砖膨胀系数的差异也增大了炭砖的热应力。几种热应力的综合作用结果造成了环裂。停炉后的破损调查发现，炭砖热端向上折断。由断口判断，这是明显的机械损坏。环裂产生的原因是因炭砖尺寸大、性能差和多种因素产生的热应力所致。

（3）渣铁由渣铁口区炭砖的气孔及砌缝渗入炭砖环缝中，导致了所谓的脆化层。在脆化层中侵蚀加重，使炭砖出现环状膨胀和粉化，造成环裂。研究认为，造成炭砖环裂的温度在800℃左右。

（4）碱金属的破坏作用。这一作用主要发生在环裂缝外侧和冷却壁或风口漏水处。在多次炉缸破损调查中发现，环裂缝外侧炭砖呈疏松粉末状，炭砖出现溶洞。经化验分析，有碱金属富集现象。

（5）漏水和CO_2的氧化损坏。

3.2.5 炉腹、炉腰和炉身下部结构与砌筑

炉腹、炉腰和炉身下部所受的热辐射、熔渣侵蚀都很严重，特别是下部炉料温度较高，煤气流温度也较高，并形成大量的中间渣开始滴落，所以，此处砖衬的侵蚀主要包括碱金属的侵入、碳素沉积而引起的化学作用、炽热炉料下降的摩擦作用、煤气上升时粉尘的冲刷作用等。因此，该区域的材料应有很高的抗侵蚀、抗冲刷能力，同时还要兼有一定的抗热震能力。

炉腹部位的砌砖往往在开炉后很快被侵蚀掉，通常靠渣皮工作，过去曾加厚炉腹砖衬的厚度，也无济于事，所以，目前一般砌筑一层高铝砖，厚度为345mm。

炉腰有三种结构形式，即厚壁炉腰、薄壁炉腰和过渡式炉腰。炉腰结构形式如图3-11所示。

图 3-11 炉腰结构形式

a—薄壁；*b*—厚壁；*c*—过渡式

高炉冶炼过程中部分煤气流沿炉腹斜面上升，在炉腹与炉腰交界处转弯，对炉腰下部冲刷严重，使这部分炉衬侵蚀较快，使炉腹段上升，径向尺寸亦有扩大，使得设计高炉内型向操作高炉内型转化。厚壁炉腰的优点是热损失少，但侵蚀后操作炉型与设计高炉内型变化大，等于炉腹向上延长，对下料不利。径向尺寸侵蚀过多时会造成边缘煤气流的过分发展。薄壁炉腰的热损失大些，但操作高炉内型与设计高炉内型近似，可避免厚壁炉腰的缺点。过渡式炉腰结构处于两者之间。设计高炉内型与操作高炉内型关系复杂，做高炉内型设计时应全面考虑。

炉身砖衬的厚度趋向于薄的方向发展，过去通常为690~805mm，现在有的炉衬厚度采用575mm，也有的高炉炉身厚度与炉腹厚度相同，为345mm。炉腹、炉腰和炉身下部较长时间采用黏土砖或高铝砖砌筑。包钢冶炼含氟矿石，炭砖砌到炉身三分之二处；宝钢1号高炉采用体积密度为2.9t/m³、Al_2O_3含量不小于88%的刚玉砖；欧美等国以及鞍钢高炉采用碳化硅砖砌筑炉身中下部，取得良好效果。

炉腹、炉腰及炉身砖衬砌筑如图3-12所示。各层应平砌；同层相邻砖环的放射缝应错开；上下相邻砖层的垂直缝与环缝应错开；炉腹、炉腰砌砖砖缝应不大于1mm，炉身下部不大于1.5mm。炉腹和炉身倾斜部分按三层砖错台一次砌筑。

图3-12　炉腹、炉腰及炉身砖衬砌筑
1—砖环；2—碳素填料；3—冷却壁

3.2.6　炉身上部和炉喉

炉身上部温度较低，主要受煤气流冲刷与炉料摩擦而破损。该部位一般采用高铝砖或黏土砖砌筑。宝钢1号高炉炉身上部以高铝砖砌筑，砖缝小于2mm。

炉身上部砌砖与炉壳间隙为100~150mm，填以水渣-石棉隔热材料。为防止填料下沉，每隔15~20层砖，砌两层带砖，即砖紧靠炉壳砌筑，带砖与炉壳间隙为10~15mm。

炉喉除承受煤气冲刷、炉料摩擦外，还承受装料时温度急剧波动的影响，有时受到炉料的直接撞击作用。炉喉衬板一般以铸铁、铸钢件制成，称为炉喉钢砖或条状保护板，如图3-13所示。炉喉有几十块保护板，在炉喉的钢壳上装有吊挂座，座下装有横的挡板，板之间留20mm间隙，保证保护板受热膨胀时不相互碰挤，条状保护板是较为合理的炉喉装置。

$A—A$

图3-13　炉喉钢砖
1—炉喉钢砖；2—钢轨形吊挂；
3—炉壳

3.3　高炉冷却

3.3.1　冷却设备的作用

高炉冷却设备是高炉炉体结构的重要组成部分，是保证高炉在高温条件下抵御热流侵袭和机械磨损的关键设备。对炉体寿命可起到如下作用：

（1）保护炉壳。在正常生产时，高炉炉壳只能在低于80℃的温度下长期工作，炉内传出的高温热量由冷却设备带走85%以上，只有约15%的热量通过炉壳散失。

（2）对耐火材料的冷却和支承。在高炉内耐火材料的表面工作温度高达1500℃左右，如果没有冷却设备，在很短的时间内耐火材料就会被侵蚀或磨损。通过冷却设备的冷却可提高耐火材料的抗侵蚀和抗磨损能力。有些冷却设备可对高炉内衬起支承作用，增加高炉砖衬的稳定性。

（3）维持合理的高炉操作内型。对高炉内煤气流的合理分布、炉料的顺行起到良好的作用。

（4）当耐火材料大部分或全部被侵蚀后，能靠冷却设备上的渣皮继续维持高炉生产。

3.3.2　冷却介质

根据高炉不同部位的工作条件及冷却的要求，所用的冷却介质也不同，一般常用的冷却介质有：水、空气和汽水混合物，即水冷、风冷和汽化冷却。对冷却介质的要求是：有较大的热容量及导热能力；来源广、容易获得、价格低廉；介质本身不会引起冷却设备及高炉的破坏。

高炉冷却用冷却介质主要是水。因为水热容量大、热导率大、便于输送、成本低廉。汽水混合物作为冷却介质时汽化潜热大、用量少、可以节水节电，适于缺水干旱地区。空气由于热容小，导热性不好，而且排风机动力消耗大，冷却费用高，所以很少使用空气。过去炉底曾采用风冷，现在也被水冷炉底所代替。

工业用水的来源是江河湖泊水也称地表水，也有井水称地下水，以上又总称天然水。天然水中都溶解一定量的钙盐和镁盐。以每 $1m^3$ 水中钙、镁离子的摩尔数表示水的硬度。根据硬度不同，水可分为软水（小于 $3mol/m^3$）、硬水（$3 \sim 9mol/m^3$）和极硬水（大于 $9mol/m^3$）。我国地表水多为 $2 \sim 4mol/m^3$，地下水因地而异，有的很低，有的高达 $25mol/m^3$。

高炉冷却用水如果硬度过高，则在冷却设备中容易结垢，由于水垢的导热系数极低，$1mm$ 厚水垢可产生 $50 \sim 100℃$ 的温差，从而降低冷却设备效率，甚至烧坏冷却设备。所以高炉冷却用水常为经过软化处理即将水中 Ca^{2+}、Mg^{2+} 除去后的软水。

3.3.3　高炉冷却方式

由于高炉各部位热负荷不同，采用的冷却形式也不同。现代高炉冷却方式有外部冷却和内部冷却两种。

外部冷却过去曾用于小型高炉。对于大型高炉，只是作为一种辅助性的冷却手段，只有在炉龄末期冷却设备烧坏的情况下使用，以防止炉壳变形和烧穿。

外部冷却装置是在炉身和炉腹部位距炉壳约100mm处装设环形冷却水管，水管直径一般为$\phi 50 \sim \phi 150$mm，水管上朝炉壳的斜上方钻有若干$\phi 5 \sim \phi 8$mm小孔，小孔间距100mm。冷却水经小孔喷射到炉壳上进行冷却。为了防止喷溅，在炉壳上装有防溅板，防溅板与炉壳间留有$8 \sim 10$mm缝隙，冷却水沿炉壳流下至集水槽再返回水池。外部喷水冷却装置结构简单，检修方便，造价低廉。

内部冷却是在高炉炉壳内装设冷却设备对高炉本体进行冷却，内部冷却设备包括冷却壁、冷却板、板壁结合冷却结构、炉身冷却模块、风口冷却及炉底冷却等。

3.3.4　高炉冷却设备的材质及改进

3.3.4.1　冷却设备使用材料及允许的长期工作温度

现代高炉冷却设备采用的材质、热导率和允许使用温度列于表3-21。

表3-21　高炉冷却设备采用的材质、热导率和允许使用温度

序　号	材　料	热导率/W·(m·K)$^{-1}$	熔化温度/℃	允许工作温度/℃
1	普通灰铸铁	约40	$1225 \sim 1250$	400
2	球墨铸铁	$38 \sim 40$		709或760
3	碳素钢	40	$1520 \sim 1530$	400
4	紫铜	380	1083	250
5	铸铜	340		150

当采用球墨铸铁冷却壁时，不同国家采用不同的温度作为冷却壁的允许工作温度：

（1）日本通常以CO_2与石墨反应的开始温度709℃作为球墨铸铁冷却壁的允许工作温度。高炉炉腹、炉腰及炉身下部冷却壁发生这一反应是可能的。该反应随着温度的升高而加剧。

（2）德国通常以珠光体的相变温度约760℃作为球墨铸铁冷却壁的允许工作温度。由于铁素体在球墨铸铁中，金相组织基体为铁素体，珠光体所占的比例小于15%。由于组织内珠光体发生相变，将造成原来组织的破坏而导致裂纹。

对于压延（轧制或锻压）铜冷却壁本体材料不仅要求具有良好的导热性能，而且要求在工作条件下具有足够的机械强度。轧制铜板在不同温度下的机械强度见表3-22。

表3-22　在不同温度下轧制铜板的机械强度

温度/℃	93	204	290	371	537	704
机械强度/MPa	115	105	78	71	44	22

上述数据表明，在不高于250℃的情况下，轧制铜板具有较好的强度，而且金相组织不会出现相变，因此，通常把250℃作为允许工作温度。

铸铜冷却板由于化学成分的波动较大，其物理、力学性能也将有波动，一般以150℃作为它的允许使用温度。

3.3.4.2　冷却设备的改进

高炉冷却设备结构的主要改进有：

（1）在热负荷高、波动大的区域，如炉腹、炉腰、炉身下部、出铁口区域和炉缸"蒜头形"区域，采用比铸铁冷却壁导热系数大10倍的铜冷却壁。

（2）加大冷却水管内径，如由$\phi65mm$增大到$\phi80mm$。

（3）减小冷却水管中心距。

（4）提高冷却壁的冷却水管和冷却壁受热面积比即相对冷却面积，如由0.8提高到1.2～1.3，见表3-23。

（5）减小镶砖厚度，适当提高镶砖材料的导热性。

（6）减小冷却水管与铸体间的间隙，降低热阻。

（7）使用不结垢、无腐蚀的软化水。

（8）水管中水速达到1.5～2.0m/s。

表 3-23　冷却设备结构的改进

参　　数	原结构	改进型Ⅰ	改进型Ⅱ
冷却壁本体厚度 L/mm	260	260	240
冷却水管直径 d/mm	80	80	80
冷却水管间距/mm	254	200	180
冷却水管位置/mm	160	140	140
镶砖厚度 H/mm	75	75	75
相对冷却面积（冷却面积/受热面积）	0.865	1.256	1.396

3.3.5　高炉冷却设备结构形式

3.3.5.1　铸铁冷却壁

铸铁冷却壁设置于炉壳与炉衬之间，有光面冷却壁和镶砖冷却壁两种，如图3-14所示。

图 3-14　铸铁冷却壁基本结构

a—光面冷却壁；*b*—镶砖冷却壁；*c*—上部带凸台镶砖冷却壁；*d*—中间带凸台镶砖冷却壁

铸铁冷却壁按材质分类如下：

（1）普通灰铸铁光面冷却壁。灰铸铁冷却壁的铸铁牌号一般为 HT20～400。允许使用温度不高于 400℃，热导率较球墨铸铁和低铬铸铁高（λ 为 40～42W/(m·℃)），适合于热流强度较小而稳定的炉底、炉缸和风口带使用。

（2）低铬铸铁光面冷却壁。低铬铸铁光面冷却壁材质在普通灰铸铁的基础上，加入少量的铬（Cr≤0.6%，国外还加入含铬量一半的镍），提高了允许使用温度的极限。低铬铸铁的导热性较灰口铸铁差，又限制了它的使用，一般只适用于风口带。

（3）球墨铸铁镶砖冷却壁。球墨铸铁镶砖冷却壁本体材料的金相组织主要是铁素体和少量的珠光体，生铁中的碳以球状石墨的形式存在。其热导率比普通铸铁略低，其特点是，当冷却壁受高温作用发生裂纹时，裂纹不向热影响区以外传播。允许使用温度较高，适合于炉腹、炉腰和炉身部位使用。

A　光面冷却壁

光面冷却壁基本结构如图 3-14a 所示。在铸铁板内铸有无缝钢管。铸入的无缝钢管为 $\phi34mm \times 5mm$ 或 $\phi44.5mm \times 6mm$，中心距为 100～200mm 的蛇形管，管外壁距冷却壁外表面为 30mm 左右。光面冷却壁厚 80～120mm，水管进出部分需设保护套焊在炉壳上，以防开炉后冷却壁上涨，将水管切断。

光面冷却壁用于风口以下炉缸和炉底部位。风口区冷却壁的块数为风口数目的两倍。尺寸大小要考虑到制造与安装方便，冷却壁宽度一般为 700～1500mm，圆周冷却壁块数一般取偶数；冷却壁高度根据炉壳折点而定，一般小于 3000mm，应方便吊运和容易送入炉壳内。冷却壁用方头螺栓固定在炉壳上，每块 4 个螺栓。同段冷却壁间垂直缝为 20mm，上下段间水平缝为 30mm，上下两段竖直缝应相互错开，缝间用铁质锈接料锈接严密。光面冷却壁与炉壳留 20mm 缝隙，并用稀泥浆灌满，与砖衬间留缝 100～150mm，填以碳素料。

B　镶砖冷却壁

所谓镶砖冷却壁就是在冷却壁的内表面侧（高炉炉体一侧）的铸肋板内铸入或砌入耐火材料，耐火材料的材质一般为黏土质、高铝质、碳质或碳化硅质砖。一般是在制作砂型时就将耐火砖砌入铸型中，然后铸入铁水。也有的是先浇铸成带肋槽的冷却壁，然后将耐火砖砌入肋槽内或者将不定形耐火材料填充在肋槽内。

镶砖冷却壁镶砖的作用：一是有利于挂渣，形成渣皮保护层；二是为了阻隔热量的传递，减小冷却壁本体的热交换量。根据计算，当砖的热导率从 2.3W/(m·K) 升高到 8W/(m·K) 时，铸铁温度约升高 40℃。从理论上看是不利的，但还要考虑砖的其他性能（如挂渣、抗磨和热震）以及温度场的分布状况等因素综合考虑。镶砖冷却壁与光面冷却壁相比，更耐磨、耐冲刷、易黏结炉渣形成渣皮保护层，代替炉衬工作。从外形看，一般有三种结构形式：普通型、上部带凸台型和中间带凸台型，如图 3-14b、c、d 所示。

凸台冷却壁的凸台部分起到支撑上部砌砖的作用，可以取消最上层的支梁水箱，简化了冷却系统结构、减少了炉壳开孔。中间带凸台的冷却壁比上部带凸台的有更大的优越性，当凸台部分被侵蚀后整个冷却系统仍是一个整体，而上部带凸台的当凸台被侵蚀后，凸台部分就不起冷却作用了。

镶砖冷却壁厚度为 250～350mm，主要用于炉腹、炉腰和炉身下部冷却，炉腹部位用不带凸台的镶砖冷却壁。镶砖冷却壁紧靠炉衬。

C 新日铁对镶砖冷却壁的改进

镶砖冷却壁中冷却水管的排列形状、位置、数量、层数及镶砖的材质对冷却壁的寿命是至关重要的,通过研究冷却壁的损坏机理和考虑它的结构合理性后,新日铁对镶砖冷却壁进行了改进。下面介绍新日铁第一代、第二代、第三代和第四代铸铁镶砖冷却壁,如图3-15所示。

图 3-15 新日铁第一代、第二代、第三代和第四代镶砖冷却壁
a—第一代冷却壁;b—第二代冷却壁;c—第三代冷却壁;d—第四代冷却壁

(1)第一代冷却壁。新日铁第一代冷却壁从前苏联引进。这种冷却壁的缺点是冷却壁的四个角部位冷却强度低,易于破损。镶砖的材质是高铝砖或黏土砖,有的采用了碳捣料等。砖厚为 115~150mm。这种冷却壁强度较低,容易挂渣皮,一般用于炉腹、炉腰等部位。冷却壁的长度根据具体情况而定,但不宜过长。厚度一般在 260mm 左右,水管直径为 $\phi45mm \times 6mm \sim \phi70mm \times 6mm$。

(2)第二代冷却壁。是在第一代冷却壁的基础上改进的,为加大边角部位的冷却强度,将原斜线布置的水管改为 90°角布置。这种冷却壁冷却强度不高,一般用于炉腹、炉腰、炉身中下部。用于炉身中下部时与铜冷却板配合使用效果较好。冷却壁厚度为 260~280mm,水管直径为 $\phi60mm \times 6mm \sim \phi70mm \times 6mm$,砖厚为 75~150mm。在日本的操作条

件下，寿命超过 10 年。

（3）第三代冷却壁。在 1977～1985 年采用了第三代冷却壁。第三代冷却壁是在第二代冷却壁的基础上，增加了角部冷却水管和背部蛇形冷却水管来提高冷却强度。为了使冷却壁能起到支承砖衬的作用，增加了凸台，凸台有设在上部的，也有设在中部的，而且在凸台处设冷却水管，以保护凸台。冷却壁厚度由 260mm 增加到 320mm，砖厚为 75～150mm，镶砖的材质由高铝、黏土砖改为含 SiC 的铝炭砖等性能良好的耐火材料。

（4）第四代冷却壁。第四代冷却壁是在第三代冷却壁的基础上，将高炉耐火砖衬与冷却壁结合在一起。为提高镶砖的寿命，采取提高冷却壁对镶砖的支承强度和冷却强度的措施。冷却壁厚度达到 500～600mm 左右，并将高炉内衬砌砖镶到冷却壁中，镶砖分为两层，镶砖总厚度增加到 275mm，后来又将镶砖厚度减薄到 165mm，以减少由于镶砖的侵蚀，影响高炉操作内型的变化。镶砖的材质为含 SiC 和碳的高铝砖。取消过去冷却壁的凸台，使高炉操作内型更光滑。冷却水管的布置形式同第三代冷却壁。

总之，新日铁第三代和第四代冷却壁的主要特点是：

（1）设置边角冷却水管，以防止冷却壁边角部位母材开裂。

（2）采用双层冷却水管，即在原有的冷却水管背面设置蛇形冷却水管，不但加强了冷却强度，而且当内层冷却管损坏后，外层冷却管仍可继续工作，从而保证了炉役末期继续维持正常冷却。

（3）加强凸台部位的冷却强度，采用双排冷却水管冷却。并在凸台部位前端埋入耐火砖，防止强热负荷作用下的损坏。

（4）第四代冷却壁的炉体砌砖与冷却壁一体化，即将氮化物结合的碳化硅砖（相当于炉体砌砖）与冷却壁合铸在一起，这样较好地解决了砖衬的支承问题，缩短了施工工期。

冷却壁的优点是：冷却壁安装在炉壳内部，炉壳不开口，所以密封性好；由于均布于炉衬之外，所以冷却均匀，侵蚀后炉衬内壁光滑。它的缺点是消费金属多、笨重、冷却壁损坏后不能更换。

3.3.5.2 铜冷却壁

由于球墨铸铁在高炉操作的条件下磨损严重，同时在热负荷和温度的急剧波动条件下，其裂纹敏感性也很高，甚至在第四代铸铁冷却壁上也不能完全克服这些不足之处，这就限制了冷却壁寿命的进一步提高。铸铁冷却壁的冷却水管是铸入球墨铸铁本体内的，由于材质及膨胀系数不同，冷却水管与铸铁本体之间存在 0.1～0.3mm 的气隙，这一气隙会成为冷却壁传热的主要限制环节。另外，由于冷却壁中铸入冷却水管而使铸造本体产生裂纹，并且在铸造过程中为避免石墨渗到冷却水管中必须采用金属或陶瓷涂料层加以保护，保护层起了隔热夹层作用，引起温度梯度增大，造成热面温度升高而产生裂纹。

铸铁冷却壁主要存在着两个问题，一是冷却壁的材质问题，二是水冷管的铸入问题。为了解决这两个问题，人们开始研究轧制铜冷却壁。此种铜冷却壁是在轧制好的壁体上加工冷却水通道和在热面上设置耐火砖。

铜冷却壁与铸铁冷却壁特性的比较见表 3-24。

表 3-24 铜冷却壁与铸铁冷却壁特性比较

项 目	铸 铁 冷 却 壁	铜 冷 却 壁
冷却效果	由于水管位置距角部和边缘有要求，冷却效果差，易损坏	钻孔时距壁角和边缘部的距离可缩短，使两部位的冷却效果好
冷却水管	铸入壁内，有隔热层存在	在壁内钻孔，无隔热层存在
壁间距离	相邻两壁之间有 30~40mm 宽的缝隙，此部位冷却条件很差	相邻两壁之间距离可缩小到 10mm
热导率比	1	10

铜冷却壁的特点有：

（1）铜冷却壁具有热导率高，热损失低的特点。目前，国内外铜冷却壁大多以轧制纯铜（Cu≥99.5%，铜的导热性能高于国际退火铜标准的 90% 以上）为材质，经钻孔加工而成的。这样制作出来的铜冷却壁的冷却通道与壁体是一个有机的整体，消除了铸铁冷却壁因水管与壁体之间存在气隙而形成隔热屏障的弊端，再加上铜本身具有的高导热性，这样就使得铜冷却壁在实际使用过程中能保持非常低的工作温度。

（2）利于渣皮的形成与重建。较低的冷却壁热面温度是冷却壁表面渣皮形成和脱落后快速重建的必要条件。由于铜冷却壁具有良好的导热性，因而能形成一个相对较冷的表面，从而为渣皮的形成和重建创造条件。由于渣皮的导热性极低，渣皮形成后，就形成了由炉内向铜冷却壁传热的一道隔热屏障，从而减少了炉内热损失。研究表明，在渣皮脱落后，铜冷却壁能在 15min 内完成渣皮的重建，而双排水管球墨铸铁冷却壁则至少需要 4h。

（3）铜冷却壁的投资成本。使用铜冷却壁，并不意味着高炉投资成本增加，这主要是基于以下几点考虑：1）单位重量的铜冷却壁比铸铁冷却壁要贵，但单位重量的铜冷却壁冷却的炉墙面积要比铸铁冷却壁大 1 倍，这样计算，铜冷却壁的价格就相对便宜了些。2）铜冷却壁前不必使用昂贵的或很厚的耐火材料。使用铸铁冷却壁时，对其前端砌筑的耐火材料要求较高，在炉腹、炉腰和炉身下部多使用碳化硅砖或氮化硅结合碳化硅砖，这些砖的价格较高，相应的增加了冷却设备的投资。高炉使用铜冷却壁，主要是利用其高导热性形成较低的表面温度，从而形成稳定的渣皮来维持高炉生产，而不是主要靠砌筑在其前端的耐火材料来维持高炉生产，因此，铜冷却壁前端的耐火材料的耐久性和质量就并不十分重要。西班牙两座使用铜冷却壁的高炉的生产实践表明，铜冷却壁前端砌筑的耐火材料在高炉开炉 6 个月后就已侵蚀殆尽。当然铜冷却壁前还是有必要砌一定的耐火材料的，因为在高炉开炉初期，铜冷却壁需要耐火材料的保护。3）使用铜冷却壁可将高炉寿命延长至 15~20 年，因此可缩短高炉休风时间，从而达到增产的效果。

目前，国内外采用的铜冷却壁主要有以下三种制作方法：

（1）压延（轧制或锻压）铜板冷却壁。铜冷却壁结构如图 3-16 所示，采用轧制或锻压厚铜板钻圆孔焊接而成，含铜量不低于 99.90%。由于这种铜冷却壁的水流通道是通过钻孔加工而成的，不存在间隙热阻，导热性能良好。

（2）连铸板坯铜冷却壁。这种铜冷却壁用含铜量 99.9% 的连铸铜板坯制造。冷却通道为扁圆形并在连铸过程中成形。冷却壁本体与冷却水管焊接成一整体。连铸铜板坯未经轧制，其致密性比轧制铜板差，冷却通道有效的冷却表面积增加，冷却效果获得了一定程度的补偿，并且冷却壁可以做得薄一些。

（3）铸铜冷却壁。完全用铸造方法制造，铸入 monel 管（镍 64%～69%，铜 26%～32% 和少量锰、铁）、钢管或纯铜管形成冷却通道。

图 3-16　压延铜冷却壁

上述三种铜冷却壁都能满足高炉冷却的要求，可以按照高炉不同部位和结构的要求选用。例如冷却水管的形状比较复杂的情况，铸造铜冷却壁能更适合要求。在目前铜冷却壁中，压延（轧制或锻压）铜板冷却壁的使用较广泛。

蒂森高炉的炉腰、炉腹采用铜冷却壁后，炉缸寿命很难适应炉体寿命。为了延长炉缸寿命，消除炉缸烧穿的危险，德国 SMS 公司已开发出了安装在炉缸部位的铜冷却壁。

3.3.5.3　冷却板

冷却板又称扁水箱，材质有铸铜、铸钢、铸铁和钢板焊接件等，以上各种材质的冷却板在国内高炉均有使用。冷却板厚度 70～110mm，内部铸有 ϕ44.5 mm×6mm 无缝钢管，常用在炉腰和炉身部位，呈棋盘式布置，一般上下层间距 500～900mm，同层间距 150～300mm，炉腰部位比炉身部位要密集一些。冷却板前端距炉衬设计工作表面一砖距离 230mm 或 345mm，冷却水进出管与炉壳焊接，密封性好。

由于铜冷却板具有导热性好、铸造工艺较简单的特点，所以从 18 世纪末期就开始用于高炉冷却。在一百多年的使用中，进行了不断的改进，发展为现在的六室双通道结构，如图 3-17 所示。它是采用隔板将冷却板腔体分隔成六个室，即把冷却板断面分成六个流体区域，并采用两个进出水通道对冷却板进行冷却。

图 3-17　冷却板

此种冷却板结构的特点：

（1）适用于高炉高热负荷区的冷却，采用密集式的布置形式，如宝钢 1 号和 2 号高炉冷却板层距为312mm，霍戈文艾莫依登厂4号高炉冷却板层距为305mm。

（2）冷却板前端冷却强度大，不易产生局部沸腾现象。

（3）当冷却板前端损坏后可继续维持生产。

（4）双通道的冷却水量可根据高炉生产状况分别进行调整。

（5）铜冷却板的铸造质量大大提高，为了避免铸造件内外部缺陷，采用了真空处理等手段，并选用了射线探伤标准（ASTM-E272）。

（6）能维护较厚的炉衬，便于更换，重量轻、节省金属。但是冷却不均匀，侵蚀后高炉内衬表面凸凹不平，不利于炉料下降。

3.3.5.4 板壁结合冷却结构

冷却板的冷却原理是通过分散的冷却元件（冷却板）伸进炉内的长度（一般700～800mm）来冷却周围的耐火材料，并通过耐火材料的热传导作用来冷却炉壳，从而起到延长耐火材料使用寿命和保护炉壳的作用。冷却壁的冷却原理是通过冷却壁形成一个密闭的围绕高炉炉壳内部的冷却结构，实现对耐火材料的冷却和对炉壳的直接冷却，从而起到延长耐火材料使用寿命和保护炉壳的作用。

对于全部使用冷却板设备冷却的高炉，冷却板设置在风口部位以上一直到炉身中上部。炉身中上部到炉喉钢砖和风口以下采用喷水冷却或光面冷却壁冷却。

全部使用冷却壁设备冷却的高炉，一般在风口以上一直到炉喉钢砖采用镶砖冷却壁，风口以下采用光面冷却壁。在实际使用中，大多数高炉根据冶炼的需要，在不同部位采用各种不同的冷却设备。这种冷却结构形式对整个炉体冷却来说，称为板壁结合冷却结构。近十多年来，随着炼铁技术的发展和耐火材料质量的提高，高炉寿命的薄弱环节由炉底部位的损坏转移到炉身下部的损坏。因此，为了缓解炉身下部耐火材料的损坏和炉壳的保护，在国内外一些高炉的炉身部位采用了冷却板和冷却壁交错布置的结构形式，起到了加强耐火材料的冷却和支托作用，又使炉壳得到了全面的保护。

日本川崎制铁所的千叶6号高炉（4500m³）和水岛4号高炉（4826m³），在炉身部位采用冷却板和冷却壁交错布置的冷却结构，如图3-18所示。

图3-18　板壁交错布置结构

　　在高炉炉身部使用板壁结合的冷却结构形式，是一种新型的冷却结构形式。既实现了冷却壁对整个炉壳的覆盖冷却作用，又实现了冷却板对炉衬的深度方向的冷却，并对冷却壁上下层接缝冷却的薄弱部位起到了保护作用，因而有良好的适应性。

3.3.5.5　炉身冷却模块技术

　　为提高高炉炉身寿命，前苏联开发了一种新型炉身结构并广泛应用于高炉生产。新型炉身取消了砖衬和冷却壁，将冷却水管直接焊接在炉壳上，并浇注耐热混凝土，是由炉壳——厚壁钢管——耐热混凝土构成的大型冷却模块组成。冷却模块将炉身部位的炉壳沿径向分成数块，块数取决于炉前的起重能力，唐钢原 2000m³ 高炉为 10 块，图 3-19 所示为其结构示意图。将厚壁（14～16mm）把手型无缝钢管作为冷却元件直接焊在炉壳钢甲上，在炉壳及钢管间浇注耐热混凝土，混凝土层高出水管 110～130mm，构成大型预制冷却模块。通过炉顶托圈吊装与炉腰钢甲对接，经两面焊接后即形成新炉身。主要技术优点如下：

　　（1）根据乌克兰高炉的经验与传统的"炉壳——铸铁冷却壁——炉衬"相比，炉身寿命可提高近 1 倍。众所周知，高炉是靠冷却工作的，新型冷却模块结构在工作系统上突破现行模式，以性能优良的钢管代替铸铁，以渣皮代替耐火砖衬，组成炉身在高温条件下以可靠的冷却系统形成"自身保护自身"的"不蚀型内衬"，克服现行模式存在的缺点，延长高炉寿命。

　　（2）明显降低炉身造价。新型冷却模块结构以钢管代替铸铁冷却壁使冷却设备重量大大降低，而以耐热混凝土代替耐火砖，不论价格或数量都大为减少，使高炉炉身造价成倍降低，表 3-25 所列为 2000m³ 高炉冷却模块与传统冷却壁材料消耗对比。

图 3-19　炉身冷却模块结构示意图

表 3-25　2000m³ 高炉冷却模块与传统冷却壁材料消耗对比

项　目	传统结构	大型冷却模块
炉壳钢板/t	196	196
冷却设备金属重量/t	820	115
耐火砖量/m³	1190	—
耐热混凝土量/m³	—	405

　　鞍钢 1 号高炉大修实践表明，新型冷却模块结构与原结构（冷却壁＋耐火砖）相比，炉身大修费用降低 41%。

（3）缩短大修时间。大型模块的制造可在停炉前预先进行，停炉后只进行吊装、焊接、浇注对接缝等，相当于在高炉上整体组装炉身，大大缩短大修工期。

（4）高炉大修初始即形成操作高炉内型，有利高炉顺行，同时由于炉衬减薄，也扩大了炉容，在供排水方面无特殊要求，利用原有系统即可正常进行。

3.3.5.6 风口冷却

风口或称为风口小套是高炉中工作环境最恶劣的冷却元件。恶劣的工作环境表现在：

（1）输送约1200℃高温鼓风，并在温度高达2000℃以上的焦炭回旋区前工作，承受着高炉最大的热流强度的冲击。

（2）在风口的上方有液态渣、铁不断滴落冲刷，如果出现风口回旋区不活跃时，在风口的下方可能直接接触液态渣、铁，因此，伸入炉内的风口小套前端随时可能经受液态渣、铁的熔蚀。当铁水与风口接触时，峰值热流强度可能达到 $(8 \sim 23) \times 10^6 \ W/m^2$，在如此高的热流强度冲击下，如果热量不能及时被冷却水带走，水冷表面将出现膜态沸腾，使得风口壁的温度迅速上升，甚至超过其熔点而烧毁。

（3）风口小套外侧要承受进入风口回旋区赤热焦炭的机械摩擦，喷煤时风口内侧要承受输送煤粉的冲刷。

（4）当风口上方渣皮脱落时，有可能砸坏风口小套。

为了保证风口小套在如此恶劣的条件下长期稳定地工作，风口小套的设计和操作必须考虑下面两个方面：一是当风口与铁水接触时不能被烧坏；二是风口应能经受住焦炭和煤粉的磨损。因此风口材质的选择及冷却就尤为重要，可采取以下措施：

（1）提高风口材料的导热系数；

（2）提高冷却水的速度，保证良好的冷却；

（3）提高风口冷却水入口处的欠热温度 Δt_{sub}。

大量生产实践证明，将风口小套冷却水速度提高到 12 ~ 17 m/s，水压加大到1.5MPa，对于提高风口寿命是行之有效的。提高水速的目的在于加强对流传热，使风口不仅在正常工作条件下，甚至在受液态生铁侵袭的条件下也能迅速将热量导出。而提高冷却水压力的结果，加大了欠热度，避免在风口内出现局部沸腾现象。

3.3.5.7 炉底冷却

大型高炉炉缸直径较大，周围径向冷却壁的冷却，已不足以将炉底中心部位的热量散发出去，如不进行冷却则炉底向下侵蚀严重。因此，大型高炉炉底中心部位也要冷却，过去曾采用风冷，现在多采用水冷的方法。

图3-20所示为高炉水冷炉底结构示意图，这是常见的一种水冷炉底结构形式。水

图3-20 2516m³ 高炉水冷炉底结构示意图

冷管中心线以下埋置在炉基耐火混凝土基墩上表面中，中心线以上为碳素捣固层，水冷管为 $\phi40mm \times 10mm$，炉底中心部位管间距 200～300mm，边缘较疏为 350～500mm，水冷管两端伸出炉壳外 50～100mm。炉壳开孔后加垫板加固，开孔处应避开炉壳折点 150mm 以上。

水冷炉底结构应保证切断给水后，可排出管内积水，工作时排水口要高于水冷管水平面，保证管内充满水。

目前大型高压高炉，多采用炉底封板，水冷管可设置在封板以上，这样在炉壳上开孔将降低炉壳强度和密封性，但冷却效果好；水冷管也可设置在封板以下，这样对炉壳没有损伤，但冷却效果差。宝钢1号高炉采用后一种结构。

3.3.6　冷却设备的工作制度

冷却设备的工作制度，即制定和控制冷却水的流量、流速、水压和进出水的温度差等。高炉各部位热负荷不同，冷却设备形式不同，冷却设备工作制度亦不相同。

3.3.6.1　水的消耗量

高炉某部位需要由冷却水带走的热量称为热负荷，单位表面积炉衬或炉壳的热负荷称为冷却强度。热负荷可写为

$$Q = cM(t - t_0) \times 10^3 \tag{3-24}$$

式中　Q——热负荷，kJ/h；

M——冷却水消耗量，t/h；

c——水的比热容，kJ/(kg·℃)；

t——冷却水出水温度，℃；

t_0——冷却水进水温度，℃。

由式（3-24）可知，冷却水消耗量与热负荷、进出水温度差有关。高炉冶炼过程中在某一段特定时间内（炉龄的初期、中期和晚期等）可以认为热负荷是常数，那么冷却水消耗量与进出水温度差成反比，提高冷却水温度差，可以降低冷却水消耗量。提高冷却水温度差的方法有两种：一是降低流速，二是增加冷却设备串联个数。因冷却设备内水的流速不宜过低，因此经常采用的办法就是增加冷却设备的串联个数。

高炉炉衬热负荷随炉衬侵蚀情况而变化，一般是开炉初期低，中期有一段相对稳定时间，末期上升较快。因此，高炉一代寿命中，不同时期冷却水消耗量也有差别。冷却水在循环使用过程中日损失 4%～5%。

3.3.6.2　水压和流速

降低冷却水流速，可以提高冷却水温度差，减少冷却水消耗量。但流速过低会使机械混合物沉淀，而且局部冷却水可能沸腾。冷却水流速及水压和冷却设备结构有关。

确定冷却水压力的重要原则是冷却水压力大于炉内静压，防止个别冷却设备烧坏时煤气进入冷却系统。一般高炉风口冷却水压力比热风的压力高 0.1MPa，炉身部位冷却水压力比炉内静压高 0.05MPa。

在铸有无缝钢管冷却设备内，选择水管参数时要考虑高炉各部位热负荷的大小、冷却水管外表面积与炉壳表面积的关系和管内水的流速等因素。在高热负荷区冷却壁的水流速

和管径一般按表 3-26 选择。

表 3-26　高热负荷区冷却壁内水流速和管径

水管种类	本体水管	蛇形水管	水平管	凸台管
直径/mm	$Dg50$	$Dg40$	$Dg40$	$Dg50$
流速/m·s^{-1}	1.2~1.5	0.9~1.1	1.0~1.5	1.5~2.0

风口小套是容易烧坏的冷却设备，采用高压大流速冷却效果显著。宝钢 1 号高炉采用贯通式风口，为空腔式结构，水压 1.6MPa，风口前端空腔流速可达到 16.9m/s。高压冷却设备烧坏时向炉内漏水较多，必须及时发现和处理。一般在每根供水、排水支管上装有电磁流量计，监测流量并自动报警。

3.3.6.3　冷却水温度差

水沸腾时，水中的钙离子和镁离子以氧化物形式沉淀产生水垢，降低冷却效果。因此，应避免冷却设备内局部冷却水沸腾，采用的方法是控制进水温度和控制进出水温度差。进水温度一般要求应低于 35℃，由于气候的原因，也不应超过 40℃。而出水温度与水质有关，一般情况下工业循环水的稳定温度不超过 50~60℃，即反复加热时水中碳酸盐沉淀的温度，否则钙、镁的碳酸盐会沉淀，形成水垢，导致冷却设备烧坏。工作中考虑到热流的波动和侵蚀状况的变化，实际的进出水温差应该比允许的进出水温差适当低些，各个部位都要有一个合适的后备系数 φ，其关系式如下：

$$\Delta T_{实际} = \varphi \cdot \Delta T_{允许} \tag{3-25}$$

式中，φ 值如下：

部　位	炉腹、炉身	风口带	渣口以下	风口小套
后备系数 φ	0.4~0.6	0.15~0.3	0.08~0.15	0.3~0.4

高炉上部 φ 值较大，对于高炉下部由于是高温熔体，主要是铁水的渗漏，可能局部造成很大热流而烧坏冷却设备，但在整个冷却设备上，却不能明显地反映出来，所以 φ 值要小些。实践证明，炉身部位 $\Delta T_{实际}$ 波动 5~10℃ 是常见的变化，而在渣口以下 $\Delta T_{实际}$ 波动 1℃ 就是个极危险的信号。显然出水温度仅代表出水的平均温度，也就是说，在冷却设备内，某局部地区水温完全可以大大超过出水温度，致使产生局部沸腾现象和硬水沉淀。

3.3.6.4　冷却设备的清洗

清洗冷却设备可以延长其使用寿命。由于水垢的导热性很差，是冷却设备的最大祸患，易使冷却设备过热而烧坏，故定期清洗掉水垢是很重要的。一般要 3 个月清洗一次。清洗方法有：用 20%~25% 的 70~80℃ 盐酸，加入缓蚀剂——1% 废机油，用耐酸泵送入冷却设备中，循环清洗 10~15min，然后再用压缩空气顶回酸液，再通冷却水冲洗。也可用 0.7~1.0MPa 的高压水或蒸汽冲洗。

3.3.7　高炉给排水系统

高炉在生产过程中，任何短时间的断水，都会造成严重的事故，高炉供水系统必须安全可靠。为此，水泵站供电系统须有两路电源，并且两路电源应来自不同的供电点。为了在转换电源时不中断供水，应设有水塔，塔内要储有 30min 的用水量。泵房内应备有足够的备用泵。由泵房向高炉供水的管路应设置两条。串联冷却设备时要由下往上，保证断水时冷却设备内留有一定水量。

大中型高炉设有两条供水主管道及两套供水管网。供水管直径由给水量计算而定，正常条件下供水管内水流速 0.7~1.0m/s，供水管上除安装一般阀门外，还安装逆止阀，防止冷却设备件烧坏时煤气进入冷却管路系统。高炉排水一般由冷却设备出水头引至集水槽，而后经排水管送至集水池（蒸发 2%~5%），由于出水头有水力冲击作用而产生大量气泡，所以排水管直径是给水管直径的 1.3~2.0 倍。排水管标高应高于冷却设备，以保证冷却设备内充满水。所有管路、阀门布置应方便操作。

一般高炉给排水的工艺流程是：水源→水泵→供水主管→滤水器→各层给水围管→配水器（分配水进各冷却设备）→冷却设备及喷水管→环形排水槽、排水箱→排水管→集水池（蒸发 2%~5%）。

3.3.8　高炉冷却系统

高炉冷却系统可分为以下三类：
（1）汽化冷却系统。
（2）工业水开路循环冷却系统。
（3）软水（纯水）密闭循环冷却系统。

这三种冷却系统的区别是循环使用的冷却介质的热量散发方式不同：汽化冷却系统，依靠蒸发时水的汽化潜热来冷却；工业水开路循环冷却系统，依靠冷却塔（池）中水的直接蒸发冷却；软水（纯水）密闭循环系统通过热交换器间接换热。

3.3.8.1　高炉汽化冷却

高炉汽化冷却是把软化水送入冷却设备内，软水在冷却设备中吸热汽化并排出，从而达到冷却的目的。按循环方式，可分为自然循环汽化冷却和强制循环汽化冷却两种。

　　A　自然循环汽化冷却

自然循环汽化冷却如图 3-21 所示。循环的动力是靠下降管中的水和上升管中汽水混合物的重度差所形成的压头，克服管道系统阻力而流动。即汽包中的水沿下降管向下流动，经冷却设备汽化后，汽水混合物沿上升管向上流动，进入汽包后经水汽分离，蒸汽排出作为二次能源利用，并由供水管补充一定量的新水保证循环的进行。循环压力为：

$$\Delta P = h(\rho_{\mathrm{w}} - \rho_{\mathrm{v}})g \qquad (3\text{-}26)$$

式中　ΔP——自然循环流动压头，Pa；

　　　　h——汽包与冷却设备高度差，m；

　　　　ρ_{w}——下降管中水的密度，kg/m³；

　　　　ρ_{v}——上升管中汽水混合物的密度，kg/m³。

图 3-21　自然循环汽化冷却示意图
1—汽包；2—下降管；3—上升管；
4—冷却设备；5—供水管

自然循环汽化冷却不受电的影响，安全可靠，动力消耗低，可节电40%~90%，但要求汽包和冷却设备有一定的高度差。

B 强制循环汽化冷却

强制循环汽化冷却是在自然循环汽化冷却的下降管路上装一水泵，作为循环的动力，推动循环过程的进行，此时汽包装置的高度可灵活一些。

汽化冷却与水冷相比有如下优点：由于水汽化时吸收大量汽化潜热，所以冷却强度大，耗水量极少，与水冷却相比可节约用水60%~90%，还可节电（水泵动力）75%以上；由于耗水量少，水可以软化处理，防止冷却设备结垢，延长寿命；产生大量蒸汽，可作为二次能源；有利于安全生产，如果采用自然循环方式，当断电时，可利用汽包中储备的水维持生产约40~50min，因此提高了冷却设备的安全性。

汽化冷却应用并不广泛，并逐渐被软水闭路强制循环所代替，主要是汽化循环冷却还存在一些具体问题不好解决。例如，热负荷高时汽化循环不稳定，冷却设备易烧坏，并且对于已烧坏的冷却设备，其检测技术不完善，炉衬侵蚀情况反应不敏感。

3.3.8.2 工业水开路循环冷却系统

工业水开路循环冷却系统是指其降温设施采用冷却塔、喷水池等设备，靠蒸发制冷的系统，其原理如图3-22所示。这种冷却系统致命的弱点是：在冷却设备的通道壁上容易结垢，这些水垢是造成冷却设备过热烧坏的重要原因。当热流强度为4656.5 W/(m·℃)时，1mm厚的水垢会造成约159℃的温差；

图3-22 工业水开路循环冷却系统原理图

3mm厚的水垢则会引起大于557℃的温差，这对于各种材质的冷却设备都是不允许的。为了克服冷却设备上结垢带来的危害，一般采用清洗冷却设备内水垢的方法和控制进出水温差的办法。但是这样会对生产、经济不利，并会造成环境污染。为了防止水质的恶化需在系统内设有加入防腐剂、防垢剂和其他药物的装置。

3.3.8.3 软水（纯水）密闭循环冷却系统

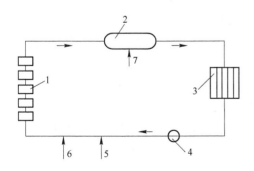

图3-23 软水密闭循环冷却系统工作原理
1—冷却设备；2—膨胀罐；3—空气冷却器；
4—循环泵；5—补水；6—加药；7—充氮装置

高炉软水（纯水）密闭循环冷却系统工作原理如图3-23所示，是一个完全密闭的系统，用软水作为冷却介质。软水由循环泵送往冷却设备，冷却设备排出的冷却水经膨胀罐送往空气冷却器，经空气冷却器散发于大气中，然后再经循环泵送往冷却设备，由此循环不已。

膨胀罐为一圆柱形密闭容器，其中充以氮气，用以提高冷却介质压力，提高饱和蒸汽的温度，进而提高饱和蒸汽与冷却设备内冷却水实际温度之差，即提高冷却水的欠冷度。膨胀罐具有补偿由于温度的变化和水的泄漏而引起的系统冷却水体积的变化，稳定冷却系统的运转，并且通过罐内水位的变化，判断系统泄漏情况和合理补充软水。

空气冷却设备由风机和散热器组成，用来散发热量降低冷却水温度。

软水（纯水）密闭循环冷却系统的特点有：

（1）工作稳定可靠：由于冷却系统内具有一定的压力，所以冷却介质具有较大的欠冷度。例如，当系统压力为 0.15MPa 时，水的沸点为 127℃，系统中回水最高温度是膨胀罐内温度，一般控制不大于 65℃，此时欠冷度为 62℃，通常欠冷度不小于 50℃时，不会产生蒸汽和汽塞现象。

（2）冷却效果好，高炉寿命长。使用的冷却介质是软（纯）水，是经过化学处理即除去水中硬度和部分盐类的水。这就从根本上解决了在冷却水管或冷却设备内壁结垢的问题，保证有效冷却并能延长冷却设备的寿命。

（3）节水。因为整个系统完全处于密闭状态，所以没有水的蒸发损失，而流失也很少。根据国内外高炉的操作经验，正常时软水补充量仅为循环流量的 0.1‰。

（4）电能耗量低。闭路系统循环水泵的扬程仅取决于系统的阻力损失，不考虑供水点的位能和剩余水头。因此，软水（纯水）密闭循环冷却系统的总装机容量为工业水开路循环冷却系统的 2/3 左右。

图 3-24 所示为宝钢 3 号（4350m³）高炉的软水（纯水）密闭循环冷却系统流程。

图 3-24　宝钢 3 号（4350m³）高炉的软水（纯水）密闭循环冷却系统流程

3.4　高炉送风管路

高炉送风管路由热风总管、热风围管、与各风口相连的送风支管（包括直吹管）及风口（包括风口中套、风口大套）等组成。

3.4.1　热风围管

热风围管的作用是将热风总管送来的热风均匀地分配到各送风支管中去。热风总管和热风围管都由钢板焊成，管中有耐火材料筑成的内衬。为了不影响炉前作业，热风围管都采用吊挂式，大框架高炉热风围管吊挂在横梁上，炉缸支柱式高炉，热风围管吊挂在支柱外侧的吊挂板上，自立式高炉则吊挂在炉壳上，也有将热风围管吊挂在厂房梁上的。

热风总管与热风围管的直径相同，并且与高炉容积相关，其直径由下式计算：

$$d = \sqrt{\frac{4Q}{\pi v}} \qquad (3\text{-}27)$$

式中　　d ——热风总管或热风围管内径，m；

Q ——气体实际状态下的体积流量，m^3/s；

v ——气体实际状态下的流速，m/s。

实际状态下流速一般为 25～35m/s，体积流量可由高炉配料计算得到。我国部分高炉热风围管直径见表3-27。

表 3-27　我国部分高炉热风总管与热风围管直径

高炉容积/m^3	4063	2580	1513	1000	620
总管与围管内径/mm	2100	1676	1522	1200	850

3.4.2　送风支管

送风支管的作用是将热风围管送来的热风通过风口送入高炉炉缸，还可通过它向高炉喷吹燃料。送风支管长期处于高温、多尘的环境中，工作条件很恶劣，如宝钢1号、2号高炉的送风条件为：送风温度最高 1310℃，送风压力 0.42～0.47MPa；36 个送风支管的送风总量（标态）为 7900m^3/min。所以要求送风支管密封性好，压损小，热量损失小，在热胀冷缩的条件下有自动调节位移的功能。

送风支管由送风支管本体、送风支管张紧装置、送风支管附件等组成，图 3-25 所示为宝钢送风支管结构。

送风支管本体有多种形式。宝钢 1 号、2 号高炉采用的是栗本-RA00 式结构，由 A-1 管（鹅颈管）、A-2 管（流量测定管）、伸缩管、异径管（锥形管）、弯管、直吹管等组成。A-1 管是连接热风围管的支撑管，由钢板焊成，内侧砌耐火砖。A-2 管接在 A-1 管下面，也由钢板焊成，内侧用不定形耐火材料浇注成文丘里氏管结构，用来测定送风量。伸缩管的作用是调节热风围管和炉体因热膨胀引起的相对位移，其连接方式为法兰连接，使用压力为 0.51 MPa，使用温度为 400℃，使用寿命要求在 5400 次以上。伸缩管内有不定形耐火材料浇注的内衬，下部内衬与伸缩管之间塞有陶瓷纤维棉，并装有多层垫圈。异径管用来连接不同直径的管道，上设吊杆和中部拉杆底座，用以安装张紧装置。弯管起转变送风支管方向和连接直吹管用，上面设有观察孔和下部拉杆。

　　送风支管张紧装置用于稳定和紧固送风支管的位置，并使直吹管紧压在风口小套上。张紧装置有吊杆、拉杆、松紧法兰螺栓等。吊杆的作用是固定送风支管，主要承受送风时伸缩管产生的反力，可用旋紧螺母调整其位置。拉杆分中部拉杆和下部拉杆。中部拉杆用以调整直吹管端头球面位置推压力和固定送风支管位置；下部拉杆用来调整直吹管端头与风口球面部的压紧力，以防止接口漏风。

　　送风支管附件有托座、起吊链钩、观察孔等。托座固定在炉壳上，用来固定中部拉杆。起吊链钩用于更换风口时使弯管和直吹管成振摆状运动，便于更换风口。观察孔用来观察风口区燃烧情况。

图 3-25　送风支管结构

1—横梁；2—A-1 管；3—A-2 管；4—伸缩管；5—拉杆；6—环梁；7—直吹管；
8—风口；9—松紧法兰螺栓；10—窥视孔；11—弯管；12—异径管

3.4.3　直吹管

　　直吹管是高炉送风支管的一部分，尾部与弯管相连，端头与风口紧密相连。热风经热风围管、弯管传到直吹管，通过风口进入高炉炉缸。

　　现代大型高炉的直吹管一般由端头、管体、喷吹管、尾部法兰和端头水冷管路五部分组成，如图 3-26 所示。早期的直吹管没有喷吹管和端头冷却管路。增加喷吹管的目的是用于向高炉炉缸内喷吹煤粉，以降低焦比，强化冶炼。增加端头水冷管路则是为了能使直吹管能承受日益提高的热风风温。

图 3-26　直吹管结构

1—端头；2—管体；3—喷吹管；4—冷却水管；5—法兰

直吹管管体内浇注了耐火材料内衬，以抵抗灼热的热风对管体的破坏和减少散热。

直吹管在高温高压下工作，管中还有煤粉通过，苛刻的工作条件对直吹管提出较高的技术要求。直吹管的主要技术要求为：

（1）要求直吹管端头与风口相接触的球面表面粗糙度要低，一般要求 $Ra \leqslant 0.8\mu m$，宝钢 2 号高炉直吹管要求 $Ra \leqslant 0.4\mu m$。为保证密合，球面上不准有任何缺陷和焊补。

（2）为防止在高压工作条件下破坏或泄漏，必须按设计要求进行水压和气密试验。如宝钢 2 号高炉的直吹管要求在 0.88MPa 压力下做水压试验，保持 30min 不泄漏；在 0.74MPa 压力下做气密试验，保证 15min 无泄漏。

（3）为避免喷入的煤粉冲刷风口内壁，要求喷吹管中心线与直吹管管体中心线的夹角符合设计要求，一般夹角为 12°～14°。

3.4.4　风口装置

3.4.4.1　风口

风口也称风口小套或风口三套，是送风管路最前端的一个部件。位于高炉炉缸上部，成一定角度探出炉壁。风口与风口中套、风口大套装配在一起，加上冷却水管等其他部件，形成高炉的风口设备，其结构如图 3-27 所示。

送风支管的直吹管端头与风口密合装配在一起，热风炉中的热风从直吹管中吹出通过风口吹入高炉炉缸，向高炉中喷吹的煤粉及其气体载体也通过风口进入高炉炉内。风口前端炉缸回旋区温度约 2000℃左右，风口的工作条件十分恶劣，在使用一段时间后会损坏，从而迫使高炉休风，更换风口，风口是影响高炉生产效率的重要因素之一。

风口的损坏原因主要有以下几种：

（1）熔损。这是风口常见的损坏原因。在热负荷较高时，如风口和液态铁水接触时，风口处热负荷超过正常情况的一倍甚至更高，如果风口冷却条件不好（如冷却水压力、流速、流量不足），再加上风口前端出现的 Fe-Cu 合金层恶化了导热性等，可使风口局部温度急剧升高，很快会使风口冲蚀熔化而烧坏。发生熔损的主要部位是风口前端上部，熔损处往往能发现被铁水冲蚀的空洞。

（2）开裂。风口外壁处于 1500～2200℃ 的高温环境，而内壁为常温的冷却水。另外，风口外壁承受鼓风的压力，内壁则承受冷却水的压力。并且这些温度和压力是经常变化

62

的，从而造成热疲劳与机械疲劳。风口在高温下会沿晶界及一些缺陷发生氧化腐蚀，降低了强度，造成应力集中，最后引起开裂，风口中的焊缝处也容易开裂。

（3）磨损。风口前端伸出在炉缸内，高炉内风口前焦炭的回旋运动以及上方的炉料沿着风口上部向下滑落和移动，会造成对风口上部表面的磨损。在高温下风口的强度下降很多，因此冷却不好会加剧磨损。同时，现在大型高炉普遍采用喷吹煤粉工艺，如果保护不好，内孔壁及端头处被煤粉磨漏的现象也时有发生。

图 3-27　风口装置结构示意图

1—风口中套冷水管；2—风口大套密封罩；3—炉壳；4—抽气孔；5—风口大套；6—灌泥浆孔；
7—风口小套冷水管；8—风口小套；9—风口小套压紧装置；10—灌泥浆孔；
11—风口法兰；12—风口中套压紧装置；13—风口中套

为使风口能承受恶劣的工作条件，延长风口使用寿命，常采取以下几方面的措施：

（1）提高制作风口的紫铜纯度，以提高风口的导热性能；

（2）改进风口结构，增强风口冷却效果；

（3）对风口前端进行表面处理，提高其承受高温和磨损的能力。

当然，风口的使用寿命还与高炉采用的操作工艺、炉况、水冷条件等多种因素有关。

3.4.4.2　风口中套

风口中套的作用是支承风口小套，其前端内孔的锥面与风口小套的外锥面配合，上端的外锥面与大套配合。中套的工作位置与风口小套相比，离炉缸较远，不直接接触热风和高炉内的气氛。但在大型高炉强化冶炼的工作条件下，风口中套周围仍受到 300℃ 左右高温的影响。风口中套用铸造紫铜制作。铸造紫铜在室温时抗拉强度约 150MPa，而 290℃ 时为 78MPa，下降了 50%。为了保证中套有足够的强度，保持对风口小套的支承力，要用冷却水进行冷却。因为中套前端是支承风口小套的工作部位，并且热负荷大，因此常采用顶端二室螺旋式冷却方式，以提高前端的冷却效果。

风口中套主要由本体和前帽两部分组成，分体铸造，加工后焊接而成。冷却水路分为前腔与后腔。前腔为前帽和本体上两道环形水道隔板形成的螺旋状冷却水道；后腔为铸成前后相错的轴向隔板组成中套圆周流动与轴向流动的冷却水路。各水路要求连接畅通，表面光滑，以减少水流阻力。风口中套上端有一灌浆孔，用于安装时向风口中套与炉缸砌体间空隙灌耐火泥。在中套上端焊有一个 5mm 厚的钢圈，用于与风口大套焊接固定，并防止大、中套连接处煤气泄漏。

3.4.4.3 风口大套

风口大套的功能是支承风口中套与小套，并将其与高炉炉体相连成为一体。风口大套的前端锥面与风口中套上端锥面配合，上端通过风口法兰与炉体装配连接在一起。风口大套的工作温度约 300℃。对风口大套主要考虑其强度性能。通常风口大套有铸钢件和带铸入冷却水管的铸铁件两种，宝钢 2 号高炉的风口大套为铸钢件。风口大套部位包括风口法兰、风口大套、风口中、小套压紧装置等。风口法兰与风口大套在一代炉龄内一般不更换，因而对制造质量，尤其是接触面的加工质量要求严格，以保证风口设备的密封性。风口法兰为铸钢圆环，风口大套是铸件。

3.5 高炉钢结构

高炉钢结构包括炉壳、炉体框架、炉顶框架、平台和梯子等。高炉钢结构是保证高炉正常生产的重要设施。设计高炉钢结构应考虑的主要因素有：

（1）高炉是庞大的竖炉，设备层层叠叠，钢结构设计必须考虑到各种设备安装、检修、更换的可行性，要考虑到大型设备的运进运出，吊上吊下，临时停放等可能性。

（2）高炉是高温高压反应器，某些钢结构件应具有耐高温高压、耐磨和可靠的密封性。

（3）运动装置运动轨迹周围，应留有足够的净空尺寸，并且要考虑到安装偏差和受力变形等因素。

（4）对于支撑构件，要认真分析荷载条件，做强度计算。主要荷载包括：工作中的静荷载、动荷载、事故荷载（例如崩料、坐料引起的荷载等），检修、安装时的附加荷载，以及外荷载（风载、地震等）。

（5）露天钢结构和扬尘点附近钢结构应避免积尘积水。

（6）合理设置走梯、过桥和平台，使操作方便，安全可靠。

3.5.1 高炉本体钢结构

设计高炉本体钢结构，主要是解决炉顶荷载、炉身荷载传递到炉基的方式方法，并且要解决炉壳密封等。高炉本体钢结构主要有以下几种形式，如图 3-28 所示。

3.5.1.1 自立式（图 3-28a）

炉顶全部荷载均由炉壳承受，炉体周围没有框架或支柱，平台走梯也支承在炉壳上，并通过炉壳传递到基础上。其特点是：结构简单，操作方便，节约钢材，炉前宽敞便于更换风口和炉前操作。设计时应尽量减少炉壳转折点，制造时折点部位要平缓过渡，减小热应力；高炉生产过程中应加强炉壳冷却，特别是炉龄末期炉壳可能变形，需要增设外部喷水冷却；另外，高炉大修时炉顶设备需要另设支架。过去中小型高炉多采用这种结构。

3.5.1.2 炉缸支柱式（图3-28b）

炉顶荷载及炉身荷载由炉身外壳通过炉缸支柱传到基础上。其特点是节省钢材，但风口平台拥挤，炉前操作不方便，并且大修时更换炉壳不方便。高炉生产过程中应注意炉身部位的冷却，特别是炉龄后期，由于受热和承重炉壳有可能变形，这将影响装料设备的准确性。过去255m³ 以下高炉多用这种结构。

3.5.1.3 炉缸炉身支柱式（图3-28c）

炉顶装料设备和煤气导出管、上升管等的重量经过炉身炉壳传递到炉腰托圈，炉顶框架、大小钟荷载则通过炉身支柱传递到炉腰托圈，然后再通过炉缸支柱传递到基础上。煤气上升管和炉顶平台分别设有座圈和托座，大修更换炉壳时炉顶煤气导出管和装料设备等荷载可作用在平台上。这种结构降低了炉壳的负荷，安全可靠。但耗费钢材较多、投资高，因此只适用于大型高炉。我国五六十年代所建大型高炉多采用这种结构。

3.5.1.4 炉体框架式（图3-28d）

近年来我国新建大型高炉多采用这种结构。其特点是：由四根支柱连接成框架，而框架是一个与高炉本体不相连接的独立结构。框架下部固定在高炉基础上，顶端则支撑在炉顶平台。因此炉顶框架的重量、煤气上升管的重量、各层平台及水管重量，完全由大框架直接传给基础。只有装料设备重量经炉壳传给基础。

图3-28 高炉本体钢结构

a—自立式；b—炉缸支柱式；c—炉缸炉身支柱式；d—炉体框架式

这种结构由于取消了炉缸支柱，框架离开高炉一定距离，所以风口平台宽敞，炉前操作方便，还有利于大修时高炉容积的扩大。

3.5.2 炉壳

炉壳是高炉的外壳，里面有冷却设备和炉衬，顶部有装料设备和煤气上升管，下部坐落在高炉基础上，是不等截面的圆筒体。

炉壳的主要作用是固定冷却设备、保证高炉砌砖的牢固性、承受炉内压力和起到炉体密封作用，有的还要承受炉顶荷载和起到冷却内衬作用（外部喷水冷却时）。因此，炉壳必须具有一定强度。

炉壳外形与炉衬和冷却设备配置要相适应。存在着转折点，转折点减弱炉壳的强度。由于固定冷却设备，炉壳需要开孔。炉壳折点和开孔应避开在同一个截面。炉缸下部折点应在铁口框以下 100mm 以上，炉腹折点应在风口大套法兰边缘以上大于 100mm 处，炉壳开口处需补焊加强板。

炉壳厚度应与工作条件相适应，各部位厚度可由下式计算：

$$\delta = kD \tag{3-28}$$

式中　δ——计算部位炉壳厚度，mm；

　　　D——计算部位炉壳外弦带直径（对圆锥壳体采用大端直径），m；

　　　k——系数，mm/m；其值见表 3-28。

表 3-28　高炉各弦带 k 的取值

炉顶封板与炉喉	$50° < \beta < 55°$	4.0
	$\beta > 55°$	3.6
高炉炉身		2.0
高炉炉腰		2.2
风口带到炉腹上折点		2.7
炉缸及炉底		3.0

高炉下部钢壳较厚，是因为这个部位经常受高温的作用，以及安装铁口和风口，开孔较多的缘故。我国某些高炉炉壳厚度见表 3-29。

表 3-29　我国某些高炉炉壳厚度

高炉容积/m³		620	620	1000	1513	2025	4063
高炉结构形式		炉缸支柱	自立式	炉体框架	炉缸支柱	炉体框架	炉体框架
高炉炉壳厚度/mm	炉　底	25	28	28/32	36	36	65，铁口区 90
	风口区	25	28	32	32	36	90
	炉　腹	22	28	28	30	32	60
	炉　腰	22	22	28	30	30	60
	托　圈	30	—	—	36	—	—
	炉身下部	18	20	25	30	28	炉身由下至上依次为 55，50，40，32，40
	炉顶及炉喉	25	25	25	36	32	
	炉身其他部位	18	18	20	24	24	

3.5.3　炉体框架

炉体框架由四根支柱组成，上至炉顶平台，下至高炉基础，与高炉中心成对称布置，在风口平台以上部分采用钢结构，有"工"字断面，也有圆形断面，圆筒内灌以混凝土。风口平台以下部分可以是钢结构，也可以采用钢筋混凝土结构。一般情况下应保证支柱与热风围管有 250mm 间距。

3.5.4 炉缸支柱、炉身支柱、炉腰支圈和支柱座圈

炉缸支柱是用来承担炉腹或炉腰以上，经炉腰支圈传递下来的全部荷载。上端与炉腰支圈连接，下端则伸到高炉基座的座圈上。大中型高炉一般都是用 24~40mm 的钢板，焊成工字形断面的支柱，为了增加支柱的刚度，常加焊水平筋板。支柱向外倾斜 6° 左右，以使炉缸周围宽敞。

支柱的数目常为风口数目的一半或三分之一，并且均匀地分布在炉缸周围，其位置不能影响风口、铁口的操作，其强度则应考虑到个别支柱损坏时，其他相邻支柱仍能承担全部荷载。为了防止发生炉缸烧穿时，渣铁水烧坏炉缸支柱，从高炉基座的座圈直到铁口以上 1m 处的支柱表面，应用耐火砖衬保护。

炉身支柱的作用是支承炉顶框架及炉顶平台上、炉身部分的平台走梯、给排水管道等的荷载。一般为 6 根，下端应与炉缸支柱相对应。在确定炉身支柱与高炉中心的距离时，要考虑到炉顶框架的柱脚位置、炉身、炉腰部分冷却设备的布置和更换。

炉腰支圈的作用是把它承托的上部均布荷载（砌砖重量及压力等）变成几个集中载荷传给炉缸支柱，同时也起着密封作用。是由几块 30~40mm 厚的钢板铆接式焊接而成的。与上下炉壳相接处，两侧都用角钢加固，在外侧边缘也用角钢加固，以加强其刚性，其结构如图 3-29 所示。

图 3-29　炉腰支圈

支柱座圈是为了使支柱作用于炉基上的力比较均匀。在每个支柱下面都有铸铁或型钢做成的单片垫板，并且彼此用拉杆或整环连接起来，以防止支柱在推力作用下或基础损坏时发生位移。

3.6　高炉基础

高炉基础是高炉下部的承重结构，其作用是将高炉全部荷载均匀地传递到地基。高炉基础由埋在地下的基座部分和地面上的基墩部分组成，如图 3-30 所示。

图 3-30　高炉基础

1—冷却壁；2—水冷管；3—耐火砖；4—炉底砖；5—耐热混凝土基墩；6—钢筋混凝土基座

3.6.1 高炉基础的负荷

高炉基础承受的荷载有：静负荷、动负荷、热应力的作用，其中温度造成的热应力的作用最危险。

3.6.1.1 静负荷

高炉基础承受的静负荷包括高炉内部的炉料重量、渣、铁液重量、炉体本身的砌砖重量、金属结构重量、冷却设备及冷却水重量、炉顶设备重量等，另外还有炉下建筑物、斜桥、装料卷扬机等分布在炉身周围的设备重量。从力的作用情况来看，前者是对称的，作用在炉基上，后者则常常是不对称的，是引起力矩的因素，可能产生不均匀下沉。

3.6.1.2 动负荷

动负荷是指高炉非正常生产如崩料、坐料时加给高炉基础的额外荷载。动负荷是相当大的，设计时必须考虑。

3.6.1.3 热应力的作用

炉缸中贮存着高温的铁液和渣液，炉基处于一定的温度下。由于高炉基础内温度分布不均匀，一般是里高外低，上高下低，这就在高炉基础内部产生了热应力。

3.6.2 对高炉基础的要求

对高炉基础有如下要求：

（1）高炉基础应把高炉全部荷载均匀地传递给地基，不允许发生沉陷和不均匀的沉陷。高炉基础下沉会引起高炉钢结构变形，管路破裂。不均匀下沉将引起高炉倾斜，破坏炉顶正常布料，严重时不能正常生产。

（2）具有一定的耐热能力。一般混凝土只能在150℃以下工作，250℃便有开裂，400℃时失去强度，钢筋混凝土700℃时失去强度。过去由于没有耐热混凝土基墩和炉底冷却设施，炉底破损到一定程度后，常引起基础破坏，甚至爆炸。采用水冷炉底及耐热基墩后，可以保证高炉基础很好地工作。

基墩断面为圆形，直径与炉底相同，高度一般为 2.5 ~ 3.0m，设计时可以利用基墩高度调节铁口标高。

基座直径与荷载和地基土质有关，基座底表面积可按下式计算：

$$A = \frac{P}{KS_{允}} \tag{3-29}$$

式中　A ——基座底表面积，m^2；

　　　P ——包括基础质量在内的总荷载，t；

　　　K ——小于1的安全系数，取值视地基土质而定；

　　　$S_{允}$——地基土质允许的承压能力，MPa。

基座厚度由所承受的力矩计算，结合水文地质条件及冰冻线等综合情况确定。

高炉基础一般应建在 $S_{允}$ > 0.2MPa 的土质上，如果 $S_{允}$ 过小，基础面积将过大，厚度也要增加，使得基础结构过于庞大，故对于 $S_{允}$ < 0.2MPa 的地基应加以处理，视土层厚度，处理方法有夯实垫层、打桩、沉箱等。

4 高炉车间原料供应系统

现代钢铁联合企业中，炼铁原料的供应系统以高炉贮矿槽为界分为两部分。从原料进厂到高炉贮矿槽顶属于原料厂管辖范围，完成原料的卸、堆、取、运作业，根据要求还需进行破碎、筛分和混匀作业，起到贮存、处理并供应原料的作用。从高炉贮矿槽顶到高炉炉顶装料设备属于炼铁厂管辖范围，负责向高炉按规定的原料品种、数量、分批地及时供应。现代高炉对原料供应系统的要求是：

（1）保证连续地、均衡地供应高炉冶炼所需的原料，并为进一步强化冶炼留有余地。

（2）在贮运过程中应考虑为改善高炉冶炼所必需的处理环节，如混匀、破碎、筛分等。焦炭在运输过程中应尽量减少破碎率。

（3）由于贮运的原料数量大，对大、中型高炉应该尽可能实现机械化和自动化，提高配料、称量的准确度。

（4）原料系统各转运环节和落料点都有灰尘产生，应有通风除尘设施。

4.1 车间的运输

新建的炼铁车间，多采用人造富矿——烧结矿和球团矿为原料，运输设备均采用胶带运输机。胶带运输机运输作业率高，原料破碎率低，而且轻便，大大简化了矿槽结构。

胶带运输机的运输能力应该满足高炉对原燃料的需求，同时还应考虑物料的特性如粒度、堆比重、动堆积角等因素。胶带运输机的宽度可以从手册直接查出，也可按下式计算：

$$B = \sqrt{\frac{Q}{3600KK_a\xi\gamma v}} \tag{4-1}$$

式中　B——胶带运输机宽度，m；

　　　Q——胶带运输机运输量，t/h，一昼夜按 16~20h；

　　　K——胶带运输机断面系数，与物料的动堆积角有关；

　　　K_a——胶带运输机倾角系数；

　　　ξ——速度系数；

　　　γ——原料的堆密度，t/m³；

　　　v——胶带运输机速度，m/s。

胶带运输机带宽可选择比式（4-1）计算结果大一级的规格，以适应高炉将来生产率提高的需要。

4.2 贮矿槽、贮焦槽及槽下运输称量

4.2.1 贮矿槽与贮焦槽

贮矿槽位于高炉一侧，起到原料的贮存作用，解决高炉连续上料和车间间断供料的矛盾，当贮矿槽之前的供料系统设备检修或因事故造成短期间断供料时，可依靠矿槽内的存量维持高炉生产。由于矿槽都是高架式的，利用原料的自重下滑进入下一工序，有利于实现配料等作业的机械化和自动化。

在一列式和并列式高炉平面布置中，贮矿槽的布置常和高炉列线平行。在采用料车上料时，贮矿槽与斜桥垂直。采用胶带运输机上料时，贮矿槽与上料胶带运输机中心线应互成直角，以缩短贮矿槽与高炉的间距。

贮矿槽的总容积与高炉容积、使用的原料性质和种类以及车间的平面布置等因素有关，一般可参照表4-1选用，也可根据贮存量进行计算，矿槽贮存12~18h的矿石量，焦槽贮存6~8h的焦炭量。

表4-1 矿槽、焦槽容积与高炉容积的关系

项 目	高炉有效容积/m³					
	255	600	1000	1500	2000	2500
矿槽容积与高炉容积之比	>3.0	2.5	2.5	1.8	1.6	1.6
焦槽容积与高炉容积之比	>1.1	0.8	0.7	0.7~0.5	0.7~0.5	0.7~0.5

贮矿槽的结构，有钢筋混凝土结构和钢-钢筋混凝土混合式结构两种。钢筋混凝土结构是矿槽的周壁和底壁都是用钢筋混凝土浇灌而成。混合式结构是矿槽的周壁用钢筋混凝土浇灌，底壁、支柱和轨道梁用钢板焊成，投资较前一种高。我国多用钢筋混凝土结构。为了保护贮矿槽内表面不被磨损，一般要在贮矿槽内加衬板，焦槽内衬以废耐火砖或厚25~40mm的辉绿岩铸石板，在废铁槽内衬以旧铁轨，在矿槽内衬以铁屑混凝土或铸铁衬板。为了减轻贮矿槽的重量，有的衬板采用耐磨橡胶板。槽底板与水平线的夹角一般为50°~55°，贮焦槽不小于45°，以保证原料能顺利下滑流出。

物料从矿槽、焦槽和料斗中卸出的流动模式分为三类，一般称为"中心流动"、"整体流动"和"扩展流动"，如图4-1所示。

图4-1 料斗卸出物料的流动模式
a—中心流动；b—整体流动；c—扩展流动

4.2.2 槽下运输称量

在贮矿槽下，将原料按品种和数量称量并运到上料胶带运输机（或料车）的方法有两种：一种是用称量车完成称量、运输、卸料等工序；另一种是用胶带运输机运输，用称量

漏斗称量，现在普遍采用这一种。

称量车是一个带有称量设备的电动机车，过去小型高炉多用。车上有操纵贮矿槽闭锁器的传动装置，还有与上料车数目相同的料斗，每个料斗供一个上料车，料斗的底是一对可开闭的门，借以向料车中放料。在称量车轨道旁边设有配料室，配料室操纵台上设有称量机构的显示和调节系统。操作人员在配料室进行配料作业，控制称量车行走，当称量车停在某一矿槽下时，启动该槽下给料设备，给料并称量，当达到给料量时停止给料。我国部分称量车主要技术指标见表4-2。

表4-2 我国部分称量车主要技术指标

名 称	技 术 指 标							
最大载重量/t	40	25	25	10	8	5	3	2.5
料车容积/m³	9	6	6	2	1.6	2.2		1
料车个数/个	2	2	2	2	2	1	1	1
轨距/mm	1435	1435	1435	1435	1435	1435		800
走行速度/m·s⁻¹	2.5	2.6	2.6	2.0	2.0	2.0	1.4	2.0
称重灵敏度/kg	±50	±50	±50	<50	±20	±25	±5	±6

槽下采用胶带运输机运输和称量漏斗称量的槽下运输称量系统，焦仓下一般设有振动筛，合格焦炭经焦炭输送机送到焦炭称量漏斗，小粒度的焦粉经粉焦输出胶带运输机运至粉焦仓。烧结矿仓下也设有振动筛，合格烧结矿运至矿石称量漏斗，粉状烧结矿经矿粉输出胶带运输机输送至粉矿仓。球团矿直接经给料机、矿石输出胶带运输机送到矿石集中漏斗。

由胶带运输机向炉顶供料的高炉，对贮矿槽的要求与料车式基本相同，只是贮矿槽与高炉的距离远些。在装料程序上，将向料车漏料改为向胶带运输机漏料。

胶带运输机运输的槽下工艺流程根据筛分和称量设施的布置，可以分为以下三种：

（1）集中筛分，集中称量。料车上料的高炉槽下焦炭系统常采用这种工艺流程。其优点是设备数量少，布置集中，可节省投资，但设备备用能力低，一旦筛分设备或称量设备发生故障，则会影响高炉生产。

（2）分散筛分，分散称量。矿槽下多采用此流程。这种布置操作灵活，备用能力大，便于维护，适于大料批多品种的高炉。

（3）分散筛分，集中称量。焦槽下多采用此种流程。其优点是有利于振动筛的检修，集中称量可以减少称量设备，节省投资。

胶带运输机与称量车比较具有以下优点：

（1）设备简单，节省投资；而称量车设备复杂，投资高，维护麻烦。另外，称量车工作环境恶劣，传动系统和电器设备很容易出故障，要经常检修，要求有备用车，有的高炉甚至要有两台备用车才能满足生产，增加了投资。

（2）胶带运输机运输容易实现沟下操作自动化，能有效地减轻体力劳动和改善劳动条件，有利于工人健康。

（3）采用胶带运输机运输，可以降低矿槽漏嘴的高度，在贮矿槽顶面高度不变的情况下，可以增大贮矿槽容积。

基于上述原因，我国新建的高炉基本上都选用胶带运输机作为槽下运输设备。

宝钢1号高炉矿槽、焦槽及上料胶带运输机布置如图4-2所示。

图 4-2 宝钢 1 号高炉矿槽、焦槽及上料胶带运输机布置

图 4-3 所示为宝钢 1 号高炉槽下供料系统作业时间顺序图。

图 4-3 宝钢 1 号高炉槽下供料系统作业时间顺序图

（焦炭批重为 30t，矿石批重为 120t，一批料的时间为 420s）

4.3　料车坑

料车上料的高炉在贮矿槽下面斜桥下端向料车供料的场所称为料车坑。一般布置在主焦槽的下方。

料车坑的大小与深度取决于其中所容纳的设备和操作维护的要求。图4-4所示为某厂1000m³ 高炉料车坑剖面图。

图 4-4　1000m³ 高炉料车坑剖面图

料车坑四壁一般由钢筋混凝土制成。在地下水位较高地区，料车坑的壁与底应设防水层，料车坑的底应考虑 0.5% ~ 3% 的排水坡度，将积水集中到排水坑内，再用污水泵排出。

料车坑内所有设备均应设置操作平台或检修平台。在布置设备时应着重考虑各漏斗流嘴在漏料过程中能否准确地漏入料车内，并应注意各设备之间的空间尺寸关系，避免相互碰撞。

料车坑中安装的设备有：

（1）焦炭称量设备，包括振动筛、称量漏斗和控制漏斗的闭锁器。在需要装料时振动筛振动，当给料量达到要求时停止。称量漏斗一般为钢结构，内衬锰钢，其有效容积应与料车的有效容积一致，在设计时应注意消除死角以避免剩料，提高称量的准确性。

（2）矿石称量漏斗。当槽下矿石用胶带运输机运输时，一般采用矿石称量漏斗。烧结矿在称量之前应筛除小于5mm的粉末。

（3）碎焦运出设备。经过焦炭振动筛筛出的焦粉，一般由斗式提升机提升到地面上的碎焦贮存槽中。

4.4 上料设备

将炉料直接送到高炉炉顶的设备称为上料机。对上料机的要求是：要有足够的上料能力，不仅能满足正常生产的需要，还能在低料线的情况下很快赶上料线。为满足这一要求，在正常情况下上料机的作业率一般不应超过70%；工作稳妥可靠；最大程度的机械化和自动化。

上料机主要有料罐式、料车式和胶带运输机上料三种方式。现在几乎全部采用胶带运输机上料。

料罐式上料机是20世纪80年代前普遍采用的上料方式。由于上行重罐，下行空罐，如果速度快，则吊着的料罐就会摆动不停，所以上料能力低，被料车式上料机取代。近年来随着高炉大型化的发展，料车式上料机也不能满足高炉要求。新建的大型高炉，多采用胶带运输机上料方式。

4.4.1 斜桥料车式上料机

斜桥料车式上料机虽然大型高炉不再应用，但有一些小高炉还在用，所以在此做以简单介绍。斜桥料车式上料机由三部分组成：提升的容器——料车、运行的轨道——斜桥和驱动装置——卷扬机。通常，设计分工是由冶金工程专业提出基础资料和工艺数据，土建专业做斜桥设计，冶金设备专业做卷扬机设计，经过反复协商确定方案。

4.4.1.1 料车

除小于$100m^3$的高炉外，均设两个料车，互相平衡。料车容积大小则随高炉容积的增大而增大，一般为高炉容积的0.7%~1.0%。为了制造维修方便，我国料车的容积有：$2.0m^3$、$4.5m^3$、$6.5m^3$和$9m^3$几种。随着高炉强化，常用增大料车容积的方法来提高供料能力，而要增大料车容积，多采用增加料车高度和宽度，并用扩大开口的办法来实现，这样给装料卸料创造了良好条件，而且这种车体重心趋向前方，增加料车在运行时的稳定性。

料车的结构如图4-5所示。其由车体、车轮、辕架三部分组成。车体由10~12mm钢板焊成，底部和侧壁的内表面都镶有铸钢或锰钢衬板加以保护，以免磨损，后部做成圆角以防矿粉黏接，在尾部上方开有一个方孔，供装入料车坑内散碎料。前后两对车轮构造不同，因为前轮只能沿主轨滚动，而后轮不仅要沿主轨滚动，而在炉顶曲轨段还要沿辅助轨道——分歧轨滚动，以便倾翻卸料，所以后轮做成具有不同轨距的两个轮面的形状。料车上的4个车轮是各自单独转动的，再加上使用双列向心球面轴承，各个车轮可以互不干涉的单独转动，这就可以完全避免车轮的滑行和不均匀磨损。辕架是一个门形钢框，活动地连接在车体上，车体前部还焊有防止料车仰翻的挡板。一般用两根钢绳牵引料车，这样既安全又可以减小钢绳的刚度，允许工作在较小的曲率半径下，可以减小绳轮和卷筒的直径。在牵引装置中，还有调节两根钢绳延伸率的三角调节器，以保证两根钢绳上所受的张力相等。

图 4-5　9m³ 料车结构示意图

图 4-6 所示为梅山高炉料车供料系统示意图。

图 4-6　梅山高炉料车供料系统示意图

1—焦槽；2—焦炭筛；3—焦炭称量漏斗；4—杂矿槽；5—杂矿给料机；6—杂矿称量漏斗；7—烧结矿槽；
8—烧结矿筛；9—烧结矿运输胶带；10—矿石集中称量漏斗；11—粉烧结矿运输胶带；
12—粉烧结矿槽；13—碎焦料车；14—碎焦槽；15—料车

4.4.1.2　斜桥

斜桥大都采用桁架结构，其倾角取决于铁路线数目和平面布置形式，一般为 55°～

65°。设两个支点，下端支撑在料车坑的墙壁上，上端支撑在从地面单设的门型架子上，顶端悬臂部分和高炉没有联系，其目的是使结构部分和操作部分分开。有的把上支点放在炉顶框架上或炉体大框架上，在相接处设置滚动支座，允许斜桥在温度变化时自由位移，消除了对框架产生的斜向推力。

为了使料车能自动卸料，料车的走行轨道在斜桥顶端设有轨距较宽的分歧轨，常用的卸料曲轨形式如图4-7所示。当料车的前轮沿主轨道前进时，后轮则靠外轮面沿分歧轨上升使料车自动倾翻卸料（图4-7c），料车的倾角达到60°时停车。在设计曲轨时，应考虑翻倒过程平滑，钢绳张力没有急剧变化，卸料偏析小，卸料后料车能在自重作用下，以较大的加速度返回。图4-7c的结构简单，制作方便，但工艺性能稍差，常用在小高炉上；图4-7b和图4-7a用于中型高炉，图4-7a的工艺性能最好。

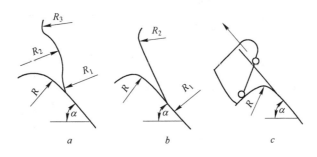

图4-7 卸料曲轨形式

为了使料车上下平稳可靠，通常在走行轨上部装护轮轨。为了使料车装得满些，常将料车坑内的料车轨道倾角加大到60°左右。

4.4.1.3 卷扬机

卷扬机是牵引料车在斜桥上行走的设备。在高炉设备中是仅次于鼓风机的关键设备。要求它运行安全可靠，调速性能良好，终点位置停车准确，能够自动运行。

料车卷扬机系统，主要由驱动电机、减速箱、卷筒、钢绳、安全装置及控制系统等组成。具有以下特点：

（1）采用双电机传动，要求两台电机的型号和特性相同，并同时工作，以提高卷扬机工作的可靠性。对于255m³以下的高炉，可以采用单电动机传动。

（2）采用直流电动机。用发电机—电动机组控制，调速范围大，并具有调速灵活、平稳和准确等特点。对于255m³以下的小高炉，可以采用一台交流电动机传动。

（3）采用人字齿传动，以适应传动力矩大的需要。并只把卷筒轴上的一个轴承固定住，其余轴承可作轴向串动，以适应由于加工精度不够和安装产生的偏差而使人字齿两侧受力不均产生的推力。

（4）设有速度控制、防止过载、防止料车超越极限位置和钢绳松弛等安全保护装置。

料车的容积和卷扬机的能力与高炉容积有关，不同容积高炉所用的料车特性和卷扬机能力见表4-3。

表4-3 不同容积高炉所用料车和卷扬机特性

高炉容积/m³	255	620～750	1000～1200
料车有效容积/m³	2.0	4.5	6.5
内轨距/mm	1190	1454	1454
轮子直径/mm	400	500	500
轮轴中心距/mm	1400	2000	2400
车厢外侧尺寸（长×宽×高）/mm×mm×mm	2850×1000×1200	3900×1220×1600	4312×1281×2614
钢绳正常拉力/t	4.8	7	15
钢绳最大拉力/t	7.5	11	19
钢绳速度/m·s⁻¹	约1.24	2.5	2.5～3.0
卷筒直径/mm（按钢绳中心计）	1200	1850	2000
钢绳直径/mm	28.5	32.5	39
电机型号	JZR72-10	ZD242.3/36.5-6B	ZJD56/34-4
电机台数	1	2	2
电机功率/kW	80	160	190

4.4.2 胶带运输机上料系统

近年来，由于高炉的大型化，料车式上料机已不能满足高炉生产的要求，如一座 3000m³ 的高炉，料车坑会深达五层楼以上，钢丝绳会加粗到难以卷曲的程度，不论是增大每次上料量，还是增加上料次数，只要是间断上料，都将是很不经济的，故新建的大型高炉和部分中小型高炉都采用了胶带运输机上料系统，因为它连续上料，可以很容易地通过增大皮带速度和宽度，满足高炉要求。胶带运输机上料系统的优点是：

（1）大型高炉有两个以上出铁口和出铁场，高炉附近场地不足，要求将贮矿槽等设施离高炉远些，胶带运输机上料系统正好适应这一要求。

（2）上料能力大，比斜桥料车式上料机效率高而且灵活，炉料破损率低，改间断上料为连续上料。

（3）节省投资，节省钢材。采用胶带运输机代替价格昂贵的卷扬机和电动机组，既减轻了设备重量，也简化了控制系统。

皮带上料的供料系统也有多种形式。主要根据是否设矿石集中漏斗和焦炭集中称量漏斗分为两种形式：一是设矿石集中漏斗和焦炭集中称量漏斗；二是不设矿石集中漏斗和焦炭集中称量漏斗。

宝钢高炉设矿石集中漏斗和焦炭集中称量漏斗。图4-8所示为宝钢1号、2号高炉供料系统示意图。

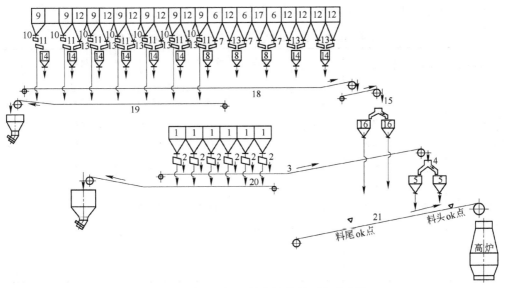

图 4-8 宝钢 1 号、2 号高炉供料系统示意图

1—焦槽；2—焦炭筛；3—焦炭集中运输胶带；4—焦炭转换溜槽；5—焦炭集中称量漏斗；6—杂矿槽；

7—杂矿给料机；8—杂矿称量漏斗；9—烧结矿槽；10—烧结矿给料机；11—烧结矿筛；12—球团矿和精块矿槽；

13—球团矿和精块矿给料机；14—矿石漏斗；15—矿石转换溜槽；16—矿石集中漏斗；17—小块焦槽；

18—矿石胶带机；19—粉矿胶带机；20—碎焦胶带机；21—上料胶带机

不设矿石集中漏斗和焦炭集中称量漏斗的高炉供料系统如图 4-9 所示。

图 4-9 水钢 3 号高炉供料系统示意图

1—焦槽；2—焦炭筛；3—焦炭称量漏斗；4—焦炭给料机；5—碎焦运输胶带机；6—焦炭胶带机；7—碎焦仓；

8—小块焦槽；9—小块焦电动给料机；10—小块焦（杂矿）称量斗；11—杂矿槽；12—杂矿给料机；13—烧结矿槽；

14—烧结矿电动给料机；15—烧结矿筛；16—烧结矿称量漏斗；17—球团矿和精块矿槽；18—球团矿和精块矿给料机；

19—球团矿和精块称量矿筛；20—矿石胶带机；21—返矿胶带机；22—粉矿仓；23—上料胶带机

国内外部分大中型高炉上料胶带运输机的主要技术参数见表4-4。

表4-4　国内外部分高炉上料胶带运输机主要技术参数

国别及厂名	高炉号	容积/m³	宽度/m	速度/m·min⁻¹	水平长度/m	倾角	上料能力/t·h⁻¹	电机功率/kW×台
日本水岛	4	4323	2.4	120	309	13°27′	5300	350×4
日本千叶	5	4617	2.2	130	330	11°48′	4600	380×4
新日铁君津	3	4063	2.0	120	325.5	13°27′	4530	200×4
宝　钢	1	4063	1.8	120	344.603	11°22′14″	3500	250×4
宝　钢	3	4350	2.2	120	347.423	11°26′21″	5500	355×4
武　钢	新3	3200	1.8	120	397.22	9°50′20″		
攀　钢	4	1350	1.2	120	161.2	11°7′30″		
首　钢	2	1327	1.2	120	344	12°	1100	380×2
唐　钢	1	1260	1.2	96		11°43′49″	1200	132×4

图4-10所示为宝钢高炉贮矿槽的工艺布置。矿槽和输出胶带运输机布置在主胶带运输机的一侧，通称一翼式布置。这种布置的特点是槽下的输出胶带运输机运输距离较长，而上料胶带运输机运输距离较短，矿槽标高较低，炼铁车间布置比较灵活，适于岛式或半岛式布置。

图4-10　胶带运输机上料工艺流程

1—贮矿槽（S—烧结矿，O—球团矿，P—块矿，M—杂矿）；2，3—输出胶带运输机；4—贮焦槽；
5—焦炭输出胶带运输机；6—中央称量室；7—粉焦输出胶带运输机；8—粉矿输出胶带运输机；
9—焦炭输入胶带运输机；10—矿石输入胶带运输机；11—上料胶带运输机

焦槽和矿槽分成两排布置，焦槽占一排，烧结矿槽、杂矿槽和熔剂槽占一排，便于施工和检修。当贮矿槽内料位下降到0.5~0.6槽内高度时开始上料。料位控制过低，会造成物料粉碎，同时贮量也大大降低；料位控制过高，则会使槽上胶带运输机输送系统起动、停车频繁。用计算机计算和自动校正称量误差，校正原料含水量，控制矿石料仓的贮存量和记录装料量等。

上料胶带运输机的倾角最小 11°，最大 14°。胶带运输机宽度随高炉容积而异，保证胶带运输机运行安全非常重要。因此，在设计上采取了很多措施：如胶带运输机可以两个方向驱动，连续运转；一般设三个电机，两个运转一个备用；为预防反转用两个电机做制动；用液压缸拉紧皮带；设有观察胶带运输机运行情况的装置等等。

5 炉顶装料设备

高炉炉顶装料设备是用来将炉料装入高炉并使之合理分布，同时起炉顶密封作用的设备。

高炉是按逆流原则进行冶金过程的竖炉，炉顶是炉料的入口也是煤气的出口。为了便于人工加料，过去很长时间炉顶是敞开的。后来为了利用煤气，在炉顶安装了简单的料钟与料斗，即单钟式炉顶装料设备，把敞开的炉顶封闭起来，煤气用管导出加以利用，但在开钟装料时仍有大量煤气逸出，这样不仅散失了大量煤气，污染了环境，而且给煤气用户造成很大不便。后改用双钟式炉顶装料设备，交错启闭。为了布料均匀防止偏析，于1906年出现了布料器，最初是马基式旋转布料器，它形成一个完整的密封系统和较为灵活的布料工艺，获得了广泛应用，后来又出现了快速旋转布料器和空转螺旋布料器。随着高炉炼铁技术的发展，高炉容积的大型化、高压化，传统的马基式双钟炉顶装料设备已满足不了密封和布料要求。煤气利用差，大小钟及钟杆磨损严重，影响炉顶压力的提高，降低了作业率，不能适应现代化高炉冶炼的要求。同时，随着高炉大型化，大钟及大钟斗直径增大，质量增加，给加工制造、运输、安装及维修带来很大的困难，因此，为了解决设备制造，以及解决设备密封与布料两种功能的矛盾，将两种功能分开，相继出现三钟、钟阀等结构。随着炉容增大，炉喉断面增大，炉料在炉喉断面上的分布不均匀性也扩大了，加剧了高炉煤气分布的不均匀，使煤气利用变差；为了解决布料问题，出现了可调炉喉结构。但是，仍不能满足高炉进一步强化冶炼的要求，所以没有得到广泛应用。20世纪70年代卢森堡保尔·沃特（Paul Wurth，PW）公司推出PW型无料钟炉顶装料设备，解决了密封和布料功能完全分开的问题，利用上下密封阀密封，密封面小，密封易于实现。无料钟炉顶布料的特点是以旋转溜槽代替料钟进行布料，溜槽的特点是既可以围绕高炉中心旋转又可以改变与高炉中心线的夹角，所以布料灵活，手段多，效果好。通过控制旋转溜槽的旋转角度与倾动角度进行布料，更好地满足了高炉冶炼对布料的要求，因此被广泛采用。

无论何种炉顶料设备均应满足以下基本要求：

（1）要适应高炉生产能力。

（2）能满足炉喉合理布料的要求，并能按生产要求进行炉顶调剂。

（3）保证炉顶可靠密封，使高压操作顺利进行。

（4）设备结构应力求简单和坚固，制造、运输、安装方便，能抵抗急剧的温度变化及高温作用。

（5）易于实现自动化操作。

5.1 钟式炉顶装料设备

5.1.1 马基式布料器双钟炉顶

马基式布料器双钟炉顶是钟式炉顶装料设备的典型代表，虽然现在高炉已不再采用，但有必要了解，在此做以简单介绍。图 5-1 所示为马基式布料器双钟炉顶结构，由大钟、大料斗、煤气封盖、小钟、小料斗和受料漏斗组成。

5.1.1.1 大钟、大料斗及煤气封罩

A 大钟

大钟用来分布炉料，其直径在设计炉型时应与炉喉直径同时确定，一般用 35 号钢整体铸造。对大型高炉来说，其壁厚不能小于 50mm，一般为 60 ~ 80mm。钟壁与水平面成 45° ~ 55° 角，一般为 53°，对于球团矿和烧结矿角度可以取小值；对流动性较差，水分含量较高，粉末较多的矿则取大值。为了保证大钟和大料斗密切接触，减少磨损，大钟与大料斗的接触带都必须堆焊硬质合金并且进行精密加工，要求接触带的缝隙小于 0.08mm。为了减小大钟的扭曲和变形，常做成刚性大钟，即在大钟的内壁增加水平环形刚性环和垂直加强筋。

大钟与大钟杆的连接方式有绞式连接和刚性连接两种。绞式连接的大钟可以自由活动。当大钟与大料斗中心不吻合时，大钟仍能将大料斗很好地关闭。缺点是当大料斗内装料不均匀时，大钟下降时会偏斜和摆动，使炉料分布更不均匀。刚性连接时大钟杆与大钟之间用楔子固定在一起，其优缺点与活动的绞式连接恰好相反，在大钟与大料斗中心不吻合时，有可能扭曲大钟杆，但从布料角度分析，大钟下降后不会产生摇摆，所以偏斜率比绞式连接小。

B 大料斗

大料斗通常由 35 号钢铸成。对大高炉而言，由于尺寸很大，加工和运输都很困难，所以常将大料斗做成两节，如图 5-1 中的 1 和 22 所示，这样当大料斗下部磨损时，可以只更换

图 5-1 马基式布料器双钟炉顶结构

1—大料斗；2—大钟；3—大钟杆；4—煤气封罩；
5—炉顶封板；6—炉顶法兰；7—小料斗下部内层；
8—小料斗下部外层；9—小料斗上部；10—小齿轮；
11—大齿轮；12—支撑轮；13—定位轮；14—小钟杆；
15—钟杆密封；16—轴承；17—大钟杆吊挂件；
18—小钟杆吊挂件；19—放散阀；20—均压阀；
21—小钟密封；22—大料斗上节；23—受料漏斗

下部，上部继续使用。为了密封良好，与大钟接触的下节要整体铸成，斗壁倾角应大于
70°,壁应做得薄些，厚度不超过55mm，而且不需要加强筋，这样，高压操作时，在大钟
向上的巨大压力下，可以发挥大料斗的弹性作用，使两者紧密接触。

常压高炉大钟可以工作3～5年，大料斗8～10年，高压操作的高炉，当炉顶压力大
于0.2MPa时，一般只能工作1.5年左右，有的甚至只有几个月。主要原因是大钟与大料
斗接触带密封不好，产生缝隙，由于压差的作用，带灰尘的煤气流高速通过，磨损设备。
炉顶压力越高，磨损越严重。

为了减小大钟、大料斗间的磨损，延长其寿命，常采取以下措施：

（1）采用刚性大钟与柔性大料斗结构。在炉喉温度条件下，大钟在煤气托力和平衡锤
的作用下，给大料斗下缘一定的作用力，大料斗的柔性使它能够在接触面压紧力的作用
下，发生局部变形，从而使大钟与大料斗密切闭合。

（2）采用双倾斜角的大钟，即大钟上部的倾角为53°，下部与大料斗接触部位的倾角
为60°～65°，其优点有：

1）减小炉料滑下时对接触面的磨损作用，因为大部分炉料滑下时，跳过了接触面直
接落入炉内，双倾斜角起了"跳料台"的作用。

2）可增加大钟关闭时对大料斗的压紧力，从而使大钟与大料斗闭合得更好。通过力
学计算可知，当倾斜角由53°增大到62°时，大钟对大料斗的压紧力约增大28%，这样可
以进一步发挥刚性大钟与柔性大料斗结构的优越性。

3）可减小煤气流对接触面以上的大钟表面的冲刷作用，这是由于漏过缝隙的煤气仍
沿原方向前进，就进入了大钟与大料斗间的空间。

（3）在接触带堆焊硬质合金，提高接触带的抗磨性。大钟与大料斗间即使产生缝隙，
也因有耐磨材质的保护而延长寿命，一般在接触带堆焊厚5mm、宽约100mm的硬质合金。

（4）在大料斗内充压，减小大钟上、下压差。这一方法是向大料斗内充入洗涤塔后的
净煤气或氮气，使得大钟上、下压差变得很小，甚至没有压差。由于压差的减小和消除，
从而使通过大钟与大料斗间缝隙的煤气流速减小或没有流通，也就减小或消除了磨损。

C　煤气封罩

煤气封罩是封闭大小料钟之间的外壳。为了使料钟间的有效容积能满足最大料批进行
同装的需要，其容积为料车有效容积的5～6倍，煤气封罩上设有两个均压阀管的出口和
四个人孔，四个人孔中三个小的人孔为日常维修时的检视孔，一个大的椭圆形人孔用来在
检修时，放进或取出半个小料钟。

5.1.1.2　布料器

对于料车上料的高炉炉顶装料设备的最大缺点是炉料分布不均。料车只能从斜桥方向
将炉料通过受料漏斗装入小料斗中，因此在小料斗中产生偏析现象，大粒度炉料集中在料
车对面，粉末料集中在料车一侧，堆尖也在这侧，炉料粒度越不均匀，料车卸料速度越慢，
这种偏析现象越严重。这种不均匀现象在大料斗内和炉喉部位仍然重复着。为了消除这种不
均匀现象，通常采用的措施是将小料斗改成旋转布料器，或者在小料斗之上加旋转漏斗。

A　马基式旋转布料器

马基式旋转布料器是过去普遍采用的一种布料器，由小钟、小料斗和小钟杆组成，上

边设有受料漏斗，整个布料器由电机通过传动装置驱动旋转，由于旋转布料器的旋转，所以在小料斗和下部大料斗封盖之间需要密封。

小钟采用焊接性能较好的 ZG35Mn2 铸成，为了增强抗磨性也有用 ZG50Mn2 的。为便于更换，小钟都铸成两半，两半的垂直结合面用螺栓从内侧连接起来。小钟壁厚约 60mm，倾角 50°~55°。在小钟与小料斗接触面堆焊硬质合金，或者在整个小钟表面堆焊硬质合金。小钟关闭时与小料斗相互压紧。小钟与小钟杆刚性连接，小钟杆由厚壁钢管制成，为防止炉料的磨损，设有锰钢保护套，保护套由两个半环组成。大钟杆从小钟杆内穿过，两者之间又有相对运动，大、小钟杆一般吊挂在固定轴承上。

小料斗由内、外两层组成（图 5-1 中 8、9），外层为铸钢件，起密封作用和固定传动用大齿轮。内料斗由上、下两部分组成，上部由钢板焊成，内衬以锰钢衬板；下部是铸钢的，承受炉料的冲击与磨损。为防止炉料撒到炉顶平台上，要求小料斗的容积为料车容积的 1.1~1.2 倍。

这种布料设备的特点是：小料斗装料后旋转一定角度，再开启小钟，一般是每批料旋转 60°，即 0°、60°、120°、180°、240°、360°，俗称六点布料，要求每次转角误差不超过 2°，这样小料斗中产生的偏析现象就依次沿炉喉圆周按上述角度分布。落在炉喉某一部位的大块料与粉末，或者每批料的堆尖，沿高度综合起来是均匀的，这种布料方式称为马基式布料。为了操作方便，当转角超过 180°时布料器可以逆转，例如 240°角可变为 −120°角。

这种布料器尽管应用广泛，但存在一定的缺点：一是布料仍然不均，这是由于双料车上料时，料车位置与斜桥中心线有一定夹角，因此堆尖位置受到影响；二是旋转漏斗与密封装置极易磨损，而更换、检修又较困难。为了解决上述问题，出现了快速旋转布料器。

B　快速旋转布料器

快速旋转布料器实现了旋转件不密封、密封件不旋转。在受料漏斗与小料斗之间加一个旋转漏斗，当上料机向受料漏斗卸料时，炉料通过正在快速旋转的漏斗，使料在小料斗内均匀分布，消除堆尖。其结构如图 5-2a 所示。

快速旋转布料器的容积为料车有效容积的 0.3~0.4 倍，转速与炉料粒度及漏斗开口尺寸有关，过慢布料不匀，过快由于离心力的作用，炉料漏不尽，当漏斗停止旋转后，炉料又集中落入小料斗中形成堆尖，一般转速为 10~20r/min。

图 5-2　布料器结构

a—快速旋转布料器；b—空转螺旋布料器

1—旋转漏斗；2—小料斗；3—小钟

快速旋转布料器开口大小与形状，对布料有直接影响，开口小布料均匀，但易卡料，开口大则反之，所以开口直径应与原燃料粒度相适应。

C　空转螺旋布料器

空转螺旋布料器与快速旋转布料器的构造基本相同，只是旋转漏斗的开口做成单嘴的，并且操作程序不同，如图 5-2b 所示。小钟关闭后，旋转漏斗单向慢速（3.2r/min）空转一定角度，然后上料系统再通过受料漏斗、静止的旋转漏斗向小料斗内卸料。若转角为 60°，则相当于马基式布料器，所以一般采用每次旋转 57°或 63°。这种操作制度使高炉内整个料柱比较均匀，料批的堆尖在炉内成螺旋形，不像马基式布料器那样固定，而是扩展到整个炉喉圆周上，因而能改善煤气的利用。但是，当炉料粒度不均匀时会增加偏析。

空转螺旋布料器和快速旋转布料器取消了马基式布料器的密封装置，结构简单，工作可靠，增强了炉顶的密封性能，减小了维护检修的工作量。另外，由于旋转漏斗容积较小，没有密封的压紧装置，所以传动装置的动力消耗较少。例如，255m³ 高炉用马基式布料器时传动功率为 11kW，用快速旋转漏斗时为 7.5kW，而空转螺旋布料器则更小，2.8kW 已足够。

5.1.2　变径炉喉

随着高炉炉容的扩大，为了解决炉喉径向布料问题，把只用来抵抗炉料磨损的炉喉保护板的作用扩大，采用钟斗装置和变径炉喉相结合，达到既准确又有效地进行布料调剂的目的。

宝钢 1 号高炉大修前采用的是日本钢管式活动炉喉保护板（NKK 式），如图 5-3 所示。

图 5-3　日本钢管式活动炉喉保护板

1—炉喉板；2—油压缸；3—限位开关箱；4—炉喉板导轨

沿炉喉圆周均布有20组水平移动式炉喉板，每组炉喉板由单独的油缸直接驱动，使炉喉板在导轨上前进或后退，行程距离在700~800mm之间。由于每组炉喉板单独驱动，故可全部或部分动作，用于调节炉料堆尖位置及炉内煤气发布。

5.2 无钟炉顶装料装置

随着高炉炉容的增大，大钟体积越来越庞大，质量也相应增大，难以制造、运输、安装和维修，寿命短。从大钟锥形面的布料结果看，大钟直径越大，径向布料越不均匀，虽然配用了变径炉喉，但仍不能从根本上解决问题。20世纪70年代初，兴起了无钟炉顶，用一个旋转溜槽和两个密封料斗，代替了原来庞大的大小钟等一整套装置，是炉顶设备的一次革命。

无钟炉顶装料设备从结构上，根据受料漏斗和称量料罐的布置情况可划分为两种，并罐式结构和串罐式结构。PW早期推出的无钟炉顶设备是并罐式结构，直到今天，仍然有着广泛的市场。串罐式无钟炉顶设备出现得较晚，是1983年由PW公司首先推出的，并于1984年投入运行，它的出现以及随之而来的一系列改进，使得无钟炉顶装料设备有了一个崭新的面貌。

5.2.1 并罐式无钟炉顶结构

并罐式无钟炉顶装置如图5-4所示。主要由受料漏斗、称量料罐、中心喉管、气密箱、旋转溜槽等五部分组成。

受料漏斗有带翻板的固定式和带轮子可左右移动的活动式受料漏斗两种。带翻板的固定式受料漏斗通过翻板来控制向哪个称量料罐卸料。带有轮子的受料漏斗，可沿滑轨左右移动，将炉料卸到任意一个称量料罐。

称量料罐有两个，其作用是接受和贮存炉料，内壁有耐磨衬板加以保护。一般是一个料罐装矿石，另一个料罐装焦炭，形成一个料批。在称量料罐上口设有上密封阀，可以在称量料罐内炉料装入高炉时，密封住高炉内煤气。在称量料罐下口设有下料流调节阀和下密封阀，料流调节阀在关闭状态时锁住炉料，避免下密封阀被炉料磨损，在开启状态时，通过调节其开度，可以控制下料速度，下密封阀的作用是当受料漏斗内炉料装入称量料罐时，密封住高炉内煤气。

中心喉管上面设有一叉形管和两个称量料罐相连，为了防止炉料磨损内壁，在叉形管和中心喉管连接处，

图5-4 并罐式无钟炉顶装置
1—移动受料漏斗；2—上密封阀；
3—均压放散系统；4—称量料罐；
5—料罐称量装置；6—料流调节阀；
7—下密封阀；8—眼镜阀；
9—中心喉管；10—气密箱传动装置；
11—气密箱冷却系统；12—旋转溜槽；
13—溜槽更换装置

焊上一定高度的挡板,用死料层保护衬板,并避免中心喉管磨偏,但是挡板不宜过高,否则会引起卡料。中心喉管的高度应尽量长一些,一般是其直径的两倍以上,以免炉料偏行,中心喉管内径应尽可能小,但要能满足下料速度,并且又不会引起卡料,一般为 $\phi500 \sim \phi700\text{mm}$。

旋转溜槽为半圆形的长度为 $3 \sim 3.5\text{m}$ 的槽子,旋转溜槽本体由耐热钢(ZGCr9Si2)铸成,上衬有鱼鳞状衬板。鱼鳞状衬板上堆焊 8mm 厚的耐热耐磨合金材料。旋转溜槽可以完成两个动作,一是绕高炉中心线的旋转运动,二是在垂直平面内可以改变溜槽的倾角,其传动机构在气密箱内。

并罐式无钟炉顶装料设备与钟斗式炉顶装料设备相比具有以下主要优点:

(1)布料理想,调剂灵活。旋转溜槽既可作圆周方向上的旋转,又能改变倾角,从理论上讲,炉喉截面上的任何一点都可以布有炉料,两种运动形式既可独立进行,又可复合在一起,故装料形式是极为灵活的,从根本上改变了大、小钟炉顶装料设备布料的局限性。

(2)设备总高度较低,大约为钟式炉顶高度的三分之二。它取消了庞大笨重而又要求精密加工的部件,代之以积木式的部件,解决了制造、运输、安装、维修和更换方面的困难。

(3)无钟炉顶用上、下密封阀密封,密封面积大为减小,并且密封阀不与炉料接触,因而密封性好,能承受高压操作。

(4)两个称量料罐交替工作,当一个称量料罐向炉内装料时,另一个称量料罐接受上料系统装料,具有足够的装料能力和赶料线能力。

但是并罐式无钟炉顶也有其不利的一面:

(1)炉料在中心喉管内呈蛇形运动,因而造成中心喉管磨损较快。

(2)由于称量料罐中心线和高炉中心线有较大的间距,会在布料时产生料流偏析现象,称为并罐效应。高炉容积越大,并罐效应就越加明显。在双料罐交替工作的情况下,由于料流偏析的方位是相对应的,尚能起到一定的补偿作用,一般只要在装料程序上稍做调整,即可保证高炉稳定顺行,但是从另一个角度讲,毕竟两个料罐所装入的炉料在品种上,质量上不可能完全对等,因而并罐效应始终是高炉顺行的一个不稳定因素。

(3)尽管并列的两个称量料罐在理论上讲可以互为备用,即在一侧出现故障、检修时用另一侧料罐来维持正常装料,但是实际生产经验表明,由于并罐效应的影响,单侧装料一般不能超过6h,否则炉内就会出现偏行,引起炉况不顺。另外,在不休风并且一侧料罐维持运行的情况下,对另一侧料罐进行检修,实际上也是相当困难的。

近年来,出现了一种新型双罐并列式无料钟炉顶,其特点是通过改变料罐形状,使料流中心尽量靠近高炉中心线,将下阀箱解体分成三部分,使下料闸、下密封阀均可分别解体拆装,弥补了并罐无钟的一些固有缺陷,使并罐无料钟具有更大的优越性。其料流调节阀的布置更靠近高炉中心线,且下密封阀和下料闸均可整体更换,如图 5-5 所示。

5.2.2　串罐式无钟炉顶

串罐式无钟炉顶也称中心排料式无钟炉顶，其结构如图 5-6 所示。与并罐式无钟炉顶相比，串罐式无钟炉顶有一些重大的改进。

图 5-5　新型并罐无钟炉顶装置

1—胶带运输机；2—受料漏斗；3—上密封阀；
4—称量料罐；5—料流调节阀；6—下密封阀；
7—波纹管；8—气密箱；9—炉顶钢圈；
10—旋转溜槽

图 5-6　串罐式无钟炉顶装置

1—上料皮带机；2—挡板；3—受料漏斗；
4—上闸阀；5—上密封阀；6—称量料罐；
7—料流调节阀；8—下密封阀；
9—中心喉管；10—旋转溜槽；
11—中心导料器

（1）密封阀由原先单独的旋转动作改为倾动和旋转两个动作，最大限度地降低了整个串罐式炉顶设备的高度，并使得密封动作更加合理。

（2）采用密封阀阀座加热技术，延长了密封圈的寿命。

（3）在称量料罐内设置中心导料器，使得料罐在排料时形成质量料流，改善了料罐排料时的料流偏析现象。

（4）1988 年 PW 公司进一步又提出了受料漏斗旋转的方案，以避免皮带上料系统向受料漏斗加料时由于落料点固定所造成的炉料偏析。

概括起来，串罐式无钟炉顶与并罐式无钟炉顶相比具有以下特点：

（1）投资较低，和并罐式无钟炉顶相比可减少投资 10%。

（2）在上部结构中所需空间小，从而使得维修操作具有较大的空间。

（3）设备高度与并罐式炉顶基本一致。

（4）极大地保证了炉料在炉内分布的对称性，减小了炉料偏析，这一点对于保证高炉的稳定顺行是极为重要的。

（5）绝对的中心排料，从而减小了料罐以及中心喉管的磨损，但是，旋转溜槽所受炉料的冲击有所增大，从而对溜槽的使用寿命有一定的影响。

5.2.3　无钟炉顶的布料方式

无钟炉顶的旋转溜槽可以实现多种布料方式，根据生产对炉喉布料的要求，常用的有以下四种基本的布料方式，如图5-7所示。

图 5-7　无钟炉顶布料形式

（1）环形布料，倾角固定的旋转布料称为环形布料。这种布料方式与料钟布料相似，改变旋转溜槽的倾角相当于改变料钟直径。由于旋转溜槽的倾角可任意调节，所以可在炉喉的任一半径做单环、双环和多环布料，将焦炭和矿石布在不同半径上以调整煤气分布。

（2）螺旋形布料，倾角变化的旋转布料称为螺旋形布料。布料时溜槽做等速的旋转运动，每转一圈跳变一个倾角，这种布料方法能把炉料布到炉喉截面任一部位，并且可以根据生产要求调整料层厚度，也能获得较平坦的料面。

（3）定点布料，方位角固定的布料形式称为定点布料。当炉内某部位发生"管道"或"过吹"时，需用定点布料。

（4）扇形布料，方位角在规定范围内反复变化的布料形式称为扇形布料。当炉内产生偏析或局部崩料时，采用该布料方式。布料时旋转溜槽在指定的弧段内慢速来回摆动。

5.2.4　无钟炉顶装料制度设置与控制

装料程序是根据装料设备形式及装料制度制定的，并与槽下供料及胶带运输机或料车上料系统紧密衔接。

在装料指令下达后，按程序要求自动打开均压放散阀对称量料罐进行卸压，随之开启上密封阀、上闸阀，将受料漏斗中的炉料装入称量料罐。装料完毕，关闭上闸阀、上密封阀和均压放散阀并向称量料罐充压，直到等于或略大于高炉内压力。在探尺降至规定料线深度并提升到位后，启动旋转溜槽，随之打开下密封阀、料流调节阀，用料流调节阀开度大小控制料流速度，也可用料罐装有的称量装置控制调节阀开度，炉料由旋转溜槽布入炉内。料流调节阀开度的大小不同可获得不同的料流速度，一般是卸球团矿时开度小，卸烧结矿时开度大些，卸焦炭时开度最大。当称量料罐发出"料空"信号时，先完全打开料流调节阀，然后再关闭，以防止卡料，而后再关闭下密封阀，同时当旋转溜槽转到停机位置时停止旋转，如此反复。

旋转溜槽每布一批料，其起始角均较前一批料的起始角步进60°，整个过程的循环即完成高炉装、布料程序。

旋转溜槽的启动条件：探尺全部提升到位，溜槽倾动并到达开始布料倾角位置，无溜槽更换选择。多环与单环布料以高速方式旋转，扇形和点布料时以低速方式旋转。旋转设有6个起始位置，间隔60°。

旋转溜槽倾动上升应在无负荷状态下进行，即上倾的条件为料流调节阀关闭。下倾动作应根据布料模式的设定进行控制，倾动速度应根据与目标角度的距离来进行调节。

上述装料过程应按制定的装料程序表进行，表中各设备的动作时间和漏料时间由设备设计和工艺设计时给定值，其中影响最大的是中心喉管。为防止卡料和保持布料均匀，中心喉管直径一般取大于焦炭最大粒度的 $5 \sim 6$ 倍。喉管直径和漏料时间以 $2200 m^3$ 高炉为例计算，见表5-1。

表5-1 中心喉管计算式和计算结果

D/mm	$L = \pi d$/m	$F = \dfrac{\pi D^2}{4}$/m²	$R_d = \dfrac{2F}{L}$/m	$v = \lambda \sqrt{3.2 g R_d}$/m·s⁻¹		$Q = VF$/m³·s⁻¹	V/m³	$t = \dfrac{V}{Q}$/s
750	2.36	0.442	0.375	焦炭 0.970		0.429	42	98
				烧结矿 1.334		0.368	42	71.3

注：D—中心喉管直径，mm；L—中心喉管直径周边长；F—中心喉管截面积，m²；R_d—水力半径，m；v—原料通过中心喉管的速度，m/s；λ—原料流动系数，焦炭 $0.4 \sim 0.5$，烧结矿 $0.5 \sim 0.6$；Q—原料通过中心喉管的流量，m³/s；V—料罐有效容积，m³；t——次布料时间，s；π—圆周率，3.1416；g—自由落体加速度，$g = 9.80665 m/s^2$。

5.3 探料装置

探料装置的作用是准确探测料面下降情况，以便及时上料。既可防止料满时开大钟顶弯钟杆，又可防止低料线操作时炉顶温度过高，烧坏炉顶设备，特别是高炉大型化、自动化、炉顶设备也不断发展的今天，料面情况是上部布料作业的重要依据。目前使用最广泛的是机械传动的探料尺、微波式料面计和激光式料面计。

5.3.1 探料尺

高炉在生产过程中，料面是随着时间推移而下降的。为了探测料面形状、下降速度及发出启动装料程序的指令，而设置探料尺装置。

　　一般小型高炉常使用长 3～4m、直径 25mm 的圆钢，自大料斗法兰处专设的探尺孔插入炉内，每个探尺用钢绳与手动卷扬机的卷筒相连，在卷扬机附近还装有料线的指针和标尺，为避免探尺陷入料中，在圆钢的端部安装一根横棒。

　　中型和高压操作的高炉多采用自动化的链条式探尺，这是链条下端挂重锤的挠性探尺，如图 5-8 所示。探料尺的零点是大钟开启位置的下缘，探尺从大料斗外侧炉头内侧伸入炉内，重锤中心距炉墙不应小于 300mm，重锤的升降借助于密封箱内的卷筒传动。在箱外的链轴上，安设一钢绳卷筒，钢绳与探尺卷扬机卷筒相连。探尺卷扬机放在料车卷扬机室内，料线高低自动显示与记录。

　　一般大、中高炉均设有 2～3 台紧凑式探尺。探测范围一般为 0～6m，可分为 0～2m，2～4m，4～6m 三个区域，其中 0～2m 为常用区，连续探测制度。一台探尺可在低料线时进行点探测至 20～24m。正常情况下几台探尺同时工作，特殊情况下，可任意停止 1 台或 2 台探尺工作。当探尺均到达料线时，检查料罐中的 Batch 号是否与设定相符，然后解除装入等待，发出中间矿槽闸门可开启的指令，全部提升探尺，启动溜槽准备布料。一般探尺下降速度为 0.30m/s，提升速度为 0.60m/s。探尺提升应快速，下降则应慢速。布料完毕后，探尺即可下降到料面。

图 5-8　链条探料尺
1—链条的卷筒；2—重锤

　　所谓紧凑式探尺是探尺卷筒和驱动装置在一起形成一个很紧凑的整体，卷筒用密封箱密封在中央以防煤气外逸。齿轮箱的另一侧固定着电器驱动装置（包括带制动盘的电机，电器控制齿轮箱，连接有主令控制器、编码器）。

　　这种探尺只能点探测，不能全面反映整个炉喉料面的下料情况。同时，由于探尺端部与炉料直接接触，故容易滑尺和陷尺而产生误差。

5.3.2　微波料面计

　　微波料面计也称微波雷达，分调幅和调频两种。调幅式微波料面计是根据发射信号与接收信号的相位差来决定料面的位置，调频式微波料面计是根据发射信号与接收信号的频率差来测定料面的位置。

　　微波料面计由机械本体、微波雷达、驱动装置、电控单元和数据处理系统等组成。微波雷达的波导管、发射天线、接收天线均装在水冷探测枪内，并用氮气吹扫。其测量原理如图 5-9 所示。

　　振荡器发出 55GHz 的微波与信号源发出 15MHz 的信号在调制器中调制后，载波经波导管从抛物面状天线向炉料面发射，反射波由接收天线接收，再经波导管送入混频器中混频（本机振荡频率为 53.5GHz），产生 1.5GHz 的中频微波，经检波、放大即得到 15MHz 的信号波，再经信号基准延时进行比较，即可计算出测定的距离。

图 5-9 微波料面计的测量原理

5.3.3 激光料面计

激光料面计是 20 世纪 80 年代开发出的高炉料面形状检测装置。它是利用光学三角法测量原理设计的,如图 5-10 所示。它由方向角可调的旋转光束扫描器向料面投射氩气激光,在另一侧用摄像机测量料面发光处的光学图像得到各光点的二维坐标,再根据光线断面的水平方位角和摄像机的几何位置,进行坐标变换等处理,找出该点的三维坐标,并在图像字符显示器(CRT)显示出整个料面形状。

图 5-10 激光料面计

激光料面计已在日本许多高炉上使用,我国鞍钢也已应用。根据各厂使用的经验,激光料面计与微波料面计相比,各有其优缺点。激光料面计检测精度高,在煤气粉尘浓度相同和检测距离相等的条件下,其分辨率是微波料面计的 25 ~ 40 倍。但在恶劣环境下,就仪表的可靠性来说,微波料面计较方便。

5.3.4 放射性同位素探测料线

采用放射性同位素 ^{60}Co 测量料面形状和炉喉直径上各点下料速度。放射性同位素的射线能穿透炉喉而被炉料吸收，使到达接收器的射线强度减弱，从而指示出该点是否有炉料存在。射线源固定在炉喉不同高度水平面上，当料位下降到某一层接收器以下时，该层接收到的射线突然增加，控制台上就收到相应信号。由于射线污染的问题，限制了该装置的广泛应用。

5.3.5 高炉雷达探尺

雷达探尺是采用雷达测距原理、非接触式测距方式的料面探测装置。其雷达探头集发射器和接收器于一体，探头天线以波束的形式发射 24GHz 的连续调频雷达波信号，被测介质反射回来的回波又被天线接收。电子部件通过分析计算雷达脉冲信号，从发射到接收间隔时间，算出探头到介质表面的距离，并输出相应的信号。

TKFL-45 系列雷达探尺装置能适应高炉炉顶工作恶劣环境，克服机械探尺的缺点，满足高炉需要。目前已有较多的高炉相继安装了雷达探尺，其应用正得到逐步推广。

6 送风系统

高炉送风系统包括鼓风机、冷风管路、热风炉、热风管路以及管路上的各种阀门等。热风带入高炉的热量约占总热量的四分之一，目前鼓风温度一般为 $1150 \sim 1300℃$，最高可达 $1400℃$，提高风温是降低焦比的重要手段，也有利于增大喷煤量。

准确选择送风系统鼓风机，合理布置管路系统，阀门工作可靠，热风炉工作效率高，是保证高炉优质、低耗、高产的重要因素之一。

6.1 高炉鼓风机

高炉鼓风机是高炉的重要设备，用来提供燃料燃烧所必需的氧气，热空气和焦炭在风口燃烧所生成的煤气，又是在鼓风机提供的风压下才能克服料柱阻力从炉顶排出。因此在选择高炉鼓风机时，应考虑以下因素：

(1) 高炉鼓风机能力应能保证高炉获得设计的技术经济指标，使高炉的绝对产铁量高，质量好，成本低，单位炉容和生铁投资少。

(2) 高炉鼓风机的选择应尽可能充分发挥高炉和鼓风机的能力。

(3) 选择鼓风机时应考虑留有适当的富余能力。

(4) 选择鼓风机时，应考虑在鼓风机的经济运行区内工作。

(5) 鼓风机的出口压力应能满足高炉炉顶压力的要求。

6.1.1 高炉冶炼对鼓风机的要求

高炉冶炼对鼓风机的要求如下。

6.1.1.1 要有足够的鼓风量

高炉鼓风机要保证向高炉提供足够的空气，以保证焦炭的燃烧。入炉风量通过高炉物料平衡计算确定。

冶炼每吨生铁消耗的风量与高炉燃料比等因素有关。表 6-1 中冶炼每吨生铁消耗风量的数据是根据鞍钢、本钢和宝钢高炉的实际耗风量进行了折算，并取配料计算结果的上限值得到的。当不富氧时，每吨生铁消耗的风量值应符合表 6-1 的规定。

表 6-1 冶炼每吨生铁消耗风量（不富氧）的推荐值

燃料比 /kg·t^{-1}	540	530	520	510	500
消耗风量 /m³·t^{-1}	≤1310	≤1270	≤1240	≤1210	≤1180

注：耗风量为标准状态。

富氧鼓风时，每吨生铁消耗的风量可由下式计算：

$$V_f = V_0 \frac{21}{21+f}$$

$$(6-1)$$

式中　V_f——富氧时每吨生铁的耗风量（标态），m^3/t；

　　　V_0——不富氧时每吨生铁的耗风量（标态），m^3/t；

　　　f——富氧率，%。

高炉入炉风量是指由高炉风口进入高炉炉内的标准状态的鼓风流量。高炉入炉风量可以根据吨铁耗风量来计算：

不富氧时

$$V_B = \frac{PV_0}{1440} \tag{6-2}$$

富氧时

$$V_B = \frac{PV_f}{1440} \tag{6-3}$$

式中　V_B——高炉入炉风量（标态），m^3/min；

　　　P——高炉日产铁量，t/d；

　　　V_0——不富氧时吨铁的耗风量，m^3/t；

　　　V_f——富氧时吨铁的耗风量，m^3/t。

6.1.1.2　要有足够的鼓风压力

高炉鼓风机出口风压应能克服送风管路的阻力损失，克服热风炉的阻力损失，克服高炉料柱的阻力损失，保证高炉炉顶压力符合要求。鼓风机出口风压可用下式表示：

$$p_c = p_T + \Delta P_1 + \Delta P_2 \tag{6-4}$$

式中　p_c——鼓风机出口风压（表压），Pa；

　　　p_T——高炉炉顶压力，Pa；

　　　ΔP_1——高炉料柱阻力损失，Pa；

　　　ΔP_2——送风系统阻力损失，Pa。

鼓风机出口绝对压力为表压力加上当地的大气压力。

常压高炉炉顶压力应能满足煤气除尘系统阻力损失和煤气输送的需要。高压操作是一种强化高炉冶炼、提高产量、降低焦比的先进技术。目前高炉广为采用，高压操作高炉的炉顶压力设计值可参照表6-2中的数据。

表6-2　高炉炉顶压力设计值

炉容/m^3	1000	2000	3000	4000	5000
炉顶压力/kPa	200	200~250	220~280	250~300	280~300

高炉炉内料柱阻力损失与高炉有效高度及炉料结构有关，取决于原料、燃料条件和冶炼操作制度。高炉送风系统的阻力损失主要取决于送风管道布置形式、气体流速及热风炉结构形式，如输送管道长可酌情增加。高炉炉内料柱阻力损失、送风系统的阻力损失及鼓风机出口压力值可参照表6-3数据。

表6-3　高炉料柱阻力损失、送风系统阻力损失及高炉鼓风机出口压力值关系

炉容/m^3	1000	2000	3000	4000	5000
料柱阻损/MPa	0.12~0.14	0.14~0.16	0.16~0.18	0.18~0.20	0.19~0.23
送风系统阻损/MPa	0.025	0.025	0.03	0.035	0.035

续表6-3

炉顶压力 /MPa	0.20	0.20 ~ 0.25	0.22 ~ 0.28	0.25 ~ 0.30	0.28 ~ 0.30
鼓风机出口压力 /MPa	0.34 ~ 0.37	0.36 ~ 0.44	0.40 ~ 0.49	0.45 ~ 0.54	0.49 ~ 0.57

6.1.1.3 要有良好的调节性能和调节范围

既能均匀、稳定地送风又要有良好的调节性能和一定的调节范围。高炉冶炼要求固定风量操作，以保证炉况稳定顺行，此时风量不应受风压波动的影响。但有时需要定风压操作，如在解决高炉炉况不顺，或热风炉换炉时，需要变动风量但又必须保证风压的稳定。此外高炉操作中常需加、减风量，如在不同气象条件下、采用不同炉顶压力、或料柱阻力损失变化时，都要求风机出口风量和风压能在较大范围内变化，因此，风机要有良好的调节性能和一定的调节范围。

6.1.2 高炉鼓风机工作原理及特性

常用的高炉鼓风机有离心式和轴流式两种。下面简单介绍它们的工作原理及特性。

6.1.2.1 离心式鼓风机

离心式鼓风机的工作原理，是靠装有许多叶片的工作叶轮旋转所产生的离心力，使空气达到一定的风量和风压。高炉用的离心式鼓风机一般都是多级的，级数越多，风机的出口风压也越高。

图6-1所示为四级离心式鼓风机。空气由进风口进入第一级叶轮，在离心力的作用下提高了运动速度和密度，并由叶轮顶端排出，进入环形空间扩散器，在扩散器内空气的部分动能转化为压力能，再经固定导向叶片流向下一级叶轮，经过四级叶轮，将空气压力提高到出口要求的水平，经排气口排出。

图6-1　四级离心式鼓风机

1—机壳；2—进气口；3—工作叶轮；4—扩散器；5—固定导向叶片；6—排气口

鼓风机的性能用特性曲线表示。该曲线表示出在一定条件下鼓风机的风量、风压、功率及转速之间的变化关系。鼓风机的特性曲线，一般都是在一定试验条件下通过对鼓风机做试验运行实测得到的。测定特性曲线的吸气条件是：吸气口绝对压力为 0.098MPa，吸气温度为 20℃，相对湿度为 50%。每种型号的鼓风机都有它自己的特性曲线，鼓风机的特性曲线是选择鼓风机的主要依据。图 6-2 所示为 K-4250-41-1 型离心式鼓风机特性曲线。

图 6-2　K-4250-41-1 型
离心式鼓风机特性曲线

离心式鼓风机特性如下：

（1）在某一转速下，管网阻力增加（或减小）出口风压上升（或下降），风量将下降（或上升）。当管网阻力一定时改变转速，风压和风量都将随之改变。为了稳定风量，风机上装有风量自动调节机构，管网阻力变化时可自动调节转速和风压，保证风量稳定在某一要求的数值。

（2）风量和风压随转速而变化，转速可作为调节手段。

（3）风机转速愈高，风压—风量曲线曲率愈大。并且曲线尾部较陡，即风量增大时，压力降很大；在中等风量时曲线平坦，即风量变化风压变化较小，此区域为高效率经济运行区域。

（4）风压过高时，风量迅速减少，如果再提高压力，则产生倒风现象，此时的风机压力称为临界压力。将不同转速的临界压力点连接起来形成的曲线称为风机的飞动曲线。风机不能在飞动曲线的左侧工作，一般在飞动曲线右侧风量增加 20% 以上处工作。

（5）风机的特性曲线是在某一特定吸气条件下测定的，当风机使用地点及季节不同时，由于大气温度、湿度和压力的变化，鼓风压力和质量都有变化，同一转速夏季出口风压比冬季低 20% ~25%，风量也低 30% 左右，应用风机特性曲线时应给予折算。

6.1.2.2　轴流式鼓风机

轴流式鼓风机是由装有工作叶片的转子和装有导流叶片的定子以及吸气口、排气口组成，其结构如图 6-3 所示。工作原理是依靠在转子上装有扭转一定角度的工作叶片随转子一起高速旋转，由于工作叶片对气体做功，使获得能量的气体沿轴向流动，达到一定的风量和风压。转子上的一列工作叶片与机壳上的一列导流叶片构成轴流式鼓风机的一个级。级数越多，空气的压缩比越大，出口风压也越高。

我国设计制造的 3250m³/min 轴流式鼓风机特性曲线如图 6-4 所示。

轴流式鼓风机特性如下：

（1）气体在风机中沿轴向流动，转折少，风机效率高，可达到 90% 左右。

（2）工作叶轮直径较小，结构紧凑、质量小，运行稳定，功率大，更能适应大型高炉冶炼的要求。

（3）汽轮机驱动的轴流风机，可通过调整转速调节排风参数；采用电动机驱动的轴流风机，可调节导流叶片角度来调节排风参数；两者都有较宽的工作范围。

（4）特性曲线斜度很大，近似等流量工作，适应高炉冶炼要求。

（5）飞动曲线斜度小，容易产生飞动现象，使用时一般采用自动放风。

图 6-3 轴流式鼓风机

1—机壳；2—转子；3—工作叶片；4—导流叶片；5—吸气口；6—排气口

测试大气状态 —— $P_0=10^5Pa$, $t_0=30℃$

———— $P_0=10^5Pa$, $t_0=20℃$

—·—·— $P_0=10^5Pa$, $t_0=15℃$

图 6-4 3250m³/min 轴流式鼓风机特性曲线

6.1.3 高炉鼓风机的选择

选择高炉鼓风机，要根据高炉要求的风量和风压，还要考虑鼓风机特性曲线。根据物料平衡计算得到的风量是标准状态下的体积即质量风量，鼓风机特性曲线是在特定吸气条件下测得的风量与风压的关系曲线，由于使用地区气温、湿度和气压的差异，同一转速输出的风量和风压变化很大。因此，选择风机应参照出厂特性曲线，进行风量和风压的修正。

根据气体状态方程式得到风量修正系数 K 的近似计算式：

$$K=\frac{(p_S-\Psi p_H)\ T_1}{p_1T_2} \tag{6-5}$$

式中 p_S——风机吸风口压力，其值等于使用地区大气压力减去鼓风机吸风口阻力损失，Pa；

   Ψ——使用地区大气相对湿度,%；

   p_H——气温在 $t℃$（使用地区温度）时的饱和蒸气压，Pa；

   T_1——风机特性曲线试验测定条件下的绝对温度，K；

   T_2——风机使用地区的绝对温度，K；

   p_1——风机特性曲线试验测定条件下绝对压力，Pa。

采用风量修正系数后，可以将设计要求的鼓风机出口风量（V），折算为使用地区的风机出口风量（V'）

$$V' = \frac{V}{K} \tag{6-6}$$

风压修正系数 K' 由下式求得：

$$K' = \frac{p_2 T_1}{p_1 T_2} \tag{6-7}$$

使用地区风机风压为：

$$p' = \frac{p}{K'} \tag{6-8}$$

式中 p_1，p_2——分别为鼓风机特性曲线试验测定条件下的大气压力和使用地区的大气压力，Pa；

   T_1，T_2——分别为鼓风机特性曲线试验测定条件下的温度和使用地区的温度，K；

   p——设计要求的鼓风机出口压力，Pa；

   p'——风机特性曲线上工况点的风压，Pa。

我国各类地区风量风压对标准状态下的修正系数见表6-4。

表 6-4 我国各类地区风量修正系数 K 和风压修正系数 K'

季 节	一类地区		二类地区		三类地区		四类地区		五类地区	
	K	K'	K	K'	K	K'	K	K'	K	K'
夏 季	0.55	0.62	0.7	0.79	0.75	0.85	0.8	0.9	0.94	0.95
冬 季	0.68	0.77	0.79	0.89	0.90	0.96	0.96	1.08	0.99	1.12
全年平均	0.63	0.71	0.73	0.83	0.83	0.91	0.88	1.0	0.92	1.04

注：地区分类按海拔标高划分：
高原地区：
   一类——海拔约3000m以上地区，如昌都、拉萨等。
   二类——海拔1500～2300m地区，如昆明、兰州、西宁等。
   三类——海拔800～1000m地区，如贵阳、包头、太原等。
平原地区：
   四类——海拔高度在400m以下地区，如重庆、武汉、湘潭等。
   五类——海拔高度在100m以下地区，如鞍山、上海、广州等。

综上所述，设计高炉车间，合理选择风机是一项重要工作，选择风机的主要依据是高炉有效容积和生产能力，同时也应考虑到使用地区的自然气候条件，以及高炉冶炼条件。选择高炉鼓风机要考虑以下两点：

（1）高炉鼓风机最大质量鼓风量应能满足夏季高炉最高冶炼强度的要求；冬季，风机应能在经济区域工作，不放风，不飞动。

（2）对于高压操作的高炉，应考虑常压冶炼的可行性和合理性。风机应在 ABCD 区域工作，如图 6-5 所示。A 点是夏季最高气温、高压操作的最高冶炼强度工作点；B 点是夏季最高气温、常压操作的最高冶炼强度工作点；C 点是冬季最低气温、常压操作的最低冶炼强度工作点；D 点是冬季最低气温、高压操作的最低冶炼强度工作点。

图 6-5　高压高炉鼓风机工况区示意图

6.1.4　高炉风机的串联与并联

新设计的高炉车间，风机能力应与高炉容积相匹配，以便发挥两者的潜力。但对于已建成的高炉，由于生产条件的改变，当风压或风量不足时，可以采用风机串联或并联。

风机的串联可以提高风压。所谓风机串联是指在主风机吸风口前设置一台加压风机，使主风机吸入的空气比重增加，由于主风机的容积流量是不变的，因而通过主风机的空气重量增大，提高了风机风压。串联用的加压风机，其风量可比主风机稍大，而风压要较低。当两个鼓风机串联时，两个风机之间的管道上应设有阀门，用来调节管道阻力损失，并且在加压风机后应设冷却装置，否则主风机温度过高。

风机的并联可以提高风量。风机并联是把两台鼓风机的出口管道，顺着风的流动方向合并成一条管道送往高炉。为了提高其并联的效果，除两台鼓风机应尽量采用同型号外，每台鼓风机的出口，都应设置逆止阀和调节阀。逆止阀来防止风的倒流，调节阀用来调节两台风机的风压，同时，因为并联后风量增加了，送风管道直径也要相应增大，否则会增加管线的阻力损失。

6.2　热风炉结构形式

热风炉实质上是一个热交换器。现代高炉普遍采用蓄热式热风炉。由于燃烧和送风交替进行，为保证向高炉连续供风，通常每座高炉配置 3 座或 4 座热风炉。热风炉的大小及各部位尺寸，取决于高炉所需要的风量及风温。

"加热能力和长寿"是衡量热风炉设计水平的两个最重要的指标，加热能力是热风炉的最基本的功能，主要包括蓄热室的蓄热能力和传热能力，以及燃烧室燃烧器的燃烧能力。热风炉必须具备在规定的时间内储存足够的热量，并将热量传递给高炉鼓风的条件。实现热风炉长寿是热风炉设计中需要解决的另一个重要问题，在大力提倡建立节约型社会和节约型企业的今天，设计出高温长寿型热风炉显得尤为必要。热风炉的设计寿命应达到 25～30 年。宝钢外燃式热风炉的风温长期稳定在 1240℃以上，不但在国内处于领先地位，而且在世界上也名列前茅。

热风炉的加热能力用每 $1m^3$ 高炉有效容积所具有的蓄热面积表示，一般为 $100\sim120m^2/m^3$ 或更高。

根据燃烧室和蓄热室布置形式的不同，热风炉分为三种基本结构形式，即内燃式热风炉（传统型和改进型）、外燃式热风炉和顶燃式热风炉。我国几座典型热风炉的特性参数见表 6-5。

表 6-5 我国几座典型热风炉的特性参数

项目	新日铁外燃式			马琴外燃式		地得外燃式		顶燃式			霍戈文内燃式	
	宝钢1~3号	马钢新1号	鞍钢7号	鞍钢10号	鞍钢6号	本钢5号	本钢3号	首钢2号	首钢4号	重钢5号	武钢新3号	鞍钢9号
炉容/m³	4063,4350	2545	2580	2580	1050	2000	1070	1726	2100	1200	3200	983
热风炉座数	4	4	4	4	3	4	3	4	4	4	4	3
设计风温/℃	1200~1250	1150~1200	1200~1250	1200	1250~1300	1200~1250	1150~1200	1100~1150	1050~1100	1200	1200	1150
设计拱顶温度/℃	1450	1380	1450	1400~1500	1400~1500	1400	1400	1400	1400	1400	1450	1400
热风炉全高/mm	54250	53030	55741	51450	50300	54000	39688	48680			49540	36042
蓄热室直径/mm	10000	8300	8000		5500	8500	6520	5792	7194	6640	8200	5600
蓄热室断面积/m²	78.5	44.18	50.27		23.76	40	33.38	26.35	40.647	34.627	52.9	25.312
蓄热室高度/mm	53356	50016	53885		47071	46000		37700	34000	30200	35800	30962
燃烧室直径/mm	6100	3740	3500		2600	3400	3000			2334	3800	2300
燃烧室断面积/m²	29.2	10.99	9.62		5.31	9.0	7.07	203.2		4.28	11.3	4.155
燃烧室高度/mm	37156	28353	43441	41450	35300	40000	28360					
单容蓄热面积/m²·m⁻³	75/70	93	80	90	67	117	110	85.02	97.63	84	85.6	76.9
格子砖孔径/mm	43	43	上52×52 下50×70	43	上52×52 中52×62波纹 下50×70	45	48	45	45	43	43	43
格子砖高度/mm	35010	33500	36880	35500	33600	45765	32508					25900
格砖总质量/t·座⁻¹	2241	1989	2703					1399	1974.3	1055		2415.35
燃烧器种类	三孔陶瓷	套筒陶瓷	套筒陶瓷	套筒陶瓷	套筒陶瓷	金属套筒	套筒陶瓷	4个短焰燃烧器	3个短焰燃烧器	套筒陶瓷	矩形陶瓷	套筒陶瓷

6.2.1 内燃式热风炉

内燃式热风炉可分为传统型内燃式热风炉和改进型内燃式热风炉两大类。

6.2.1.1 传统型内燃式热风炉

传统型内燃式热风炉基本结构如图 6-6 所示。由炉衬、燃烧室、蓄热室、炉壳、炉箅子、支柱、管道及阀门等组成。燃烧室和蓄热室砌在同一炉壳内，之间用隔墙隔开。煤气和助燃空气由管道经阀门送入燃烧器并在燃烧室内燃烧，燃烧的热烟气向上运动经过拱顶时改变方向，再向下穿过蓄热室，然后进入大烟道，经烟囱排入大气。在热烟气穿过蓄热室时，将蓄热室内的格子砖加热。格子砖被加热并蓄存一定热量后，热风炉停止燃烧，转为送风。送风时冷风从下部冷风管道经冷风阀进入蓄热室，冷风通过格子砖时被加热，经拱顶进入燃烧室，再经热风出口、热风阀、热风总管送至高炉。

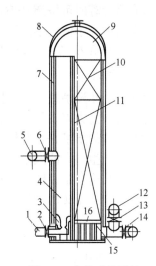

图 6-6 内燃式热风炉
1—煤气管道；2—煤气阀；3—燃烧器；
4—燃烧室；5—热风管道；6—热风阀；
7—大墙；8—炉壳；9—拱顶；
10—蓄热室；11—隔墙；12—冷风管道；
13—冷风阀；14—烟道阀；
15—支柱；16—炉箅子

热风炉主要尺寸是外径和全高，而高径比（H/D）对热风炉的工作效率有直接影响，一般新建热风炉的高径比在 5.0 左右。高径比过低时会造成气流分布不均，格子砖不能很好利用；高径比过高热风炉不稳定，并且可能导致下部格子砖不起蓄热作用。我国设计的不同炉容热风炉的高径比见表 6-6。

表 6-6 不同炉容热风炉的高径比

高炉容积 /m³	255	620	1026	1260	1513	1800	2050	2560
H	28840	33500	37000	38160	44450	44470	54000	47250
D	上 5400 下 5200	上 7300 下 6780	8000	上 8310 下 8000	9000	上 9330 下 9000	上 9960 下 9500	10000
H/D	5.55	4.94	4.62	4.95	4.93	4.94	5.68	4.72

A 燃烧室

燃烧室是煤气燃烧的空间，内燃式热风炉位于炉内一侧紧靠大墙。燃烧室断面形状有三种：圆形、眼睛形和复合形，如图 6-7 所示。

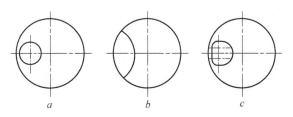

图 6-7 燃烧室断面形状
a—圆形；b—眼睛形；c—复合形

　　燃烧室隔墙由两层互不错缝的高铝砖砌成，大型高炉用一层 345mm 和一层 230mm 高铝砖砌成，中、小型高炉用两层 230mm 高铝砖砌成。互不错缝是为受热膨胀时，彼此没有约束。燃烧室比蓄热室要高出 300~500mm，以保证烟气流在蓄热室内均匀分布。

　　做简易计算时可按燃烧室截面积（包括隔墙面积）占热风炉总内截面积的 22%~30%，大高炉取小值，小高炉取大值。烟气在燃烧室内的标态流速为 3~3.5m/s（金属套筒式燃烧器）和 6~7m/s（陶瓷燃烧器）。

　　B　蓄热室

　　蓄热室是热风炉进行热交换的主体，由格子砖砌筑而成。格子砖的特性对热风炉的蓄热能力、换热能力以及热效率有直接影响。

　　对格子砖的要求是：有较大的受热面积进行热交换；有一定的砖重量来蓄热，保证送风周期内不产生过大的风温降；能引起气流扰动，保持高流速，提高对流体传热效率；砌成格子室后结构稳定，砖之间不产生错动。格子砖的主要特性指数有：

　　（1）1m³ 格子砖的受热面积 S（m²/m³）。对方孔格子砖可按下式计算：

$$S = \frac{4b}{(b+\delta)^2} \tag{6-9}$$

式中　b——格孔边长，m；
　　　　δ——格子砖厚度，m。

　　希望格子砖的受热面积大些，因为它是热交换的基本条件，同样体积的格子砖，受热面积大则风温和热效率高，一般板状格子砖的受热面积小，穿孔格子砖的受热面积大。

　　（2）有效通道截面积 φ（m²/m²）。对方孔格子砖可按下式计算：

$$\varphi = \frac{b^2}{(b+\delta)^2} \tag{6-10}$$

　　由于热风炉中对流传热方式占比重较大，φ 值小可提高流速，从而提高传热效率。但 φ 值过小会导致气流阻力损失的增加，消耗较多的能量。一般 φ 值在 0.28~0.46 之间。

　　（3）1m³ 格子砖中砖所占有的体积或称填充系数 V：

$$V = 1 - \varphi \tag{6-11}$$

　　表示格子砖的蓄热能力，同样送风周期，填充系数大的砖型，由于蓄热量多，风温降小，能维持较高的风温水平。一般要综合考虑 V 和 φ 两个指标，不要追求其中一个指标而影响另一指标。

　　（4）当量厚度 σ。格子砖当量厚度可以用下式表示：

$$\sigma = \frac{V}{\frac{S}{2}} = \frac{2V}{S} = \frac{2(1-\varphi)}{S} \tag{6-12}$$

　　如果格子砖是一块平板，两面受热，则当量厚度就是实际厚度，但实际上蓄热室内格子砖是互相交错的，部分表面被挡住，不起作用，所以格子砖的当量厚度总是比实际厚度大，这说明当实际砖厚度一定时，当量厚度小则格子砖利用好。

　　如果格子砖是任意形态的，则 1m³ 格子砖的受热面积和有效通道截面积表达式分别为：

$$S = \frac{孔周长}{孔面积 + 砖面积} \tag{6-13}$$

$$\varphi = \frac{通道面积}{通道面积 + 砖面积} \tag{6-14}$$

减小格孔可增大砖占有的体积，也就增大了蓄热能力。格孔大小取决于燃烧用煤气的含尘量，如果含尘量大，格孔小时就容易堵塞。随煤气净化水平的提高，格孔有减小的趋势。

常用的格子砖基本上分两类，板状砖和块状穿孔砖。

板状砖的每个孔由 4 块砖组成。为增加砖的表面积或使气流产生紊流提高对流传热能力，还有波纹砖和切角豆点砖，如图 6-8 所示。切角豆点砖切角形成的水平通道还可使整个蓄热室断面气流分布均匀。板状砖具有价格低的优点，但砌成的蓄热室稳定性差，容易倒塌和错位。目前，无论是大高炉还是中小高炉的热风炉已经很少采用这类砖了。

波纹砖   切角豆点砖

图 6-8　波纹砖和切角豆点砖

块状穿孔砖，是在整块砖上穿孔，而孔型有圆形、方形、长方形、六角形等，采用较多的是五孔砖、七孔砖和 19 孔砖、31 孔砖，图 6-9 所示为七孔格子砖的结构。块状穿孔砖的优点是砌成的蓄热室稳定性好，砌筑快，受热面积大。缺点是成本高。为了引起气流扰动和增加受热面积，常在孔内增加突缘，或将孔做成有一定锥度，还可将长方形孔隔 1～3 层扭转 90°。我国部分厂家使用的五孔砖和七孔砖性能参数见表 6-7。

格子砖安装图

图 6-9　七孔格子砖

表 6-7 部分厂家使用的五孔砖和七孔砖性能参数

项 目	五孔砖					七孔砖			
	攀钢	攀钢	首钢	鞍钢	攀钢	宝钢	首钢	首钢	本钢
格孔尺寸/mm	52×52	50×70 48×68	55×55 45×65	52×52	$\phi43$	$\phi43$	$\phi47/\phi48$	$\phi42/\phi48$	$\phi45$
当量直径/mm	53.81	58.30	53.20	53.81	43	43	47.5	45	45
有效通道截面积/m²·m⁻²	0.3312	0.4340	0.41	0.432	0.4093	0.409	0.456	0.41	0.364
受热面积/m²·m⁻³	24.65	29.75	30.6	28.733	38.07	38.06	38.38	36.36	32.375
当量厚度/mm	54.33	38	35.4		31.02	15.5	28.4	32.5	39
格砖厚度/mm	38	30.32	30	30~40			19.5	22	

近年来，随着耐火材料加工技术的进步，单块格子砖已经发展为 19 孔、31 孔、37 孔等蜂窝状格子砖。与过去常用的五孔或七孔格子砖相比，在相同的蓄热室空间内，装入的格子砖重量和加热面积更大，即更有效地利用了热风炉炉内空间。同时这种蜂窝格子砖尺寸约为七孔格子砖的两倍，砌成的蓄热室砌体整体性强，砌体结构稳定性好。表 6-8 列出了国内常用格子砖热工参数。

表 6-8 国内常用格子砖热工参数

名 称	格孔尺寸/mm	加热面积/m²·m⁻³	活面积/m²·m⁻²	填充系数/m³·m⁻³	当量厚度/mm	流体直径/mm
平板型	60×60	19.82	0.298	0.702	54.2	60
波纹平板	60×60	26.40	0.360	0.640	53.3	60
五孔高炉砖	52×52	24.65	0.330	0.670	38	
五孔硅砖	55×55	30.60	0.410	0.590	38.6	53.2
七孔高铝砖	$\phi43$	38.07	0.409	0.591	31.02	
19 孔高铝砖	$\phi30$	48.56	0.364	0.636	25.2	
31 孔高铝砖	$\phi25$	58.13	0.363	0.637	21.9	
37 孔高铝砖	$\phi20$	68.69	0.343	0.657	19.1	

蓄热室的结构可以分为两类，即在整个高度上格孔截面不变的单段式和格孔截面变化的多段式。从传热和蓄热角度考虑，采用多段式较为合理。热风炉工作中，希望蓄热室上部高温段多贮存一些热量，所以上部格子砖填充系数（V）较大而有效通道面积（σ）较小，这样送风期间不致冷却太快，以免风温急剧下降。在蓄热室下部由于温度低，气流速度也较低，对流传热效果减弱，所以应设法提高下部格子砖热交换能力，较好的办法是采用波浪形格子砖或截面互变的格孔，以增加紊流程度，改善下部对流传热作用。

蓄热室是热风炉最重要的组成部分，砌筑质量必须从严要求。在炉算子安装合格后，先在其上用浓黏土泥浆找平，厚度不大于5mm，有的厂用机械加工的办法找平，炉箅子上不用泥浆。第一层格子砖按炉箅子的格孔砌筑，根据炉箅子格孔中心画上两根相互垂直的十字中心线作为格子砖的控制线。再从中心开始砌成十字形砖列，然后在四个区域内，沿十字砖列依次向炉墙方向砌筑。第一层格子砖砌完后，清点完整的格孔数并做出记录。以后各层格子砖均为干砌，要确保格孔垂直，格子砖边缘与炉墙间留10~15mm的膨胀缝，膨胀缝内填以草绳或木楔以防格子砖松动。整个格子砖砌完后，应进行格子砖清理，格孔堵塞的数量不应超过第一层格子砖完整孔的3%。

格子砖有"独立砖柱"和"整体交错"两种砌筑方式。独立砖柱结构，在砌筑高度上公差要求不太严格，但稳定性差；交错砌筑法是上、下层格子砖相互咬砌，使蓄热室形成一个整体的砌筑方法，该方法可以有效地防止格子砖的倾斜位移。整体交错砌筑对格子砖本身公差要求严格，砌筑前要认真挑选、分类。交错砌筑法如图6-10所示。

图6-10 格子砖交错砌筑法

C 炉墙

炉墙起隔热作用并在高温下承载，因此各部位炉墙的材质和厚度要根据砌体所承受的温度、荷载和隔热需要而定。

炉墙一般由砌体（大墙）、填料层、隔热层组成。大墙厚度，一般中小高炉为230mm，大高炉345mm，砖缝小于2mm。隔热砖一般为65mm硅藻土砖、紧靠炉壳砌筑。在隔热砖和大墙之间留有60~80mm的水渣-石棉填料层，以吸收膨胀和隔热。近年来有的厂将水渣-石棉填料层去掉，用2层30mm厚的硅铝纤维贴于炉壳上，同时将轻质砖置于硅铝纤维与大墙之间，取得较好效果。在炉壳内喷涂20~40mm不定形耐火材料，可起到隔热、保护炉壳的作用。为减少热损失，在上部高温区大墙外增加一层113mm或230mm的轻质高铝砖；在两种隔热砖之间填充50~90mm隔热填料层，其材料为水渣石棉粉、干水渣、硅藻土粉、蛭石粉等。

炉墙砌砖是在安好箅子支柱，经校正和灌浆找平后进行的。砌筑时以炉壳为导面，用样板砌筑。炉箅子以下砌成不错缝的同心圆环，炉箅子以上按炉墙结构砌筑。

热风口、燃烧口周围1m半径范围内的砌体紧靠炉壳，以防止填料脱落时窜风。其间不严处用与砌体同成分的浓泥浆填充堵严，热风出口与热风短管的内衬热接头应沿炉壳方向砌成直缝，不得咬缝，防止炉墙膨胀时将热风出口砌砖切断窜风。

D　拱顶

拱顶是连接燃烧室和蓄热室的砌筑结构,在高温气流作用下应保持稳定,并能够使燃烧的烟气均匀分布在蓄热室断面上。由于拱顶是热风炉温度最高的部位,必须选择优质耐火材料砌筑,并且要求保温性能良好。传统内燃式热风炉,拱顶为半球形,如图 6-11 所示。这种结构的优点是炉壳不受水平推力,炉壳不易开裂。传统内燃式热风炉拱顶一般以优质黏土砖或高铝砖砌筑,厚 450mm,向外是 230mm 厚硅藻土砖和 113mm 填料层,在拱顶砌体的上部与炉壳之间留有 300～600mm 膨胀间隙。

由于拱顶支撑在大墙上,大墙受热膨胀,使拱顶受压容易损坏,故新设计的高风温热风炉,除加强拱顶的保温绝热外,还在结构上将拱顶与大墙分开,拱顶座在环梁上,外形呈蘑菇状即锥球形拱顶。这样使拱顶消除因大墙热胀冷缩而产生的不稳定因素,同时也减轻了大墙的荷载。锥球形拱顶如图 6-12 所示。

图 6-11　热风炉半球形拱顶结构

图 6-12　热风炉锥球形拱顶

拱顶砖厚度(砖长)一般 380～450mm,外砌 113mm 隔热砖,常用硅藻土砖。对拱顶温度大于 1400℃的热风炉,应在拱顶砖外砌两层隔热砖,一层是 230mm(轻质高铝砖),另一层是 65～113mm 硅藻土砖。最近有的热风炉用硅酸铝耐火纤维板贴于炉壳上隔热,有较好的效果。如果炉壳上喷涂不定形耐火材料，则硅酸铝纤维贴于不定形耐火材料上。

综上所述各部位砌体所用的材质应与工作条件相适应。在热风炉上部 1/3 高度高温区所用的耐火材料，应具有良好的抗蠕变和抗侵蚀性，国内多用含 Al_2O_3 大于 65% 的高铝砖，国外有的用含 SiO_2 94% ~96% 的硅砖或 Al_2O_3 72% ~76% 的莫来石砖。热风炉中下部温度不高，但荷重较大，故多用黏土砖或高铝砖。

E　支柱及炉箅子

蓄热室全部格子砖都通过炉箅子支撑在支柱上，当废气温度不超过 350℃，短期不超过 400℃时，用普通铸铁就能稳定地工作，当废气温度较高时，可用耐热铸铁（Ni 0.4% ~0.8%，Cr 0.6% ~1.0%）或高硅耐热铸铁。

为避免堵住格孔，支柱和炉箅子的结构应和格孔相适应，如图 6-13 所示。支柱高度要满足安装烟道和冷风管道的净空需要，同时保证气流畅通。炉箅子的块数与支柱数相同，而炉箅子的最大外形尺寸，要能从烟道口进出。

图 6-13　支柱和炉箅子的结构

F　燃烧器

影响热风炉燃烧的是燃烧器、燃烧室以及进入燃烧器的空气、煤气管道布置。三者的核心是燃烧器。

燃烧器是用来将煤气和空气混合，并送进燃烧室内燃烧的设备。对热风炉用燃烧器的要求是：

（1）有足够的煤气通过能力。在一定的空间和时间内，实现煤气完全、稳定地燃烧。

（2）有适当的火焰长度。

（3）具有较大的燃烧调节比，空气过剩系数可在 1.05 ~1.50 范围内调节。

（4）应避免煤气和空气在燃烧器内燃烧、回火，保证在燃烧器外迅速混合、完全而稳定地燃烧。

（5）寿命应是高炉寿命的两倍。

热风炉用燃烧器的种类较多，从材质上可分两类：金属燃烧器和陶瓷燃烧器。传统型内燃式热风炉使用金属燃烧器，现已不用，在此仅做简单介绍。

　　a　金属燃烧器

　　金属燃烧器由钢板焊成，如图6-14所示。

图6-14　金属燃烧器

1—煤气；2—空气；3—冷凝水

　　煤气道与空气道为一套筒结构，进入燃烧室后相混合并燃烧。这种燃烧器的优点是结构简单，阻损小，调节范围大，不易发生回火现象，因此，过去国内热风炉广泛采用这种燃烧器。

　　金属燃烧器的缺点是：

　　（1）由于空气与煤气平行喷出，流股没有交角，故混合不好，燃烧时需较大体积的燃烧室才能完成充分燃烧。

　　（2）由于混合不均，需较大的空气过剩系数来保证完全燃烧，因此降低了燃烧温度，增大了废气量，热损失大。

　　（3）由于燃烧器方向与热风炉中心线垂直，造成气流直接冲击燃烧室隔墙，折回后又产生"之"字形运动。前者给隔墙造成较大温差，加速隔墙的破损，甚至"短路"，后者"之"字运动与隔墙的碰点，可造成隔墙内层掉砖，还会造成燃烧室内气流分布不均。

　　（4）燃烧能力小。

　　由上述分析看出，金属燃烧器已不适应热风炉强化和大型化的要求，已经被陶瓷燃烧器所取代。

　　b　陶瓷燃烧器

　　陶瓷燃烧器是用耐火材料砌成的，安装在热风炉燃烧室内部。一般是采用磷酸盐耐火混凝土或矾土水泥耐火混凝土预制而成，也有采用耐火砖砌筑成的，根据其结构可分为套筒式、矩形、三孔式及栅格式陶瓷燃烧器。图6-15所示为几种常用的陶瓷燃烧器。

　　（1）套筒式陶瓷燃烧器。普通的套筒式燃烧器由于结构简单，可以做成耐热混凝土的结构件，安装方便，得到了广泛应用。套筒式陶瓷燃烧器由两个套在一起的同心圆筒组成，通常内环通过煤气，外环通过空气，如图6-15a所示。适合于圆形和"复合"形燃烧室的内燃式热风炉。其特点是中心气流呈柱状的低速流股；外圈的气流变成环状小流股或多个小流股。依靠小流股对中间的柱状流股的交叉、渗透、混合，进行燃烧。

　　这种燃烧器与金属套筒式燃烧器性能相似。套筒式燃烧器由横向安装变为竖向安装，克服了气流与燃烧室隔墙发生碰撞的缺点，燃烧的脉动情况有了很大改善。但这种燃烧器是中心通过煤气，四周通过空气，为了增加强度和结构的稳定性，把空气出口分隔成片状。由于大块混凝土的结构件在热疲劳性能上有缺陷，所以存在寿命问题。

这种燃烧器的缺点是空气和煤气混合差，空气虽然以 55°~60° 交角与煤气相交，并不能由此认为燃烧在此交点处已经完成，其实，两股气流相交时只能起到空气在燃烧室下部产生一个回流的作用，而这个回流与燃烧时的低频振动有关。由于混合差，火焰长，而发生在进入格砖之前尚未燃烧完毕。部分燃烧反应有在格砖顶部发生的情况，造成这一区域过热和格砖烧熔、变形、蠕变。严重时，造成隔墙向蓄热室一侧倾斜。因此不适合作为大型热风炉的大功率燃烧器。

（2）三孔式陶瓷燃烧器。图 6-15b 所示为三孔式陶瓷燃烧器示意图，这种燃烧器把燃烧器中的气体通道分成三个环。中心圆形通道通过焦炉煤气或转炉煤气；中环通过空气；外环通过高炉煤气。三环的面积配比与这三种气体的体积比相适应，这是三孔燃烧器设计上的成功之处。空气分别以六组流股向中心（焦炉煤气或转炉煤气）和外环（高炉煤气）输送，所以也可以认为是六组栅格式燃烧器。其气流混合较均匀，比矩形燃烧器的火焰长度短。

由于高热值煤气是单独送入这种燃烧器的，燃烧器具有单独控制高热值煤气比例的功能。节约高热值煤气是其最大的优点：在快速升温阶段，可以加大焦炉煤气或转炉煤气的比例，加速拱顶的升温过程。而在燃烧后期的保温阶段，可以减少焦炉煤气或转炉煤气的配入量，操作灵活。可以大幅度节约高发热值煤气，降低热量消耗。

宝钢应用三孔式燃烧器的效果很好，热风温度高，吨铁热风炉消耗的热量达到世界先进水平。没有发生过曾经担心掉砖堵塞栅格的情况，在高炉炉役结束后只需更换陶瓷燃烧器的上部环砖和栅格，即可用于高炉第二代炉役。

（3）栅格式陶瓷燃烧器。栅格式燃烧器的煤气和空气被分隔成相邻的片状。在片状气流出口处又加上与片状相垂直的钝体，使气流进一步被切割。从而引起在截面上均匀分布的小回流，混合很好，火焰较短。每一个小回流点是燃烧时的稳焰火种点，燃烧平稳。这种燃烧器能获得性能优良的火焰。栅格式陶瓷燃烧器结构如图 6-15c 所示。

由于栅格本身占有一定的面积，当栅格的组数太多时，阻力增大，会影响燃烧器的煤气通过能力。所以栅格的组数应适当，太少效果不显著，太多则阻力增大。这种燃烧器与套筒式燃烧器比较，其优点是空气与煤气混合更均匀，燃烧火焰短，燃烧能力大，耐火砖脱落现象少。但其结构复杂，构件形式种类多，并要求加工质量高。大型高炉的外燃式热风炉，多采用栅格式陶瓷燃烧器。

（4）矩形陶瓷燃烧器。矩形陶瓷燃烧器结构图如图 6-16 所示。矩形陶瓷燃烧器必须与"眼睛"形燃烧室相配合。从原理上看，这种矩形燃烧器仍然是套筒式燃烧器，只不过是"挤扁"了的套筒燃烧器。煤气通过中心矩形孔，中心气流的流柱厚度较小；空气在矩形孔的两侧以片状小孔喷出，并以 50°~60° 交角与煤气相混合。由于煤气通道由圆形变为矩形，煤气与空气的扩散距离缩短了，所以煤气与空气的混合性能变好，火焰变短，但仍然是湍流扩散火焰。另一个优点是由于煤气是从矩形孔出来，火焰按眼睛形长轴的大小从穹顶向格砖方向流入，火焰的铺展性比较好，再加上悬链式穹顶对烟气流分布的作用，改善了烟气在格砖断面上的均匀分布。

图 6-15　几种常用的陶瓷燃烧器

a—套筒式陶瓷燃烧器；b—三孔式陶瓷燃烧器；c—栅格式陶瓷燃烧器；

通道：Ⅰ—磷酸混凝土；Ⅱ—黏土砖

1—二次空气引入孔；2——次空气引入孔；3—空气帽；4—空气环道；5—煤气直管；

6—煤气收缩管；7—煤气；8—空气入口；9—焦炉煤气入口；10—高炉煤气入口

　　陶瓷燃烧器所用耐火材料要求上部空气帽耐急冷急热性能好，一般选用磷酸盐耐火混凝土经高温烧成处理。其余部分尤其是下部要求体积稳定，避免工作中隔墙断裂漏气，一般可用高铝砖、黏土砖或耐火混凝土预制块。

　　设计陶瓷燃烧器应力求使气流分布均匀，空气与煤气很好地混合并燃烧，结构简单，砌筑方便，寿命长等。选取合理参数是十分重要的，陶瓷燃烧器设计中改善气流混合的措施有：利用气体分布帽将空气（煤气）流股分割成许多细小流股；将空气与煤气流股以一定角度相交，该角一般为 25°～30°。增加空气与煤气的速度差，速度大的空气将速度小的煤气吸入，可改善混合效果，从混合角度看，速度差大些好，但过大会增加气流阻力损失，一般空气出口速度为 30～40m/s，煤气出口速度为 15～20m/s。改善气流分布的措施有：改善气体通道形状；空气通道可利用空气帽（阻流板）改善分布情况，而煤气由于压力低，一般用通道收口的办法，其收缩角为 8°～10°，缩口比（通道收缩后面积与原面积之比）约为0.6；保证通道一定高度，有利于气流分布，一般表示通道的高矮程度用通道的高径比来表示。高径比5.0左右比较理想，但由于受热风出口的限制，所以大高炉只能达到3.5~4.2，小高炉可达到5.0。

矩形断面陶瓷燃烧器中部砌砖

图6-16　矩形陶瓷燃烧器结构

1—助燃空气入口；2—煤气通道墙；3—空气通道墙；4—耐火浇注料；5—油纸；6—发泡苯乙烯；
7—热风炉中心；8—膨胀缝板；9—耐火陶瓷纤维；10—燃气入口；11—导流板

由上述分析可以看出，陶瓷燃烧器有如下优点：

（1）助燃空气与煤气流有一定交角，并将空气或煤气分割为许多细小流股，因此混合好，能完全燃烧；

（2）气体混合均匀，空气过剩系数小，可提高燃烧温度；

（3）燃烧气体向上喷出，消除了"之"字形运动，不再冲刷隔墙，延长了隔墙的寿命，同时改善了气流分布。

（4）燃烧能力大，为进一步强化热风炉和热风炉大型化提供了条件。

6.2.1.2　改进型内燃式热风炉

20世纪60年代以前各国高炉热风炉普遍采用传统型内燃式热风炉，采用金属套筒燃烧器，由于燃烧器中心线与燃烧室纵向轴线垂直，即与隔墙垂直，煤气在燃烧室的底部燃烧，高温烟气流对隔墙产生强烈冲击，使隔墙产生振动，引起隔墙机械破损；同时，隔墙下部的燃烧室侧为最高温度区，蓄热室侧为最低温度区，两侧温度差很大，产生很大的热应力，再加上荷重等多种因素的影响。隔墙下部很容易发生开裂，进而形成隔墙两侧短路，严重时甚至会发生隔墙倒塌等事故。这种热风炉风温较低，当风温达到1000℃以上时，会引起拱顶裂缝掉砖，寿命缩短。

为了提高风温，延长寿命，1972年荷兰霍戈文艾莫伊登厂在新建的7号高炉（3667m³）上对内燃式热风炉作了较彻底的改进，年平均风温达1245℃，热风炉寿命超过两代高炉炉龄，成为内燃式热风炉改造最成功的代表。改进后的内燃式热风炉，在国外称霍戈文内燃式热风炉，我国称改进型内燃式热风炉，如图6-17所示。改进型内燃式热风炉主要特征为：

（1）拱顶改为悬链线型或锥球型，并将拱顶砌体坐落在炉壳上，使热风炉大墙与拱顶分离，解决了拱顶应力集中引起的破损和气流分布不均的问题。

（2）在隔墙的中、下部增设隔热夹层和耐热合金钢板，解决燃烧室掉砖和短路问题。

（3）采用眼睛形燃烧室和与之相配的矩形陶瓷燃烧器，改善燃烧，消除脉动，减少燃烧室的破损。

由于霍戈文内燃式热风炉与同级外燃式热风炉相比，具有体积小占地面积少、材料用量少，投资省（30%～35%）等优点；更由于其卓越的生产效果，因此有些企业认为，经过全面改进的新型内燃式热风炉与其他形式的热风炉一样，可以满足高风温长寿的要求。

图6-17　改进型内燃式热风炉

A　悬链线拱顶

悬链线拱顶由于拱顶砌体受力合理，从理论上保证了拱顶结构的稳定，此外，悬链线拱顶内衬由钢结构支撑，拱顶与大墙分开，两者互不影响，消除了大墙膨胀对拱顶的影响。经实践证明，风量相同时，采用悬链线拱顶结构的热风炉，其蓄热室断面上气流分布最均匀。因此悬链线型拱顶是目前普遍采用的热风炉拱顶形式，也是霍戈文热风炉的突出特点。为便于砖型设计、方便施工，一般都用多圆拟合悬链线。HTS 的设计中采用两圆拟合悬链线，在保证拱顶稳定的前提下，又适当降低了拱顶高度，从而降低了热风炉全高。在唐钢 2560m³ 高炉的热风炉的拱顶设计中还采用了 HTS 的专有技术——关节砖，使拱脚砖与关节砖、关节砖拱顶上部砖之间能相对转动，从而有效地吸收热膨胀。拱顶由一层更厚、更长、更稳定的致密砖代替了传统的两层致密砖，简化了设计和施工，也使拱顶的结构更稳定。此外在拱顶内衬中合理地设置了膨胀缝和滑动缝，使砌体能更好地适应冷热交替的工作环境（图 6-18）。

图 6-18 关节砖示意图
1—第一组关节砖；2—第二组关节砖

B 特殊的隔墙结构

内燃式热风炉燃烧室与蓄热室之间的隔墙是内燃式热风炉的薄弱环节，其高度方向和墙两侧的温度梯度都很大，容易造成隔墙破坏，甚至发生短路。为提高隔墙的寿命，霍戈文式热风炉在以下几方面做了改进：（1）合理设置膨胀缝，吸收砌体膨胀；（2）隔墙两层致密砖间加入隔热层，以降低隔墙两侧的温度梯度；（3）隔墙各层砌体间、隔墙与热风炉大墙间设置滑动缝，以消除各部位膨胀不均造成的应力破坏；（4）隔墙靠近蓄热室侧在一定高度上增加一层不锈钢板，加强燃烧室与蓄热室之间的密封，防止隔墙烧穿和短路。隔墙结构见图 6-17 B 部放大图。

C 眼睛型燃烧室与矩形陶瓷燃烧器

眼睛型燃烧室的隔墙断面小，增加了蓄热室的有效蓄热面积。同时进入蓄热室的烟气流分布均匀。燃烧室隔墙与大墙不咬砌，从而避免了眼角部位开裂的发生。

矩形陶瓷燃烧器是一种与眼睛型燃烧室相配的燃烧器，能充分利用眼睛型燃烧室断面的空间。矩形燃烧器气体混合效果好，燃烧稳定，燃烧空气过剩系数小，效率高，燃烧强度大，而且气流阻力损失小。

内燃式热风炉主要特点是：结构较为简单，钢材及耐火材料消耗量较少，建设费用较低，占地面积较小。不足之处是蓄热室烟气分布不均匀，限制了热风炉直径进一步扩大，燃烧室隔墙结构复杂，易损坏，送风温度超过1250℃有困难。

6.2.2　外燃式热风炉

为解决传统型内燃式热风炉燃烧室隔墙倾斜掉砖、烧穿短路的问题，提出了将燃烧室搬出热风炉的设想，即外燃式热风炉。其工作原理与内燃式热风炉完全相同，只是燃烧室和蓄热室分别在两个圆柱形壳体内，两个室的顶部以一定方式连接起来。根据两个室顶部连接方式的不同分为四种基本结构形式，如图6-19所示。

图6-19　外燃式热风炉结构示意图

a—科珀斯式；b—地得式；c—马琴式；d—新日铁式

6.2.2.1　科珀斯式热风炉

科珀斯式外燃式热风炉结构如图6-19a所示，拱顶是用一个连通管将燃烧室和蓄热室两个不同直径的球顶连成一体，燃烧室和蓄热室均保持其各自半径的半球形拱顶。其优点是：

（1）高度较低，与地得式热风炉相似。

（2）钢材消耗量较少，基建费用较省。

（3）气流分布较好。

其缺点是砖形多，连接管端部应力大，容易产生裂缝，占地面积大。

6.2.2.2　地得式热风炉

地得式热风炉结构示意图如图6-19b所示，拱顶由两个直径不等的球形拱构成，即用1/4小球拱与1/4大球拱将直径较小的燃烧室与直径较大的蓄热室连成一体。这种热风炉的优点是：

（1）高度较低，占地面积小。

（2）拱顶结构简单，消除了联络管波纹管的薄弱环节，并且砖形较少。

（3）晶界应力腐蚀比较容易解决。

缺点是气流分布相对较差，拱顶结构庞大，稳定性较差。为了补偿蓄热室与燃烧室间热膨胀产生的高度差，需要使用液压千斤顶，结构较复杂。

图 6-20 所示为本钢二铁厂 5 号高炉地得式热风炉结构。

图 6-20 本钢二铁厂 5 号高炉地得式热风炉结构

6.2.2.3 马琴式热风炉

马琴式外燃式热风炉将直径大的蓄热室缩小至与直径小的燃烧室等径后，以一个巷道式的半圆拱将两者的 1/4 球顶连通，如图 6-19c 所示。这种结构的优点是：

（1）气流分布好。

（2）拱顶尺寸小，结构稳定性好。

（3）砖形少。

缺点是结构较高，燃烧室与蓄热室之间没有波纹补偿器，拱顶应力大，容易产生晶界应力腐蚀。

图 6-21 所示为鞍钢 6 号高炉马琴式热风炉结构。

图例

符　号	材　质
	硅　砖
	轻质高铝砖
	黏　土　砖
	轻质黏土砖
	珍珠岩砖
	硅藻土砖
	水渣填料

图 6-21　鞍钢 6 号高炉马琴式热风炉结构

6.2.2.4 新日铁式热风炉

新日铁式热风炉是科珀斯式与马琴式的结合,如图 6-19d 所示。利用锥形缩口将蓄热室缩小到与燃烧室等径后,以连通管将两者的球顶连接起来,中间设有波纹补偿器。优点是气流分布好,拱顶对称,尺寸小,结构稳定性较好。缺点是外形较高,占地面积大,砖形较多。

图 6-22 所示为宝钢 1 号高炉新日铁式热风炉结构。

	CRN-S21(S21)		SF-120(N42)
	CRN-155(H21)		SF-115(N43)
	CRN-150(H22)		N3(N3)
	CRN-145(H23)		U7(V7)
	CRN-130(H26)		COMF(SPCD2)
	CRN-127(H27)		S-Lite(PSB)
	SF-125(N41)		HIMF(HIMF)

图 6-22 宝钢 1 号高炉新日铁式热风炉结构

这四种外燃式热风炉蓄热室内的气流分布以马琴式为最好,地得式次之,科珀斯式较差。马琴式、新日铁式的连通方式较好。地得式热工性能好,缺点是砌体结构的稳定性差,科珀斯式在连通管钢壳上以波纹形膨胀节来吸收燃烧室与蓄热室的不均匀膨胀。

我国目前采用的外燃式热风炉类型有地得型、马琴型和新日铁型三种,使用数量已达

40 余座，其中使用数量多、应用效果较好的为新日铁外燃式热风炉。

与内燃式热风炉相比，外燃式热风炉的优点是：

（1）外燃式热风炉将燃烧室与蓄热室分开，消除了内燃式热风炉的致命弱点。

（2）较好地解决了高温烟气在蓄热室横截面上的均匀分布问题。

（3）拱顶对称，尺寸小，拱顶、缩口、大墙相对独立，可自由涨落，结构稳定性好，气流分布好。

（4）热风炉炉壳转折点均采用曲面连接，较好地解决了炉壳的薄弱环节问题。

一般认为，外燃式热风炉存在占地面积大、耗用钢材和耐火材料量大、基建费用高、散热损失大等问题。但是从高风温、长寿命、适合大型高炉使用获得的经济效益相比，不能算是缺点。外燃式热风炉解决了大型高炉高风温热风炉的结构问题，普遍高温长寿。

当前世界上采用外燃式热风炉已比较普遍，特别是要求提供 1200℃ 高风温的大型高炉的热风炉。目前，2000m³ 以上的大型高炉大都采用外燃式热风炉，4000m³ 以上的大型高炉全部采用外燃式热风炉。其中，有 8 座 4000m³ 以上的高炉风温可达到 1300 ～ 1350℃。

6.2.3 顶燃式热风炉

顶燃式热风炉又称为无燃烧室热风炉，其结构如图 6-23a 所示。顶燃式热风炉利用拱顶的空间进行燃烧，取消了侧部的燃烧室或外部的燃烧室。为了在短暂的时间和有限的空间内，保证煤气和空气很好地混合并完全燃烧，就必须使用能力很大的短焰烧嘴或无焰烧嘴，而且烧嘴的数量和分布形式应满足燃烧后的烟气在蓄热室内均匀分布的要求。

顶燃式热风炉结构对称，温度区分明，占地小，投资较少。早在 19 世纪就有人提出设想，并在化工行业使用。1978 年，首钢 2 号高炉（炉容 1327m³）采用了顶燃式热风炉，这是世界上第一座大型顶燃式热风炉。

首钢顶燃式热风炉采用四个短焰燃烧器，装设在热风炉拱顶上，燃烧火焰呈涡流状态，进入蓄热室。图 6-23b 所示为顶燃式热风炉平面布置图，四座热风炉呈方块形布置，布置紧凑，占地面积小，而且热风总管较短，可提高热风温度 20 ～ 30℃。

大型顶燃式热风炉的使用，关键在于大功率高效短焰燃烧器的设计。由于燃烧器、热风出口等都设置在拱顶上，给操作和管道、阀门的布置带来一定困难，冷却水压也要高一些。其次，生产中烧嘴回火问题要特别注意，这不仅影响燃烧效果，还对燃烧器管壁有很大的破坏作用，为此一定要使煤气和空气的混合气体，从烧嘴喷出的速度大于火焰的传播速度。

顶燃式热风炉的耐火材料工作负荷均衡，上部温度高，质量载荷小；下部质量载荷大，温度较低。顶燃式热风炉结构对称，稳定性好。蓄热室内气流分布均匀，效率高，更加适应高炉大型化的要求。顶燃式热风炉还具有节省钢材和耐火材料，占地面积较小的优点。

顶燃式热风炉存在的问题是拱顶负荷较重，结构较为复杂，由于热风出口、煤气和助燃空气的入口、燃烧器集中于拱顶，给操作带来不便；并且高温区开孔多，也是薄弱环节。

图 6-23 顶燃式热风炉

a—结构示意图；b—平面布置图

1—燃烧器；2—热风出口；3—烟气出口；4—冷风入口

6.2.4 球式热风炉

球式热风炉的结构与顶燃式热风炉相同，所不同的是蓄热室用自然堆积的耐火球代替格子砖。由于球式热风炉需要定期卸球，故目前仅用于小型高炉的热风炉。

由于每立方米球的蓄热面积高于每立方米格子砖的蓄热面积，并且耐火球重量大，因此蓄热量多。从传热角度分析，气流在球床中的通道不规则，多呈紊流状态，有较大的热交换能力，热效率较高，易于获得高风温。

球式热风炉要求耐火球质量好，煤气要干净，煤气压力要高，助燃风机的风压、风量要大，否则煤气含尘多时，会造成耐火球间隙堵塞，表面渣化黏结，甚至变形破损，大大增加了阻力损失，使热交换变差风温降低。煤气压力和助燃空气压力大，才能充分发挥球式热风炉的优越性。

目前，柳钢 $1000m^3$ 高炉也采用了球式热风炉。球式热风炉要解决耐火球的使用期限短、在使用过程中热风炉的阻力变化等问题。

6.2.5 卡鲁金顶燃式热风炉

卡鲁金顶燃式热风炉是 20 世纪 70 年代苏联全苏冶金热工研究院研究开发的一种顶燃式热风炉。图 6-24 所示为经过改进后的卡鲁金顶燃式热风炉，这种热风炉有以下特点：

图 6-24 俄罗斯卡鲁金
顶燃式热风炉

1—助燃空气通道；2—煤气通道；
3—拱顶；4—格子砖室；
5—热风出口；6—炉箅和支柱；
7—烟道；8—冷风管道

（1）缩小了球顶直径。

（2）改进了环形燃烧器煤气和助燃空气的供给方式，取消调节装置，改为微机控制的涡流供给。由于煤气和助燃空气能够很好混合，所以煤气燃烧完全，烟气中 CO 含量仅为 0.0016%（$20mg/m^3$），低于德国环保标准要求，为环保要求标准值的 1/5。

（3）简化了热风炉大墙和陶瓷燃烧器的砖型。

（4）格子砖为格孔 $\phi30mm$ 的块状穿孔砖（带有 19 孔），加热面积高达 $48.0m^2/m^3$（圆孔）和 $48.7m^2/m^3$（锥孔）。这样蓄热室内的热交换系数提高 1.5 倍，在热风炉送风参数保持不变的情况下蓄热室高度可降低 40%～50%，热风炉投资可降低约 50%。

这种结构的热风炉已在俄罗斯和乌克兰冶金工厂 1386～3200m³ 高炉上建造使用。近年来，卡鲁金顶燃式热风炉在我国也已得到推广应用。如唐钢 3200m³ 高炉、济钢两座 1750m³ 高炉、莱钢 750m³ 高炉和重钢高炉等都采用了这种结构形式的热风炉。

6.3　热风炉用耐火材料及特性

热风炉耐火材料砌体在高温、高压下工作，而且温度和压力又在周期性变化，条件比较恶劣。因此，结合工作条件，选择合理的耐火材料，正确设计其结构形式，保证砌筑质量等是达到高风温、长寿命的关键所在。

6.3.1　热风炉砌体破损机理

热风炉在工作时，炉衬受到热交换过程中温度急剧变化的作用、高炉煤气带入灰尘的化学侵蚀作用、机械荷载作用、燃烧气体的冲刷作用等。热风炉炉衬损坏的原因主要有：

（1）热应力作用。热风炉在燃烧时，燃烧室的温度很高，拱顶温度可达到 1400～1450℃，从拱顶沿炉墙和格子砖向下，砌体和格砖逐渐被加热。由于热风炉燃烧、送风交替进行，热风炉砌体和格子砖经常处于急冷急热变化之中，砌体出现裂纹、开裂和剥落。

（2）机械荷载作用。热风炉是一种较高的构筑物，其高度一般在 35～50m 之间。蓄热室格子砖下部承受的最大静荷重达 0.8MPa，燃烧室下部承受的静荷重也较高，产生弹性破坏。砌体在长期高温状态的荷重作用下，还发生非弹性破坏、变形和产生裂纹，影响了热风炉的使用寿命。

（3）相变应力。在高温下，热风炉砌体内部耐火材料的矿相发生变化，引起砌砖内部应力，导致砖的破坏。

（4）压力作用。热风炉周期性地进行燃烧和送风，燃烧期内处于低压状态，送风期处于高压状态。传统的大墙和拱顶结构，其拱顶与炉壳间留有较大的空间，大墙与炉壳设置的填料层在长期高温作用下收缩及自然压实后也留下一定的空间。由于这些空间的存在，受高压气体的压力作用，砌体承受了很大的向外推力，易造成砌体倾斜、开裂和松动，然后砌体外的空间周期性地通过砖缝进行充压和卸压，进而加剧对砌体的破坏。热风炉用耐火材料的作用是隔热和承受高温荷载，故确定各部位用炉衬材料的材质和厚度时，应根据砌体所承受的温度、负荷和隔热的要求，以及烟气对砌体的物理、化学作用等条件而定。

（5）烟气粉尘的化学侵蚀。煤气中含有一定量的粉尘，其主要成分是铁的氧化物和碱性氧化物。煤气燃烧后，粉尘随烟气进入蓄热室，部分粉尘将黏附在砖衬和格子砖表面，并与砖中的矿物质起化学反应，形成低熔点化合物。使砖表面不断剥落，或熔化成液态不断向砖内渗透，改变了耐火材料的耐火性能，导致组织破坏，发生龟裂。蓄热室上部化学侵蚀较为严重。

热风炉内砌体破损最严重的地方，一般是温度最高的部位、温差较大的部位以及结构较复杂部位等。内燃式热风炉的拱顶和隔墙易破损，外燃式热风炉是燃烧室和蓄热室的拱顶以及连接通道容易破损。

6.3.2 热风炉用耐火材料的主要特性

热风炉用耐火材料的主要特征有：

（1）耐火度。要求热风炉用耐火材料具有较高的耐火度和荷重软化温度，特别是高温载荷大的部位，耐火材料应具有高的耐火度和荷重软化温度；

（2）抗蠕变性。选择热风炉耐火材料时必须注意它的抗蠕变性指标，耐火材料的蠕变温度应比实际工作温度高100℃。硅砖抗蠕变性最好，适宜用在高温部位；黏土砖抗蠕变性最差，一般只用于中低温部位。

（3）体积稳定性。耐火材料的热膨胀特性，直接表现在砌体温度变化带来的体积变化，在工作温度变化幅度范围之内，耐火材料热膨胀系数应当小。

（4）导热性。导热性好，热交换能力强，耐火材料抗热震性好，对于温度高并经常有较大变化的部位，应选用导热性好的材料；而绝热层用的耐火材料，要求其导热性能差。

（5）热容量。热容量大的耐火材料蓄热能力强，格子砖应该用热容量大的耐火材料。

（6）抗压强度。热风炉蓄热室下部承受很大压力，应选择抗压强度高的耐火材料，例如大高炉热风炉蓄热室最下部往往用几层高铝砖。

表6-9列出了热风炉常用耐火材料的基本性质和使用部位。

表6-9 热风炉常用耐火材料的基本性质及使用部位

材质	使用部位	化学成分/%			耐火度 /℃	抗蠕变温度 (1.96×10^5 Pa, 50h)/℃	显气孔率/%	体积密度 /g·cm^{-3}	重烧线收缩率/%	抗压强度 /MPa
		SiO$_2$	Al$_2$O$_3$	Fe$_2$O$_3$						
硅砖	拱顶、燃烧室、蓄热室上部	95~97	0.4~0.6	1~2.2	1710~1750	1550	16~18	1.8~1.9	—	39.2~49.0
高铝砖	拱顶、燃烧室、蓄热室上部及中部	20~24	72~77	0.3~0.7	1820~1850	1550	17~20	2.5~2.7	1350℃时 0~-0.3	58.8~98.1
		26~30	62~70	0.8~1.5	1810~1850	1350~1450	16~22	2.4~2.6	0~-0.5	53.9~98.1
		35~43	50~60	1.0~1.8	1780~1810	1270~1320	18~24	2.1~2.4	0~-0.5	39.2~88.3
黏土砖	蓄热室中部及下部	~52	~42	~1.8	1750~1800	1250	16~20	2.1~2.2	1400℃时 0~0.5	29.4~49.0
		~58	~37	~1.8	1700~1750	1150	18~24	2.0~2.1	1350℃时 0~0.5	24.5~44.1
半硅砖	蓄热室、燃烧室	~75	~22	~1.0	1650~1700		25~27	1.9~2.0	1450℃时 0~+1.0	19.6~39.2

6.3.3　热风炉用耐火材料

6.3.3.1　硅砖

热风炉用硅砖是以鳞石英为主要矿相的耐火制品。用于砌筑高炉热风炉高温部位的硅砖应具有下列特征：

（1）在长期高温并有负荷的条件下，体积稳定，高温蠕变率低。

（2）600℃以上抗热震性好，能适应热风炉温度的变化。

（3）抗化学侵蚀性好。

（4）热导率大。

冶金行业标准（YB/T 133—1998）将热风炉用硅砖的牌号定为 RG-95，按用途分为拱顶砖、炉墙砖和格子砖。其理化指标见表 6-10。硅砖在 600℃以下发生相变，体积有较大的膨胀，容易破坏砌体的稳定性，因此，硅砖的使用温度应大于 600℃。硅砖一般用于拱顶、燃烧室和蓄热室炉衬的上部以及上部格子砖。

表 6-10　热风炉用硅砖的理化指标

项　目	指标		项　目	指标	
	炉顶、炉墙砖	格子砖		炉顶、炉墙砖	格子砖
$w(SiO_2)/\%$	≥95		真密度/$g \cdot cm^{-3}$	≤2.35	
常温耐压强度/MPa	≥35	≥30	热膨胀率（1000℃）/%	≤1.26	
显气孔率/%	≤22	≤23	残余石英/%	提供数据	
蠕变率（0.2MPa，1550℃，50h）/%	≤0.8				

6.3.3.2　高铝砖

热风炉用高铝砖是以高铝矾土熟料配入部分结合黏土制成的 Al_2O_3 含量大于 48% 的耐火制品。YB/T 5016—2000 将热风炉用高铝砖按用途分为普通高铝砖和低蠕变高铝砖两类。热风炉用普通高铝砖按理化指标分为 RL-65、RL-55、RL-48 三种牌号；热风炉用低蠕变高铝砖按理化指标分为 DRL-155、DRL-150、DRL-145、DRL-140、DRL-135、DRL-130、DRL-127 七个牌号。热风炉用高铝砖的理化指标见表 6-11 和表 6-12。

表 6-11　热风炉用普通高铝砖的理化指标

项　目		指　标		
		RL-65	RL-55	RL-48
$w(Al_2O_3)/\%$		≥65	≥55	≥48
耐火度/℃		≥1780	≥1760	≥1740
0.2MPa，荷重软化开始温度/℃		≥1500	≥1470	≥1420
重烧线变化/%	1500℃，2h	0.1 ~ -0.4		
	1450℃，2h			0.1 ~ -0.4
显气孔率/%		≤22（24）		

续表 6-11

项　目	指　标		
	RL-65	RL-55	RL-48
常温耐压强度/MPa	≥50	≥45	≥40
抗热震性（1100℃，水冷）/次	≥6（炉顶，炉墙砖）		

注：括号内的数值为蓄热室格子砖的指标。

表 6-12　热风炉用低蠕变高铝砖的理化指标

项　目		指　标						
		DRL-155	DRL-150	DRL-145	DRL-140	DRL-135	DRL-130	DRL-127
$w(Al_2O_3)$/%		≥75	≥75	≥65	≥65	≥65	≥60	≥50
显气孔率/%		≤20	≤21	≤21	≤22	≤22	≤22	≤23
体积密度/g·cm^{-3}		2.65~2.85	2.65~2.85	2.50~2.70	2.40~2.60	2.35~2.55	2.30~2.50	2.30~2.50
常温耐压强度/MPa		≥60	≥60	≥60	≥55	≥55	≥55	≥50
蠕变率/%（0.2MPa，50h）		≤0.8（1550℃）	≤0.8（1500℃）	≤0.8（1450℃）	≤0.8（1400℃）	≤0.8（1350℃）	≤0.8（1300℃）	≤0.8（1270℃）
重烧线变化/%	1550℃，2h	0.1~-0.2	0.1~0.2	0.1~0.2				
	1450℃，2h				0.1~-0.2	0.1~-0.4	0.1~-0.4	0.1~-0.4
抗热震性（1100℃，水冷）/次		（炉顶、炉墙砖）提供数据						

注：体积密度为设计用砖量的参考指标。

高铝砖质地坚硬、致密、密度大，抗压强度高，有很好的耐磨性和较好的导热性，在高温下体积稳定，蠕变性仅次于硅砖。普遍应用于高温区域，如拱顶、中上部格子砖、燃烧室隔墙等。

6.3.3.3 黏土砖

热风炉用黏土砖是以耐火黏土为原料的耐火制品。热风炉用黏土砖用于热风炉的炉墙、隔墙、格子砖等许多部位。热风炉用黏土砖要求抗热震性好，荷重软化温度高，蠕变小。

YB/T 5107—1993 将热风炉用黏土质耐火砖按理化指标分为 RN-42、RN-40、RN-36 三种牌号。其理化指标见表 6-13。

表 6-13　热风炉用黏土质耐火砖的理化指标

项　目		指　标		
		RN-42	RN-40	RN-36
$w(Al_2O_3)$/%		≥42	≥40	≥36
耐火度/℃	不低于	1750	1730	1690
0.2MPa，荷重软化温度/℃		1400	1350	1300
重烧线变化/%	1450℃，2h	0~-0.4		
	1350℃，2h		0~-0.3	0~-0.5
显气孔率/%		≤24	≤24	≤26

项　目	指　标		
	RN-42	RN-40	RN-36
常温耐压强度/MPa	≥29.4	≥24.5	≥19.6
抗热震性/次	必须进行此项检验，将实测数据在质量证明书中注明		

黏土砖耐火度和荷重软化温度低，蠕变温度低，蠕变率较大，但是黏土砖容易加工，价格低廉，广泛应用于热风炉中、低温度区域、中下层格子砖及砖衬。黏土砖用量约占热风炉用砖总量的30%~50%。

6.3.3.4　高铝堇青石砖

高铝堇青石砖是含堇青石的高铝质耐火制品。可用做陶瓷燃烧器的耐火材料。堇青石砖的线膨胀系数小，抗热震性好，但耐火度较低。高铝堇青石耐火砖的理化性能指标见表6-14。

表6-14　高铝堇青石砖的理化性能指标

项　目	用烧结料制成的莫来石砖	用电熔料制成的莫来石砖	项　目	用烧结料制成的莫来石砖	用电熔料制成的莫来石砖
	用于热风炉	用于热风炉		用于热风炉	用于热风炉
$w(Al_2O_3)/\%$	≥50	≥60	线膨胀率（1000℃）/%	≤ +0.5	≤ +0.5
耐火度/℃	≥1770	≥1790			
显气孔率/%	≤24	≤24	抗热震性（1100℃，水冷）/次	≥12	≥12
体积密度/g·cm⁻³	≥40	≥50			

6.3.3.5　隔热砖

热风炉用隔热砖有硅藻土砖、轻质硅砖、轻质黏土砖、轻质高铝砖以及陶瓷纤维砖等。隔热砖气孔率大，密度小，导热性低，机械强度低，但在使用中应可以支承自身质量。

常见的热风炉隔热砖主要是高铝质隔热耐火砖和黏土质隔热耐火砖。高铝质隔热砖是以铝矾土为主要原料制成的Al_2O_3含量不小于48%的隔热耐火制品。GB3395—1983将高铝隔热砖按体积密度分为LG-1.0、LG-0.9、LG-0.8、LG-0.7、LG-0.6、LG-0.5和LG-0.4七种牌号，其理化指标见表6-15。黏土质隔热砖是以耐火黏土为主要原料制成的Al_2O_3含量为30%~48%的隔热耐火制品。GB3994—1983将黏土质隔热砖按体积密度分为NG-1.5、NG-1.3a、NG-1.3b、NG-1.0、NG-0.9、NG-0.8、NG-0.7、NG-0.6、NG-0.5和NG-0.4十种牌号，其理化指标见表6-16。

表6-15　高铝质隔热耐火砖的理化指标

项　目	指　标						
	LG-1.0	LG-0.9	LG-0.8	LG-0.7	LG-0.6	LG-0.5	LG-0.4
$w(Al_2O_3)/\%$	≥48						
$w(Fe_2O_3)/\%$	≤2.0						

项　目	指　标						
	LG-1.0	LG-0.9	LG-0.8	LG-0.7	LG-0.6	LG-0.5	LG-0.4
体积密度/g·cm^{-3}	≤1.0	≤0.9	≤0.8	≤0.7	≤0.6	≤0.5	≤0.4
常温耐压强度/MPa	≥3.92	≥3.43	≥2.94	≥2.45	≥1.96	≥1.47	≥0.78
试验温度/℃ （重烧线变化不大于2%）	1400	1400	1400	1350	1350	1250	1250
热导率/W·(m·K)$^{-1}$ （平均温度350℃±25℃）	≤0.50	≤0.45	≤0.35	≤0.35	≤0.30	≤0.25	≤0.20

表6-16　黏土质隔热耐火砖的物理指标

项　目	指　标									
	NG-1.5	NG-1.3a	NG-1.3b	NG-1.0	NG-0.9	NG-0.8	NG-0.7	NG-0.6	NG-0.5	NG-0.4
体积密度/g·cm^{-3}	≤1.5	≤1.3	≤1.3	≤1.0	≤0.9	≤0.8	≤0.7	≤0.6	≤0.5	≤0.4
常温耐压强度/MPa	≥5.88	≥4.41	≥3.92	≥2.94	≥2.45	≥2.45	≥1.96	≥1.47	≥1.18	≥0.98
试验温度/℃ （重烧线变化大于2%）	1400	1400	1350	1350	1300	1250	1250	1200	1150	1150
热导率/W·(m·K)$^{-1}$ （平均温度350℃±25℃）	≤0.70	≤0.60	≤0.60	≤0.50	≤0.40	≤0.35	≤0.35	≤0.25	≤0.25	≤0.20

6.3.3.6　不定形耐火材料

不定形耐火材料包括耐火砖的泥浆、耐火浇注料、喷涂料和隔热保温材料。

A　耐火泥浆

热风炉用高铝砖、黏土砖的泥浆可参照砌筑高炉泥浆，不再详述。这里只介绍热风炉高温部分砌筑硅砖使用的硅质耐火泥浆。硅质耐火泥浆采用硅石粉或加入部分硅粉作为主料，结合剂可用软质黏土或化学结合剂。YB384—1991规定了热风炉用硅质耐火泥浆的理化指标，见表6-17。该标准还规定了硅质隔热耐火泥浆的理化指标，见表6-18。

表6-17　热风炉用硅质耐火泥浆的理化指标

项　目		指　标	项　目		指　标
		RGN-94			RGN-94
耐火度，锥号CN		170	粒度组成/%	+0.5mm	≤1
冷态抗折黏结 强度/MPa	110℃干燥后	≥1.0		-0.074mm	≤60
	1400℃，3h烧后	≥3.0	化学成分 w/%	SiO$_2$	≥94
				Fe$_2$O$_3$	≤1.0
黏结时间/min		1~2	0.2MPa，荷重软化开始温度/℃		≥1600

表 6-18　硅质隔热耐火泥浆的理化指标

项　目		指　标		项　目		指　标	
		GGN-94	GGN-92			GGN-94	GGN-92
耐火度，锥号 CN		170	166	粒度组成/%	+0.5mm	≤3	≤3
冷态抗折黏结强度/MPa	110℃干燥后	≥0.5	≥0.5		−0.074mm	≤50	≤50
	1400℃，3h 烧后	≥1.5	≥1.5	$w(SiO_2)$/%		≥94	≥92
黏结时间/min		1~2	1~2				

B　耐火浇注料

在砌筑热风炉内衬时，在一些部位还使用一些浇注料，如在热风炉底部采用黏土质浇注料，在陶瓷燃烧器外围墙与燃烧室之间采用红柱石质浇注料。表 6-19 列出了部分热风炉用耐火浇注料的性能指标。

表 6-19　热风炉用耐火浇注料的性能指标

项　目	指　标		项　目	指　标	
	黏土质浇注料（X）	红柱石质浇注料（HS）		黏土质浇注料（X）	红柱石质浇注料（HS）
$w(Al_2O_3)$/%	≥35	≥58	粒度/mm	≤6	≤6
$w(Fe_2O_3)$/%	≤2.5	≤1.0	线变化率/%	±1 (1300℃，4h 烧后)	±1 (1500℃，4h 烧后)
$w(CaO)$/%	≤8	≤4			
工作温度/℃	≥1150	≥1350	耐压强度/MPa (110℃，24h 烘干)	>20	>40
体积密度 /g·cm^{-3}	≥1.85 (110℃，24h 烘干)	≥2.4 (110℃，24h 烘干)			

C　喷涂料

热风炉用喷涂料有耐火、隔热及耐酸三种。耐火喷涂料主要用于高温部位炉壳及热风管道内，以防止窜风烧坏炉壳。隔热喷涂料热导率低，以减少热损失。耐酸喷涂料用于拱顶、燃烧室及蓄热室上部钢壳，其作用是防止高温生成物中 NO_x 等酸性氧化物对炉壳的腐蚀。当采用双层喷涂料时，隔热涂料靠钢壳喷涂，然后再喷涂耐酸或耐火涂料。

在热风炉的燃烧室、蓄热室、混合室以及各种热风管道内壁均可采用不同品种的耐火喷涂料，其作用是隔热保温、提高炉体的气密性、保护炉壳钢板等。表 6-20 列出了热风炉用喷涂料理化指标。

表 6-20　热风炉用喷涂料理化指标

项　目	指　标		
	黏土质喷涂料	轻质喷涂料	耐酸喷涂料
	CN-130	CL-130G	MSL-1
$w(Al_2O_3)$/%	≥40	≥35	≥50
$w(Fe_2O_3)$/%			≤0.5
耐火度/℃	≥1530	≥1530	≥1530
体积密度/g·cm^{-3} (1300℃，3h 烧后)	≥1.65	≤1.4	≥1.8

续表6-20

项　目		指　标		
		黏土质喷涂料	轻质喷涂料	耐酸喷涂料
		CN-130	CL-130G	MSL-1
热导率/W·(m·K)⁻¹		≤0.7	350℃，≤0.3	
线变化率/%		−1～+1 (1300℃，4h 烧后)	−1～+1 (1300℃，4h 烧后)	−1～+1 (1300℃，4h 烧后)
耐压强度/MPa			≥15	≥15
抗折强度/MPa	110℃，24h 烘干	≥5	≥3	≥3
	1300℃，3h 烧后	≥0.5	≥0.3	≥2 (酸处理后110℃，24h 烘干)

目前国产 FN-130 喷涂料在理化性能和施工性能上均达到或超过日本的 CN-130G 喷涂料，且价格只有其1/7。现已有 50 余座高炉应用。另外，国产 MS 耐酸质喷涂料也全面达到了日方 MIX-687 指标，价格不到其1/3。其主要性能见表6-21 和表6-22。

表6-21　日本 CN-130G 与国产 FN-130 不定形喷涂料理化性能指标比较

序号	项　目	CN-130G	FN-130
1	耐火度/℃	<1540	1610～1670
2	常温抗压强度/MPa	>20.0	16.0～24.5
3	显气孔率/%	33	40～43
4	烧后体积密度/g·cm⁻³	1.75 (1300℃)	1.66～1.72 (1300℃)
5	烧后线变化率/%	0.85	0.42～0.77
6	热导率/W·(m·K)⁻¹	0.65	0.62
7	热震稳定性/次	12 (1100℃，水冷)	14～18 (1100℃，水冷)
8	使用温度/℃	1300	1300
9	抗折强度/MPa	(1100℃) ≥4　(1300℃) ≥0.3	(1100℃) ≥7.1　(1300℃) ≥1.3～4.8
10	抗压强度/MPa	(1100℃) 25　(1300℃) 25.7	(1100℃) 30.1　(1300℃) 25～31

表6-22　国产 MS-1 性耐酸质喷涂料与日本产 MIX-687 性能对比

牌号	线变化率/%		耐火度/℃	1300℃烧后 容重/g·cm⁻³	抗折强度/MPa		化学成分 w/%		备注
	110℃	1300℃烧后			110℃	酸处理后	Al₂O₃	CaO	
MIX-687	±0.4	±1.0	≥1530		≥1.47	≥0.98	≥35	≤0.5	日方指标
	−0.4～0	−0.4	>1530		1.47～1.96		40～50	≤0.5	日方自检
MS-1	−0.25	−0.71～−0.93	1730～1770	2.25～2.4	6.86～10.78	6.17～7.06	60～65	0.19～0.31	武汉冶建 所检验

D　隔热保温材料

隔热保温材料是指气孔率高、体积密度低、热导率低的耐火材料。在热风炉中应用较多的隔热保温材料有隔热耐火砖、耐火陶瓷纤维毡、聚苯乙烯板等。一些隔热保温材料的技术指标见表6-23。

表 6-23　隔热保温材料理化指标

项　目	普通硅酸铝耐火陶瓷纤维毡	微晶硅酸铝耐火陶瓷纤维毡	多晶莫来石耐火陶瓷纤维毡	聚苯乙烯泡沫板	高强度聚苯乙烯板
	STD	ST	PMF	EP	EPS
$w(Al_2O_3)/\%$	≥45	52~57	60~72		
$w(Al_2O_3+SiO_2)/\%$	≥96	≥99	≥99.5		
$w(Fe_2O_3)/\%$	≤1.2	≤0.2			
$w(K_2O+Na_2O)/\%$	≤0.5	≤0.2			
主晶相			莫来石		
纤维直径/μm	2~4	2~4	2~4		
工作温度/℃	1000	1250	1450		
熔化温度/℃				≤200	≤200
体积密度/g·cm^{-3}	128	128	200	≥15	≥1000

热风炉选用耐火材料主要依据炉内温度分布，通常下部采用黏土砖，中部采用高铝砖，上部高温区为耐高温、抗蠕变的材质如硅砖、低蠕变高铝砖等。我国几座典型热风炉选用的耐火材料见表 6-24。

表 6-24　我国几座典型热风炉选用的耐火材料

高　炉	宝钢2号	宝钢3号	重钢5号	攀钢4号	武钢新3号	首钢2号	首钢4号
拱　顶	蠕变率<0.8%硅砖	蠕变率<0.8%硅砖	高铝砖	蠕变率<0.5%高铝砖	高密度硅砖	低蠕变高铝砖（莫来石-硅线石）	莫来石-硅线石砖
蓄热室大墙上部	硅砖	硅砖	高铝砖	高铝砖	高密度硅砖	低蠕变高铝砖	莫来石-硅线石砖
蓄热室大墙中部	高铝砖	高铝砖	高铝砖	高铝砖	低蠕变硅线石砖	高铝砖	高铝砖
蓄热室大墙下部	黏土砖	黏土砖	黏土砖	黏土砖	黏土砖	黏土砖	黏土砖
格子砖上部	硅砖	硅砖	高铝砖	1550℃蠕变率<1.5%	高密度硅砖	低蠕变高铝砖	低蠕变高铝砖
格子砖中部	高铝砖	高铝砖	高铝砖	高铝砖	低蠕变硅线石砖	高铝砖	高铝砖
格子砖下部	黏土砖	黏土砖	黏土砖	黏土砖	黏土砖	黏土砖	黏土砖
燃烧室大墙中、上部	硅砖	硅砖	高铝砖	高铝砖	莫来石砖		
燃烧室大墙下部	高铝砖	高铝砖	高铝砖	高铝砖	黏土砖		
陶瓷燃烧器材质	上部：堇青石砖下部：黏土砖	上部：堇青石砖下部：黏土砖	磷酸盐耐热混凝土	磷酸盐耐热混凝土		4个短焰燃烧器	3个短焰燃烧器
设计风温/℃	1200~1250	1200~1250	1200	1200	1200	1100~1500	1050~1100

美国热风炉高温部位一般采用硅砖砌筑，蓄热室上部温度高于1420℃的部位采用抗碱性强、导热性好和蓄热量大的方镁石格子砖。日本热风炉用砖处理得比较细致，不同部位选用不同的耐火砖，同时还考虑到耐火材料的高温蠕变性能。热风炉寿命可达到15~20年。日本高炉热风炉用耐火材料的性能及使用部位见表 6-25。

表 6-25 日本高炉热风炉用耐火砖的性能及使用部位

砖种	牌号	$w(Al_2O_3)$ /%	体积密度 /g·cm^{-3}	显气孔率 /%	耐压强度 /MPa	荷重软化温度(T_1) /℃	高温蠕变[①] /%	使用部位
硅砖	S_{21} (高纯)	94~95 (SiO$_2$) >96 (SiO$_2$)	2.31~2.33 (视密度) 同上	19~22 19~21	40~60 45	1610~1620 1620	0~0.5 (1550℃) >0.1 (1550℃)	炉顶,上部的墙和格子砖
高铝砖	CRN-155	76~79	2.65~2.70	16~19	65~90	≥1700	0.4~0.7	燃烧室墙
	CRN-150	81~84	2.75~2.80	17~20	60~80	1630~1660	0.4~0.7	燃烧室墙
	CRN-145	68~71	2.50~2.55	14.5~17.5	70~90	1560~1600	0.3~0.6	炉顶,上部的墙和格子砖
	CRN-140	66~69	2.45~2.50	17~20	55~80	1530~1570	0.3~0.6	炉顶,上部的墙和格子砖
	CRN-135	66~69	2.40~2.45	19~22	45~70	1480~1520	0.3~0.6	中部的墙和格子砖
	CRN-130	≥60	2.35~2.40	18~21	50~70	1450~1500 (T_2)	0.3~0.6	中部的墙和格子砖
	CRN-127	52~55	2.25~2.30	19~22	45~70	1400~1450	0.4~0.7	中部的墙和格子砖
黏土砖	SF-125	—	2.20~2.25	14~19	45~65	1460~1480	0.3~0.7	中部的墙和格子砖
	SF-120	—	2.1~2.2	19~22	40~60	1400~1450	0.3~0.6	中部的墙和格子砖
	SF-115	—	2.10~2.15	20~22	35~55	1370~1400	0.3~0.6	下部的墙和格子砖
	U-7	42~43	2.35~2.40	12~15	60~80	1550~1600	—	烧嘴
硅线石砖	HIMF	75~78	2.55~2.60	23~25	45~65	≥1700	—	烧嘴

① 在 2×98066.5Pa 荷重和保温 50h 的条件下加热,加热温度为牌号中的数字乘以 10℃,即 CRN-155,其温度为 1550℃。

6.4 热风炉阀门

热风炉是高温、高压的装置,其燃料易燃、易爆并且有毒,因此设备必须工作可靠,能够承受高温及高压的作用,所有阀门必须具有良好的密封性;设备结构应尽量简单,便于检修,方便操作;阀门的启闭传动装置均应设有手动操作机构,启闭速度应能满足工艺操作的要求。

根据热风炉周期性工作的特点,可将热风炉设备分为控制燃烧系统的阀门及其装置,以及控制送风系统的阀门两类。

控制燃烧系统的阀门及其装置的作用是把助燃空气及煤气送入热风炉燃烧,并把废气排出热风炉。它们还起着调节煤气和助燃空气的流量,以及调节燃烧温度的作用。当热风炉送风时,燃烧系统的阀门又把煤气管道、助燃空气风机及烟道与热风炉隔开,以保证设备的安全。

送风系统的阀门将冷风送入热风炉,并把热风送到高炉。其中一些阀门还起着调节热风温度的作用。

热风炉设备配置情况如图 6-25 所示。

图 6-25 　外燃式热风炉系统

1—焦炉煤气压力调节阀；2—高炉煤气压力调节阀；3—空气流量调节阀；4—焦炉煤气流量调节阀；
5—高炉煤气流量调节阀；6—空气燃烧阀；7—焦炉煤气阀；8—吹扫阀；9—高炉煤气阀；10—焦炉煤气放散阀；
11—高炉煤气放散阀；12—焦炉煤气燃烧阀；13—高炉煤气燃烧阀；14—热风放散阀；15—热风阀；
16—点火装置；17—燃烧室；18—混合室；19—混风阀；20—混风流量调节阀；21—蓄热室；22—充风阀；
23—废风阀；24—冷风阀；25—烟道阀；26—冷风流量调节阀

　　热风炉燃烧系统的阀门有：空气燃烧阀、高炉煤气燃烧阀、高炉煤气阀、高炉煤气放散阀、焦炉煤气燃烧阀、焦炉煤气阀、吹扫阀、焦炉煤气放散阀、助燃空气流量调节阀、高炉煤气流量调节阀、焦炉煤气流量调节阀及烟道阀等。除高炉煤气放散阀、焦炉煤气放散阀及吹扫阀以外，其余阀门在燃烧期均处于开启状态，在送风期又均处于关闭状态。

　　热风炉送风系统的阀门有：热风阀、冷风阀、混风阀、混风流量调节阀、充风阀、废风阀及冷风流量调节阀等。除充风阀和废风阀外，其余阀门在送风期均处于开启状态，在燃烧期均处于关闭状态。

　　热风阀直径的选择十分重要，在允许条件下用大直径的热风阀，对延长热风阀寿命有好处。热风在热风阀处的实际流速不应高于 75m/s。其他阀门的截面积与热风阀的面积之比有如下关系：

阀门名称	阀门的截面积与热风阀截面积之比
热风阀	1.0
冷风阀	0.8 ~ 1.0
放风阀	1.0 ~ l.2
煤气切断阀	0.7 ~ 1.0
空气燃烧阀	0.7 ~ 1.0
燃烧阀	0.7 ~ 1.0
烟道阀	2.0 ~ 2.8
混风阀	0.3 ~ 0.4
废风阀	0.05 ~ 0.12
充风阀	0.05 ~ 0.12

各调节阀、切断阀直径应与管道直径相适应。

6.4.1 热风阀

热风阀安装在热风出口和热风主管之间的热风短管上。在燃烧期关闭，隔断热风炉和热风管道之间的联系。

热风阀在 900~1300℃ 和 0.5MPa 左右压力的条件下工作，是阀门系统中工作条件最恶劣的设备。一般采用铸钢和锻钢、钢板焊接结构。热风阀的阀板、阀座和阀外壳都通水冷却，在连接法兰的根部设置有水冷圈。为了防止阀体与阀板的金属表面被侵蚀，在非工作表面喷涂不定形耐火材料，这样也可降低热损失。

图 6-26 所示为用于 4000m³ 高炉的全焊接式热风阀，直径为 1800mm，最高风温 1300℃，最大压力 0.5MPa。其特点为：

（1）冷却强度大，冷却水流速 1.5~2.0m/s；

（2）采用薄壁结构，导热性好，寿命长；

（3）阀板、阀座非接触表面喷涂耐火材料；

（4）采用纯水冷却，阀的通水管路内不会结垢。

图 6-26　φ1800mm 热风阀

1—上盖；2—阀箱；3—阀板；4—短管；5—吊环螺钉；6—密封填片；7—防蚀镀锌片；8—排水阀；9—测水阀；10—弯管；11—连接管；12—阀杆；13—金属密封填料；14—弯头；15—标牌；16—防蚀镀锌片；17—连接软管；18—阀箱用不定形耐火料；19—密封用堆焊合金；20—阀体用不定形耐火料；21—阀箱用挂桩；22—阀体用挂桩

6.4.2 切断阀

切断阀用来切断煤气、助燃空气、冷风及烟气。切断阀结构有多种，如闸板阀、曲柄盘式阀、盘式烟道阀等，如图 6-27 所示。

（1）闸板阀如图6-27a所示。闸板阀起快速切断管道的作用，要求闸板与阀座结合严密，不泄漏气体，关闭时一侧接触受压，装置有方向性，可在不超过250℃温度下工作。

（2）曲柄盘式阀。曲柄盘式阀亦称大头阀，也起快速切断管路用，其结构如图6-27b所示。该种阀门常作为冷风阀、混风阀、煤气切断阀、烟道阀等。由于其结构比较笨重，用做燃烧阀时因一侧受热，可能发生变形而降低密封性。

（3）盘式烟道阀。盘式烟道阀装在热风炉与烟道之间，曾普遍用于内燃式热风炉。为了使蓄热室内烟气分布均匀，每座热风炉装有两个烟道阀。其结构如图6-27c所示。

图 6-27　切断阀

a—闸板阀；b—曲柄盘式阀；c—盘式烟道阀

1—阀体；2—阀盖；3—阀盘；4—杠杆；5—曲柄；6—轴；7—阀座

6.4.3 调节阀

一般采用蝶形阀作为调节阀。用来调节煤气流量、助燃空气流量、冷风流量以及混风的冷风流量等。

煤气流量调节阀用来调节进入燃烧器的煤气量。

热风炉采用集中供应助燃空气方式时，需要使用助燃空气流量调节阀调节并联热风炉的风量，以保持入炉热风温度稳定。

混风调节阀用来调节混风的冷风流量，使热风温度稳定。

调节阀只起流量调节作用，不起切断作用。蝶形调节阀结构如图 6-28 所示。

图 6-28　蝶形调节阀结构

1—阀体；2—阀板；3—转动轴；4—滚动轴承；5—轴承座及盖；
6—填料；7—集环；8—给油管；9—油环

6.4.4 充风阀和废风阀

热风炉从燃烧期转换到送风期，当冷风阀上没有设置均压小阀时，在冷风阀打开之前必须使用充风阀提高热风炉内的压力。反之，热风炉从送风期转换到燃烧期时，在烟道阀打开之前需打开废风阀，将热风炉内相当于鼓风压力的压缩空气由废风阀排放掉，以降低炉内压力。

有的热风炉采用闸板阀作为充风阀及废风阀，有的采用角形盘式阀作为废风阀。

图 6-29 所示为国外采用具有调节功能的充风阀。鼓风由左端进入充风阀，当活塞向右移动时，鼓风由活塞缸上的开孔进入热风炉内。其作用犹如放风阀的活塞阀。

这种阀门两侧的压力是平衡的，只需要很小的动力就可以启闭。充风阀具有线性特征，所以很容易控制流量，能适应提高充风流量的要求。

热风炉充风阀直径的选择与换炉时间，换炉时风量和风压的波动，以及高炉鼓风机的控制有关。

图 6-29　新型充风阀
1—阀体；2—电动传动机构；3—活塞；4—活塞缸；5—活塞定位轴

6.4.5　放风阀和消音器

　　放风阀安装在鼓风机与热风炉组之间的冷风管道上，在鼓风机不停止工作的情况下，用放风阀把一部分或全部鼓风排放到大气中的方法来调节入炉风量。

　　放风阀是由蝶形阀和活塞阀用机械连接形式组合的阀门（图 6-30）。送入高炉的风量由蝶形阀调节，当通向高炉的通道被蝶形阀隔断时，连杆连接的活塞将阀壳上通往大气的放气孔打开（图中位置），鼓风从放气孔中逸出。放气孔是倾斜的，活塞环受到均匀磨损。

　　放风时高能量的鼓风激发强烈的噪声，影响劳动环境，危害甚大，放风阀上必须设置消音器。

6.4.6　冷风阀

　　冷风阀是设在冷风支管上的切断阀。当热风炉送风时，打开冷风阀可把高炉鼓风机鼓出的冷风送入热风炉。当热风炉燃烧时，关闭冷风阀，切断了冷风管。因此，当冷风阀关闭时，在闸板一侧上会受到很高的风压，使闸板

图 6-30　放风阀及消音器
1—阀壳；2—活塞；3—连杆；
4—蝶形阀板；5—消音器

压紧阀座，闸板打开困难，故需设置有均压小门或旁通阀。在打开主闸板前，先打开均压小门或旁通阀来均衡主闸板两侧的压力。冷风阀结构如图 6-31 所示。

图 6-31 冷风阀

1—阀盖；2—阀壳；3—小齿轮；4—齿条；5—主闸板；6—小通风闸板；
7—差动减速器；8—电动机

6.5 热风炉计算

一般设计中，要求确定热风炉各部位尺寸，可以通过简易计算。

例题：高炉容积为 1260m³，配备四座热风炉，做热风炉设计。

（1）确定基本参数

1）取单位炉容蓄热面积为 90m²/m³。

2）定热风炉钢壳下部内径为 ϕ7960mm，炉壳及拱顶钢板厚度为 20mm，炉底钢板厚度为 36mm。

（2）确定炉墙结构及热风炉内径

下部：1）大墙厚：345mm；

2）隔热砖（轻质黏土砖）：113mm；

3）填料层（水渣石棉填料）：60mm；

4）不定型喷涂料：40mm；

共计：$345 + 113 + 60 + 40 = 558\text{mm}$

5）热风炉内径：$d_{内} = 7960 - 558 \times 2 = 6.844\text{m}$。

燃烧室隔墙结构：

上部：230 硅砖 + 345 硅砖 + 20 滑动缝

下部：230 高铝砖 + 345 高铝砖 + 20 滑动缝

（3）选燃烧室面积（包括隔墙）

根据经验，选燃烧室面积占热风炉内截面积的 28%

1）热风炉内截面积：$S_{内} = \dfrac{\pi}{4} d_{内}^2 = \dfrac{\pi}{4} \times 6.844^2 = 36.788\text{m}^2$

2）燃烧室面积：$S_{井} = S_{内} \times 28\% = 36.788 \times 28\% = 10.301\text{m}^2$

（4）蓄热室截面积

$$S_{蓄} = S_{内} - S_{井} = 36.788 - 10.301 = 26.487\text{m}^2$$

（5）选格子砖

选七孔砖，格孔直径为 $\phi43$，查表知 1m^3 格子砖加热面积：$f_{七} = 38.06\text{m}^2/\text{m}^3$

（6）蓄热室加热面积

1）四座热风炉总蓄热面积：$1260 \times 90 = 113400\text{m}^2$

2）一座热风炉蓄热面积：$113400 \div 4 = 28350\text{m}^2$

（7）1m 高蓄热室加热面积

$$1 \times 26.487 \times 38.06 = 1008.095\text{m}^2$$

（8）蓄热室高度

$$h_{蓄} = \frac{\text{一座热风炉加热面积}}{1\text{m 高蓄热室加热面积}} = \frac{28350}{1008.095} = 28.122\text{m}$$

（9）拱顶高度：采用锥球形（图 6-32）

图 6-32　锥球形拱顶

热风炉拱脚内径：$d_{拱脚} = 7960 - 2 \times 40 = 7880\text{mm}$

据经验：

$$H_{拱} = 0.60 d_{拱脚} = 0.60 \times 7.88 = 4.728\text{m}$$

拱顶由球冠和圆锥台组成，具体尺寸如下：

据经验：球冠弦长 $L_1 = 0.45 d_{拱脚} = 0.45 \times 7.88 = 3.546\text{m}$

球冠圆心角为 120°；圆锥斜边与水平面夹角为 60°。

（10）热风炉全高及高径比

支柱及炉算子高：$2.0 + 0.5 = 2.5\text{m}$

燃烧室比蓄热室高：0.4m

大墙比燃烧室高：1.2m

拱顶砖衬：400 高铝砖 $+ 230$ 轻质高铝砖 $+ 113$ 硅藻土砖 $+ 40$ 喷涂层 $= 0.783\text{m}$

则：

$$H_\text{全} = 2.5 + 0.4 + 1.2 + 28.122 + 4.728 + 0.783 + 0.020 + 0.036 = 37.789\text{m}$$

校核：$\dfrac{H_\text{全}}{d_\text{外}} = \dfrac{37.789}{7.96 + 2 \times 20} = 4.72$ 符合要求

6.6 悬链线拱顶计算

所谓热风炉悬链线拱顶，是指耐火砖砌体的内轮廓线（或外轮廓线）是一条悬链线。悬链线是指一根均匀的、柔软的而又不能伸长的绳索，当两端固定，绳索在自身的重力的作用下，处于平衡状态时自然形成的一条曲线。它的数学表达式：

$$y = a \cdot \text{ch} \frac{x}{a} = \frac{a}{2}(\text{e}^{\frac{x}{a}} + \text{e}^{-\frac{x}{a}}) \tag{6-15}$$

式中，a 与 x 值相对应，a 值的变化决定着悬链线的开度，各点的曲率半径也随之变化。悬链线如图 6-33 所示。

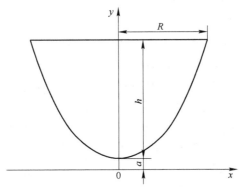

图 6-33 悬链线示意图

例如，在设计 1260m^3 高炉的热风炉时，选择热风炉拱高（h）与拱顶张开度（$2R = 7760$）一半的比值为 $9.84:8$。

当 $x = R$ 时， $y = a \cdot \text{ch} \dfrac{R}{a} = a + h$

即 $a \cdot \text{ch} \dfrac{R}{a} - a - h = 0$

解方程求出 a 值，则标准悬链线方程就定下来了。由于此方程为双曲函数，不易直接求解，故用牛顿迭代法求解方程式中 a 值，令

$$f(a) = a \cdot \text{ch} \frac{R}{a} - a - h$$

求导数 $$f'(a) = \text{ch}\frac{R}{a} - \frac{R}{a}\text{sh}\frac{R}{a} - 1$$

赋初值为 $a_0 = 2000$ ，则

$$a_1 = a_0 - \frac{f(a_0)}{f'(a_0)}$$

$$a_2 = a_1 - \frac{f(a_1)}{f'(a_1)}$$

$$\vdots$$

$$a_n = a_{n-1} - \frac{f(a_{n-1})}{f'(a_{n-1})}$$

直到 $|a_n - a_{n-1}| < 0.001$ 即可，经过计算机多次的迭代运算，得出 $a \approx 2087.258$。因此拱顶内轮廓线方程为

$$y = 2087.258\text{ch}\frac{x}{2087.258}$$

选取拱顶砌砖厚度为 400mm，经过一定的数学推导，可以得到拱顶外轮廓线方程。

当拱顶的内、外轮廓线方程确定之后，便可以进行竖直方向砖型的计算。在 $y = 2087.258\text{ch}\dfrac{x}{2087.258}$ 上取 $x = R = 3880$ mm，作为起点 A（图 6-34）进行计算，并取 $AB = 100$ mm，通过 A 及 B 点内轮廓线的法线，相交于 $y = f_1(x)$ 的 A_1、B_1 点，通过 A、B、B_1、A_1 4 点坐标值计算出竖直方向上第一块砖的尺寸，同样按照上述方法，可以求出竖直方向上所有砖型的尺寸。

图 6-34　悬链线拱顶砖型计算示意图

计算结果表明，由于悬链线各点的曲率半径是不相同的，因此在选取内端小头尺寸（AB）一定的情况下，外端大头尺寸（A_1B_1）是各不相同的。为了减少砖型种类，对砖型尺寸应进行适当调整，把整个拱顶归纳为若干区段，在每一区段内，采用相同的尺寸。水平方向砖型尺寸的确定，与球形拱顶计算方法一样，用两种砖型进行配砌。热风炉设计中，竖直方向上分为 8 个区段，整个热风炉拱顶采用 16 种砖型即可满足要求。

6.7　提高风温的途径

近代高炉冶炼，由于原燃料条件的改善和喷煤技术的发展，具备了接受高风温的可能性。目前大型高炉设计风温多在 1200~1350℃。获得高风温的主要途径是改进热风炉的结构和操作。提高风温有以下几个途径：

（1）增加蓄热面积。高炉每 1m³ 有效容积所具有的热风炉蓄热面积，是获得高风温的重要条件。近代大型高炉多采用 3~4 座热风炉，蓄热面积由过去的 50~60m²/m³ 增加到 100~120m²/m³，甚至更高。

（2）采用高效率格子砖。蓄热室格子砖的热工参数主要取决于煤气净化程度、蓄热室的允许压力损失以及预定的燃烧制度和送风制度。格子砖的主要参数包括：单位体积的蓄

热面积、单位体积格子砖的质量、孔道直径、当量厚度和有效通道面积。缩小孔道直径，可以减小当量厚度，增大单位体积的蓄热面积。

（3）提高煤气热值。随着高炉生产水平的提高，燃料比逐渐降低，高炉煤气的发热值也随之降低。这就存在一矛盾，高炉生产时要降低煤气中 CO 含量，以提高煤气的利用率，而热风炉则希望煤气中 CO 含量高些，提高煤气的发热值，为了解决这一矛盾，保证热风炉的风温水平，就要提高高发热值燃料的比例。简单易行的方法是在高炉煤气中混入焦炉煤气或天然气。另外，高炉煤气除尘系统采用干法除尘时，也可以提高高炉煤气的发热值。

（4）预热助燃空气和煤气。拱顶温度是决定热风炉风温水平的重要参数之一。为了获得高的拱顶温度，一般采用预热助燃空气和煤气的方法。

采用焦炉煤气或天然气富化低热值高炉煤气简单易行，国内外许多高风温热风炉曾采用这种方法，但由于焦炉煤气和天然气价格昂贵，不是提高风温的良好途径。利用热风炉烟道废气预热助燃空气和煤气是经济而可行的，有利于能源的二次利用，目前国内许多钢铁企业已经采用这种方法，并且取得了良好的经济效益。

利用热风炉烟道废气预热助燃空气和煤气的形式有多种，如热管式换热器、热媒式换热器等，详见第 10 章。

（5）控制空气过剩系数。在保证煤气完全燃烧的条件下，控制空气过剩系数于最小值，可以获得最高的理论燃烧温度，并且可以减少烟气生成量，进而减少烟气带走的热量。

6.8 热风炉操作制度

热风炉一个工作周期包括燃烧、送风和换炉三个过程。在一个工作周期内，热风炉内温度周期性的变化。

热风炉操作制度包括燃烧操作制度、送风操作制度和换炉操作制度。

6.8.1 热风炉燃烧操作制度

热风炉的燃烧操作制度有三种：固定空气量，调节煤气量；固定煤气量，调节空气量；煤气量和空气量同时调节。三种燃烧操作制度的比较见表 6-26。

表 6-26 三种燃烧操作制度的比较

固定空气量，调节煤气量	固定煤气量，调节空气量	空气量和煤气量同时调节
（1）整个燃烧期煤气量固定不变； （2）当拱顶温度达到规定值时，以增加空气量来控制拱顶温度； （3）因废气量大，流速大有利于对流传热	（1）当炉顶温度达到规定值时，以减少煤气量来控制炉顶温度； （2）因废气量减少，不利于传热和热交换的强化，蓄热能力差	（1）燃烧初期采用最大煤气量和适当的空燃比燃烧，当拱顶温度达到规定值时，同时减少空气量和煤气量来维持拱顶温度； （2）适合自动燃烧，既能使热风炉蓄热合理，又能节约燃料

热风炉燃烧制度的选择原则为：

（1）结合热风炉设备的具体情况，充分发挥助燃风机、煤气管网的能力；

（2）在允许范围内最大限度地增加热风炉蓄热量，利于提高风温；

（3）燃烧完全，热损小，效率高，降低能耗。

6.8.2 热风炉送风操作制度

当高炉配备3座热风炉时，送风制度有：两烧一送；一烧两送；半并联交叉。当高炉配备4座热风炉时，送风制度有：三烧一送；并联（两烧两送）；交叉并联。如图6-35所示。各种送风制度的比较见表6-27。

表6-27 各种送风制度的比较

送风制度	适 用 范 围	热风温度	热效率	煤气耗量
两烧一送	3座热风炉时常用	波动稍大，难提高	低	多
一烧两送	燃烧期短，需燃烧器能力足够大，控制废气温度	波动较小，能提高	最高	最少
半并联交叉	燃烧器能力较大，控制废气温度	波动较小，平均值提高	高	少
三烧一送	燃烧器能力不足	波动较小，能提高	最低	最多
并 联	燃烧器能力大	波动稍大，难提高	较高	较多
交叉并联	4座热风炉时常用	波动较小，平均值提高	高	少

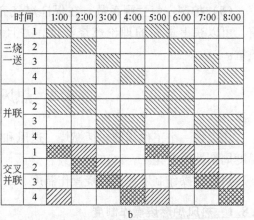

图6-35 热风炉送风制度示意图

a—3座热风炉；*b*—4座热风炉

送风制度的选择原则为：

（1）根据热风炉座数和蓄热面积；

（2）助燃风机和煤气管网能力；

（3）高炉对风温、风量的要求；

（4）发挥热风炉设备的潜力并保证热风炉设备安全；

（5）利于提高风温和热效率；

（6）降低能耗。

大型高炉多设置4座热风炉，几乎都采用交叉并联送风，即两座热风炉同时送风，其中一座热风炉送风温度高于指定风温（后行炉），另一座热风炉送风温度低于指定风温（先行炉）。进入两座热风炉的风量由设在冷风阀前的冷风调节阀控制，因此，是理想状态下的交叉送风，混风调节阀用来调节换炉时的风温波动。中小型高炉若热风炉能力有富余可采用一烧两送制，这样在相同废气温度条件下可提高风温，或在相同风温时降低废气温度，缩短燃烧期，减少总煤气用量，但需增大单位时间内的燃烧煤气量。

交叉并联送风时，由于先行炉可在低于指定风温条件下送风，因此蓄热室格子砖的周期温差大，蓄热室的有效蓄热能力增加，燃烧期热交换效率提高，废气温度降低。交叉并联送风比单送风可提高风温 20～40℃，据日本君津四号高炉经验，热效率可提高 10%。这样，在相同的热负荷条件下，可以降低拱顶温度，如果维持相同的拱顶温度，则可以提高风温。

6.8.3　热风炉换炉操作制度

热风炉结构形式和使用燃料不同，换炉操作制度也不同。具有代表性的基本换炉程序见表 6-28。

表 6-28　热风炉基本换炉程序

燃烧转送风		送风转燃烧	
停止烧炉	送风	停止送风	燃烧
（1）关焦炉煤气阀或者适当减少用量（指烧混合煤气的热风炉）； （2）关小助燃风机拨风板（指集中鼓风的热风炉）； （3）关煤气调节阀； （4）关煤气闸阀； （5）关空气调节阀（集中鼓风的炉子应关空气调节阀）； （6）关煤气燃烧阀； （7）开煤气安全放散阀； （8）关空气阀； （9）关烟道阀	（1）逐渐开冷风均压阀； （2）开热风阀； （3）开冷风阀	（1）关冷风阀； （2）关热风阀； （3）开废气阀，放尽废气即关	（1）开烟道阀，关废气阀； （2）小开助燃空气调节阀、煤气调节阀； （3）开助燃空气阀； （4）开煤气燃烧阀； （5）开煤气闸阀； （6）开大助燃风机入口调节阀（单炉鼓风应启动风机）； （7）开大空气调节阀和煤气调节阀； （8）开助燃空气混风调节阀，使助燃空气达到规定的温度

6.8.4　高炉休风及送风操作

6.8.4.1　倒流休风及送风

高炉的倒流休风是指在高炉休风时，用设在热风炉管道上的倒流管道把炉缸内的残余煤气抽出的过程，称为倒流休风。倒流休风、送风操作程序见表 6-29。

表 6-29　倒流休风、送风操作程序

休风	送风
（1）关混风阀（冷风大阀）； （2）关热风阀； （3）关冷风阀； （4）开废风阀，放净废风； （5）开倒流阀，进行煤气倒流	（1）关倒流阀； （2）开冷风阀； （3）开热风阀

6.8.4.2　不倒流休风及送风

高炉休风时不需要倒流的，将倒流休风、送风程序中的开、关倒流阀的程序取消即可。

6.8.5　热风炉的自动控制

热风炉自动控制的目的是为了充分发挥热风炉的设备能力，提高热效率，包括燃烧自动控制、换炉自动控制和风温自动制度。

6.8.5.1　燃烧自动控制

燃烧自动控制所控制的变量包括煤气热值、煤气压力、煤气流量和助燃空气过剩系数，以及拱顶温度、废气温度等，使燃烧处于最佳状态。有三种控制方法：

（1）定时燃烧方式：控制一定的燃烧时间。这种控制方法较为简单，但是由于煤气的成分不同，其热值不同，同样的燃烧时间拱顶温度不同，导致送风期送风温度不同；再者，热风炉的热效率随时间而变化，因此这是一种不甚完善的方法。

（2）定温燃烧方式：根据拱顶温度、废气温度和蓄热室下部温度判定蓄热状态，控制其燃烧方式，是目前普遍采用的控制方式。

（3）热量控制燃烧方式：控制加入炉内的热量，即在控制燃烧热值的同时，监视拱顶温度、废气温度，这是一种比较理想的控制方式。

6.8.5.2　换炉自动控制

换炉自动控制是按预定的程序，控制热风炉各阀门和助燃风机的动作。换炉操作可分为手动、半自动和自动三种。现代大型热风炉换炉多已实现全自动操作。根据人工设定的时间或者由计算机根据热风炉状态发出换炉指令，热风炉各阀门及助燃风机按给定的程序进行动作。一般设计时要考虑自动控制和手动控制两种，当自动控制系统发生故障时，可以采用手动操作，使热风炉仍能正常工作。

6.8.5.3　风温自动控制

由于送风和混风方式不同，风温自动控制方式有所不同。在交叉并联操作中，可以由风温调节器来控制每座热风炉的冷风调节阀的开度，调整两座热风炉的风量比例控制风温。也有的考虑到冷风调节阀直径太大，调节风量比较困难，因而有些热风炉不控制冷风调节阀，而是在两座热风炉送风量相等的情况下，通过控制混风阀调节风温。

6.8.5.4　热风炉计算机控制

热风炉操作需要严格控制操作参数，诸如煤气热值、助燃空气和煤气的比例、拱顶温度、火焰温度、废气温度及成分等，用计算机迅速计算热风炉的热状态，然后向各控制系统发出操作给定值，以期获得最高热效率和最经济的指标，这些就是用计算机控制热风炉所要解决的问题。目前世界各国在热风炉控制的数学模型研究中做了大量工作，燃烧控制大多已实现了计算机控制，但是由于热工计算的复杂性，用计算机控制换炉还有待进一步研究。

7 高炉喷吹煤粉系统

高炉经风口喷吹煤粉是节焦和改进冶炼工艺最有效的措施之一。不仅可以代替日益紧缺的焦炭，而且有利于改进冶炼工艺：扩展风口前的回旋区，缩小呆滞区；降低风口前的理论燃烧温度，有利于提高风温和采用富氧鼓风，特别是喷吹煤粉和富氧鼓风相结合，在节焦和增产两方面都能取得非常好的效果；可以提高 CO 的利用率，提高炉内煤气含氢量，改善还原过程等等。总之，高炉喷煤既有利于节焦增产，又有利于改进高炉冶炼工艺和促进高炉顺行，受到世界各国的普遍重视。

高炉喷煤系统主要由原煤储运、煤粉制备、煤粉喷吹、热烟气和供气等几部分组成，其工艺流程如图 7-1 所示。

图 7-1 高炉喷煤系统工艺流程

原煤储运系统：原煤用汽车或火车运至原煤场进行堆放、储存、破碎、筛分及去除其中金属杂物等，同时将过湿的原煤进行自然干燥。根据总图布置的远近，用皮带机将原煤送入煤粉制备系统的原煤仓内。

煤粉制备系统：将原煤经过磨碎和干燥制成煤粉，再将煤粉从干燥气中分离出来存入煤粉仓内。

煤粉喷吹系统：在喷吹罐组内充以氮气，再用压缩空气将煤粉经输送管道和喷枪喷入高炉风口。根据现场情况，喷吹罐组可布置在制粉系统的煤粉仓下面，直接将煤粉喷入高炉；也可布置在高炉附近，用设在制粉系统煤粉仓下面的仓式泵，将煤粉输送到高炉附近的喷吹罐组内。

热烟气系统：将高炉煤气在燃烧炉内燃烧生成的热烟气送入制粉系统，用来干燥煤粉。为了降低干燥气中含氧量，现多采用热风炉烟道废气与燃烧炉热烟气的混合气体作为制粉系统的干燥气。

供气系统：供给整个喷煤系统的压缩空气、氮气、氧气及少量的蒸汽。压缩空气用于输送煤粉，氮气用于烟煤制备和喷吹系统的气氛惰化，蒸汽用于设备保温。

7.1 煤粉的制备

煤粉的制备是指通过磨煤机将原煤加工成粒度及水分含量均符合高炉喷煤要求的煤粉的工艺过程。高炉喷吹系统对煤粉的要求是：粒径小于 $74\mu m$ 的占 80% 以上，水分不大于 1%。根据磨煤设备可分为球磨机制粉工艺和中速磨制粉工艺两种。

7.1.1　球磨机制粉工艺

图 7-2a 所示为 20 世纪 80 年代广为采用的球磨机制粉工艺流程。原煤仓 1 中的原煤由给煤机 2 送入球磨机 9 内进行研磨。干燥气经切断阀 14 和调节阀 15 送入球磨机，干燥气温度通过冷风调节阀 13 调节混入的冷风量来实现，干燥气的用量通过调节阀 15 进行调节。

干燥气和煤粉混合物中的木屑及其他大块杂物被木屑分离器 10 捕捉后由人工清理。煤粉随干燥气垂直上升，经粗粉分离器 11 分离，分离后不合格的粗粉返回球磨机再次碾磨，合格的细粉再经一级旋风分离器 4 和二级旋风分离器 5 进行气粉分离，分离出来的煤粉经锁气器 12 落入煤粉仓 8 中，尾气经袋式收粉器 6 过滤后由二次风机排入大气。

一次风机出口至球磨机入口之间的连接管称为返风管。设置此管的目的是利用干燥气余热提高球磨机入口温度和在风速不变的情况下减轻袋式收粉器的负荷，但生产实践证明此目的并没有达到。

图 7-2　球磨机制粉工艺流程

1—原煤仓；2—给煤机；3——次风机；4——级旋风分离器；5—二级旋风分离器；6—袋式收粉器；7—二次风机；
8—煤粉仓；9—球磨机；10—木屑分离器；11—粗粉分离器；12—锁气器；13—冷风调节阀；
14—切断阀；15—调节阀；16—旋风分离器；17—排粉风机

此流程要求一次风机前常压运行，一次风机后负压运行，在实际生产中很难控制，因此，在 20 世纪 90 年代初很多厂家对上述工艺流程进行了改造，改造后的工艺流程如图 7-2b 所示。改造的主要内容有：（1）取消一次风机，使整个系统负压运行；（2）取消返风管，减少煤粉爆炸点；（3）取消二级旋风分离器或完全取消旋风分离器。改造后大大简化了工艺流程，减小了系统阻力损失，减少了设备故障点。

7.1.2　中速磨制粉工艺

目前新建高炉普遍采用中速磨制粉工艺，其工艺流程如图 7-3 所示。原煤仓中的原煤经给煤机送入中速磨中进行碾磨，干燥气用于干燥中速磨内的原煤，冷风用于调节干燥气的温度。中速磨煤机本身带有粗粉分离器，从中速磨出来的气粉混合物直接进入袋式收粉器，被捕捉的煤粉落入煤粉仓，尾气经排粉风机排入大气。中速磨不能磨碎的粗硬煤粒从主机下部的清渣孔排出。

按磨制的煤种可分为烟煤制粉工艺、无烟煤制粉工艺和烟煤与无烟煤混合制粉工艺，三种工艺流程基本相同。基于防爆要求，烟煤制粉工艺和烟煤与无烟煤混合制粉工艺增加以下几个系统：

（1）氮气系统：用于惰化系统气氛。（2）热风炉烟道废气引入系统：将热风炉烟道废气作为干燥气，以降低气氛中含氧量。（3）系统内 O_2、CO 含量的监测系统：当系统内 O_2 含量及 CO 含量超过某一范围时报警并采取相应措施。烟煤和无烟煤混合制粉工艺增加配煤设施，以调节烟煤和无烟煤的混合比例。

图 7-3　中速磨制粉工艺流程

7.1.3　煤粉制备主要设备

7.1.3.1　磨煤机

根据磨煤机的转速可以分为低速磨煤机和中速磨煤机。低速磨煤机又称钢球磨煤机或球磨机，筒体转速为 16～25r/min。中速磨煤机转速为 50～300r/min，中速磨优于钢球磨，是目前新建制粉系统广泛采用的磨煤机。

A　球磨机

球磨机是 20 世纪 80 年代建设的制粉系统广泛采用的磨煤机，其结构如图 7-4 所示。

图 7-4　球磨机结构示意图

球磨机主体是一个大圆筒筒体，筒内镶有波纹形锰钢钢瓦，钢瓦与筒体间夹有隔热石棉板，筒外包有隔声毛毡，毛毡外面是用薄钢板制作的外壳。筒体两头的端盖上装有空心轴，它由大瓦支承。空心轴与进、出口短管相接，内壁有螺旋槽，螺旋槽能使空心轴内的钢球或煤块返回筒内。

圆筒的转速应适宜，如果转速过快，钢球在离心力作用下紧贴圆筒内壁而不能落下，致使原煤无法磨碎。相反，如果转速过慢，会因钢球提升高度不够而减弱磨煤作用，降低球磨机的效率。

当钢球获得的离心力等于钢球自身的重力时，筒体的转速称为临界转速 $n_{临}$（r/min）。根据力的平衡可以得到理论临界转速的计算式：

$$n_{临} = \frac{30}{\pi}\sqrt{\frac{g}{R}} \qquad\qquad (7-1)$$

式中　R——筒体内半径，m；

　　　g——重力加速度，$9.8 m/s^2$。

由式（7-1）可知，临界转速取决于筒体内半径 R，而与钢球质量无关。筒体内半径越小，临界转速越大。在正常生产时，筒体转速应略低于理论临界转速。

生产实践证明，磨煤机能力最强时圆筒的最佳转速为：

$$n_{佳} = 0.76 n_{临} \qquad\qquad (7-2)$$

球磨机中钢球是沿筒体长度方向均匀分布的，因此筒体出口端煤粒被钢球磨碎的机会比入口端多，煤粉的均匀性指数较差。

球磨机的优点是：对原煤品种的要求不高，可以磨制各种不同硬度的煤种，并且能长时间连续运行，因此短期内不会被淘汰。其缺点是：设备笨重，系统复杂，建设投资高，金属消耗多，噪声大，电耗高，并且即使在断煤的情况下球磨机的电耗也不会明显下降。

B　中速磨煤机

中速磨煤机是目前新建制粉系统普遍采用的磨煤机，主要有三种结构形式——平盘磨、碗式磨和 MPS 磨。

中速磨具有结构紧凑、占地面积小、基建投资低、噪声小、耗水量小、金属消耗少和磨煤电耗低等优点。中速磨在低负荷运行时电耗明显下降，单位煤粉耗电量增加不多，当配用回转式粗粉分离器时，煤粉均匀性好，均匀指数高。中速磨的缺点是磨煤元件易磨损，尤其是平盘磨和碗式磨的磨煤能力随零件的磨损明显下降。由于磨煤机干燥气的温度不能太高，因此，磨制含水分高的原煤较为困难。另外，中速磨不能磨硬质煤，原煤中的铁件和其他杂物必须全部去除。

中速磨转速过低时磨煤能力低，转速过快时煤粉粒度过粗，因此转速要适宜，以获得最佳效果。

a　平盘磨

图 7-5 所示为平盘磨结构示意图，转盘和辊子是平盘磨的主要部件。电动机通过减速器带动转盘旋转，转盘带动辊子转动，煤在转盘和辊子之间被研磨，主要是依靠碾压作用进行磨煤的。碾压煤的压力包括辊子的自重和弹簧拉紧力。

原煤由落煤管送到转盘的中部，依靠转盘转动产生的离心力使煤连续不断地向转盘边缘移动，煤在通过辊子下面时被碾碎。转盘边缘上装有一圈挡环，可防止煤从转盘上直接滑落出去，挡环还能保持转盘上有一定厚度的煤层，提高磨煤效率。

干燥气从风道引入风室后，以大于 35m/s 的速度通过转盘周围的环形风道进入转盘上部。由于气流的卷吸作用，将煤粉带入磨煤机上部的粗粉分离器，过粗的煤粉被分离后又直接回到转盘上重新磨制。在转盘的周围还装有一圈随转盘一起转动的叶片，叶片的作用是扰动气流，使合格煤粉进入磨煤机上部的粗粉分离器。

此种磨煤机装有 2~3 个锥形辊子，辊子有效深度约为磨盘外径的 20%，辊子轴线与水平盘面的倾斜角一般为 15°，辊子上套有用耐磨钢制成的辊套，转盘上装有用耐磨钢制成的衬板。辊子和转盘磨损到一定程度时就应更换辊套和衬板，弹簧拉紧力要根据煤的软硬程度进行适当的调整。

为了保证转动部件的润滑，此种磨煤机的进风温度一般应小于 300~350℃。干燥气通过环形风道时应保持稍高的风速，以便托住从转盘边缘落下的煤粒。国产平盘磨的型号和规格列于表7-1。

图 7-5 平盘磨结构示意图
1—原煤入口；2—气粉出口；3—弹簧；
4—辊子；5—挡环；6—干燥气通道；7—气室；
8—干燥入口；9—减速箱；10—转盘

表7-1 国产平盘磨规格型号

型　号		PZM1600/1380	PZM1400/1200	PZM1250/980	PZM950/815
铭牌出力/t·h⁻¹		20	16	7~12	4~6
磨盘	直径/m	1.60	1.40	1.25	0.95
	转速/r·min⁻¹	50	50	50	
	圆周速度/m·s⁻¹	4.18	3.66	2.26	
辊子	大头直径/m	1.38	1.2	0.98	0.815
	数量/个	2	2	3	3
电动机	型　号	JSQ1410-6	JSQ128-6	JSI16-4	JO₃2505-4
	功率/kW	380	190	155	75

b 碗式磨

此种磨煤机由辊子和碗形磨盘组成，故称碗式磨，沿钢碗圆周布置三个辊子。钢碗由电机经涡轮蜗杆减速装置驱动，做圆周运动。弹簧压力压在辊子上，原煤在辊子与钢碗壁之间被磨碎，煤粉从钢碗边溢出后即被干燥气带入上部的煤粉分离器，合格煤粉被带出磨煤机，粒度较粗的煤粉再次落入碾磨区进行碾磨，原煤在被碾磨的同时被干燥气干燥。难以磨碎的异物落入磨煤机底部，由随同钢碗一起旋转的刮板扫至杂物排放口，并定时排出磨煤机体外。碗式磨煤机结构如图7-6所示。

表7-2列出了国产151型碗式磨煤机的技术性能。表7-3为德国产RP型碗式磨煤机规格。

表7-2　国产151型碗式磨煤机的技术性能

铭牌出力 /t·h^{-1}	钢碗直径 /m	转速 /r·min^{-1}	钢碗周速 /m·s^{-1}	辊筒大头 直径/ m	辊筒数 /个	电动机功率 /kW	电机型号
15	1.55	87	7.1	0.575	3	185	JS127-6

表7-3　德国产RP型碗式磨煤机规格

型号 RP	523	603	703	743	863	903	1003	1083	1103	1203
铭牌出力/t·h^{-1}	10.9	16.7	26.3	31.1	48.0	55	68	87	91	114
电动机功率/kW	100	145	230	270	416	446	562	710	740	925

c　MPS磨煤机

MPS型辊式磨煤机结构示意图如图7-7所示。该机属于辊与环结构，与其他形式的中速磨煤机相比，具有出力大和碾磨件使用寿命长，磨煤电耗低，设备可靠以及运行平稳等特点。新建的中速磨制粉系统采用这种磨煤机的较多。它配置三个大磨辊，磨辊的位置固定，互成120°角，与垂直线的倾角为12°~15°，在主动旋转着的磨盘上随着转动，在转动时还有一定程度的摆动。磨碎煤粉的碾磨力可以通过液压弹簧系统调节。原煤的磨碎和干燥借助干燥气的流动来完成的，干燥气通过喷嘴环以70~90m/s的速度进入磨盘周围，用于干燥原煤，并且提供将煤粉输送到粗粉分离器的能量。合格的细颗粒煤粉经过粗粉分

图7-6　碗磨结构示意图　　　　　　　图7-7　MPS磨煤机结构示意图

1—气粉出口；2—耳轴；3—调整螺丝；4—弹簧；　　　1—煤粉出口；2—原煤入口；3—压紧环；4—弹簧；
5—干燥气入口；6—刮板；7—杂物排放口；8—转动轴；　　5—压环；6—滚子；7—磨辊；8—干燥气入口；9—刮板；
9—钢碗；10—衬圈；11—辊子；12—原煤入口　　　　10—磨盘；11—磨环；12—拉紧钢丝绳；13—粗粉分离器

离器被送出磨煤机，粗颗粒煤粉则再次跌落到磨盘上重新碾磨。原煤中较大颗粒的杂质可通过喷嘴口落到机壳底座上经刮板机构刮落到排渣箱中。煤粉粒度可以通过粗粉分离器挡板的开度进行调节，煤粉越细，能耗越高。在低负荷运行时，同样的煤粉粒度，单位煤粉的能耗会提高。

7.1.3.2 给煤机

给煤机位于原煤仓下面，用于向磨煤机提供原煤，目前常用埋刮板给煤机。图 7-8 所示为埋刮板给煤机结构示意图。此种给煤机便于密封，可多点受料和多点出料，并能调节刮板运行速度和输料厚度，能够发送断煤信号。

图 7-8　埋刮板给煤机结构示意图

1—进料口；2—壳体；3—刮板；4—星轮；5—出料口

埋刮板给煤机由链轮、链条和壳体组成。壳体内有上下两组支承链条滑移的轨道和控制料层厚度的调节板，刮板装在链条上，壳体上下设有一个或数个进出料口和一台链条松紧器。链条由电动机通过减速器驱动。原煤经进料口穿过上刮板落入底部后由下部的刮板带走。埋刮板给煤机对原煤的要求较严，不允许有铁件和其他大块夹杂物，因此在原煤储运过程中要增设除铁器，去除其中的金属器件。

7.1.3.3 煤粉收集设备

A 粗粉分离器

由于干燥气和煤粉颗粒相互碰撞，使得从磨煤机中带出的煤粉粒度粗细混杂。为避免煤粉过粗，在低速磨煤机的后面通常设置粗粉分离器，其作用是把过粗的煤粉分离出来，再返回球磨机重新磨制。

目前采用的粗粉分离器形式很多，工作原理大致有以下四种：

（1）重力分离。其原理是气流在垂直上升的过程中，当流入截面较大的空间时，气流速度降低，减小对煤粉的浮力，大颗粒的煤粉随即分离沉降。

（2）惯性分离。在气流拐弯时，利用煤粉的惯性力把粗粉分离出来，即惯性分离。惯性是物体保持原来运动速度和方向的特性；而惯性力的大小与物体运动的速度、质量有关，速度越快，质量越大，惯性力也就越大。在同样的流速下，大颗粒煤粉容易脱离气流而分离出来。

（3）离心分离。粗颗粒煤粉在旋转运动中依靠其离心力从气流中分离出来，称为离心分离。实际上这种方式仍属惯性分离，气流沿圆形容器做圆周运动时，由于大颗粒煤粉具有较大的离心力而首先被分离出来。

（4）撞击分离。利用撞击使粗颗粒煤粉从气流中分离出来，称为撞击分离。当气流中的煤粉颗粒受撞击时，由于粗颗粒煤粉首先失去继续前进的动能而被分离出来，细颗粒煤粉随气流方向继续前进。

B　PPCS 气箱式脉冲袋式收粉器

新建煤粉制备系统一般采用 PPCS 气箱式脉冲袋式收粉器一次收粉，简化了制粉系统工艺流程。PPCS 气箱式脉冲袋式收粉器由灰斗、排灰装置、脉冲清灰系统等组成。箱体由多个室组成，每个室配有两个脉冲阀和一个带气缸的提升阀。进气口与灰斗相通，出风口通过提升阀与清洁气体室相通，脉冲阀通过管道与储气罐相连，外侧装有电加热器、温度计、料位控制器等，在箱体后面每个室都装有一个防爆门。

PPCS 气箱式脉冲袋式收粉器的工作原理如图 7-9 所示，当气体和煤粉的混合物由进风口进入灰斗后，一部分凝结的煤粉和较粗颗粒的煤粉由于惯性碰撞，自然沉积到灰斗上，细颗粒煤粉随气流上升进入袋室，经滤袋过滤后，煤粉被阻留在滤袋外侧，净化后的气体由滤袋内部进入箱体，再经阀板孔、出口排出，达到收集煤粉的作用。随着过滤的不断进行，滤袋外侧的煤粉逐渐增多，阻力逐渐提高，当达到设定阻力值或一定时间间隔时，清灰程序控制器发出清灰指令。首先关闭提升阀，切断气源，停止该室过滤，再打开电磁脉冲阀，向滤袋内喷入高压气体——氮气或压缩空气，以清除滤袋外表面捕集的煤粉。清灰完毕，再次打开提升阀，进入工作状态。上述清灰过程是逐室进行的，互不干扰，当一个室清灰时，其他室照常工作。部分 PPCS 气箱式脉冲袋式收粉器的技术性能见表 7-4。

图 7-9　PPCS 气箱式脉冲袋式收粉器的工作原理示意图
1—提升阀；2—脉冲阀；3—阀板；4—隔板；5—滤袋及袋笼；6—灰斗；7—叶轮给煤机或螺旋输送机

一个室从清灰开始到结束，称为一个清灰过程，一般为 3~10s。从一个室清灰开始到该室下一次清灰开始之间的时间间隔称为清灰周期，清灰周期的长短取决于煤粉浓度、过滤风速等条件，可以根据工作条件选择清灰周期。从一个室的清灰结束到另外一个室的清灰开始，称为室清灰间隔。

表 7-4　PPCS 气箱式脉冲袋式收粉器的技术性能

型　号	处理风量 /$m^3 \cdot h^{-1}$	室数/个	滤袋总数 /条	总过滤面积 /m^2	入口煤粉浓度/$g \cdot m^{-3}$	出口煤粉浓度/$g \cdot m^{-3}$	压力损失 /Pa	承受负压 /Pa
PPCS32-3	6690	3	96	93	<200	<0.1	<1470	5000
PPCS32-6	13390	6	192	186	<200	<0.1	<1470	5000
PPCS64-4	17800	4	256	248	<650	<0.1	<1470	5000
PPCS64-6	26700	6	384	372	<650	<0.1	<1470	5000
PPCS64-8	35700	8	512	496	<650	<0.1	<1470	5000
PPCS96-6	40100	6	576	557	<1000	<0.1	1470~1770	5000
PPCS96-8	58510	8	768	744	<1000	<0.1	1470~1770	5000
PPCS96-2×6	80700	12	1152	1121	<1000	<0.1	1470~1770	5000

续表 7-4

型　号	处理风量 /m³·h⁻¹	室数/个	滤袋总数 /条	总过滤面积 /m²	入口煤粉浓度/g·m⁻³	出口煤粉浓度/g·m⁻³	压力损失 /Pa	承受负压 /Pa
PPCS96-2×8	107600	16	1536	1494	<1000	<0.1	1470～1770	5000
PPCS128-6	67300	6	968	935	<1300	<0.1	1470～1770	6860
PPCS128-10	112100	10	1280	1558	<1300	<0.1	1470～1770	6860
PPCS128-2×6	134600	12	1536	1869	<1300	<0.1	1470～1770	6860
PPCS128-2×8	179400	16	2048	2492	<1300	<0.1	1470～1770	6860
PPCS128-2×10	224300	20	2560	3115	<1300	<0.1	1470～1770	6860
PPCS128-2×12	269100	24	3012	3738	<1300	<0.1	1470～1770	6860

7.1.3.4　排粉风机

排粉风机是制粉系统的主要设备，是整个制粉系统中气固两相流动的动力来源，工作原理与普通离心通风机相同。排粉风机的风叶成弧形，若以弧形叶片来判断风机旋转方向是否正确，则排粉机的旋转方向应当与普通离心风机的旋转方向相反。

7.1.3.5　木屑分离器

木屑分离器的结构示意图如图 7-10 所示。安装在磨煤机出口的垂直管道上，用以捕捉气流中夹带的木屑和其他大块杂物。分离器内上方设有可翻转的网格，下部内侧有木屑篓，篓底有一扇能翻转的挡气板，外侧有取物门。木屑分离器取物时先关闭挡气板，再把网格从水平位置翻下，使木屑落入木屑篓，网格复位后打开取物门把木屑等杂物取出。

7.1.3.6　锁气器

锁气器是一种只能让煤粉通过而不允许气体通过的设备。常用的锁气器有锥式和斜板式两种，其结构如图 7-11 所示。

图 7-10　木屑分离器
1—平衡重锤；2—取物门；
3—挡气板；4—网格

图 7-11　锁气器
a—锥式；b—斜板式
1—圆锥状灰门；2—杠杆；3—壳体；4—刀架；5—平衡锤；6—平板状灰门

锁气器由杠杆、平衡锤、壳体和灰门组成。灰门呈平板状的称为斜板式锁气器，灰门呈圆锥状的称为锥式锁气器。斜板式锁气器可在垂直管道上使用，也可在垂直偏斜度小于

20°的倾斜管道上使用。而锥式锁气器只能安装在垂直管道上。

当煤粉在锁气器内存到一定数量时,灰门自动开启卸灰,当煤粉减少到一定量后,由于平衡锤的作用使灰门复位。为保证锁气可靠,一般要安装两台锁气器,串联使用,并且锁气器上方煤粉管的长度不应小于600mm。

斜板式锁气器运行可靠,不易被杂物堵住,但密封性和灵活性差。锥式锁气器的密封性好,但是平衡锤在壳体内,不便于操作人员检查。

7.2　煤粉喷吹工艺的分类

从制粉系统的煤粉仓后面到高炉风口喷枪之间的设施属于煤粉喷吹系统,主要包括煤粉输送、煤粉收集、煤粉喷吹、煤粉的分配及风口喷吹等。

根据煤粉制备和煤粉喷吹的位置分为直接喷吹和间接喷吹。根据喷吹系统罐体的布置方式分为串罐喷吹和并罐喷吹两大类。根据喷吹管路的条数分为单管路喷吹和多管路喷吹。根据煤粉容器承受压力情况将喷吹设施分为常压和高压两种。

7.2.1　直接喷吹和间接喷吹

按照煤粉制备和煤粉喷吹的位置分为直接喷吹和间接喷吹两种工艺。

7.2.1.1　直接喷吹

在煤粉制备站与高炉之间距离小于300m的情况下,把喷吹设施布置在制粉站的煤粉仓下面,即制粉站和喷煤站合建在一个厂房内,这种工艺称为直接喷吹工艺,其工艺流程如图7-12所示。

直接喷吹工艺不仅可节省基建投资,节约能耗,也可简化操作和维修,目前国内外多采用这种流程。

图7-12　直接喷吹工艺流程

1—抓斗起重机;2—配煤斗;3—给煤机;4—除铁器;5—大倾角胶带机;6—原煤仓;7—封闭式自动称重给煤机;
8—磨煤机;9—布袋收收器;10—锁气器;11—煤粉筛;12—煤粉仓;13—喷吹罐;14—煤粉分配器;
15—煤粉喷枪;16—主排烟风机;17—烟气升温炉;18—热风炉烟气引风机;19—助燃风机

7.2.1.2 间接喷吹

在制粉站与高炉之间的距离较远时，制粉站和喷煤站分置两处，制粉站远离高炉，喷煤站靠近高炉，需增设输粉设施，将煤粉由制粉站的煤粉仓输送到喷煤站，这种工艺称为间接喷吹工艺，其工艺流程如图 7-13 所示。

图 7-13 间接喷吹工艺流程

7.2.2 串罐喷吹和并罐喷吹

按照喷吹系统罐体的布置方式分为串罐喷吹和并罐喷吹工艺两种。

7.2.2.1 串罐喷吹

串罐喷吹工艺如图 7-14 所示，将三个罐体重叠布置，从上到下三个罐依次为煤粉仓、中间罐和喷吹罐。倒罐顺序为：打开上钟阀 6，煤粉由煤粉仓 3 落入中间罐 10 内，装满煤粉后关上钟阀。当喷吹罐 17 内煤粉下降到低料位时，中间罐开始充压，向罐内充入氮气，使中间罐压力与喷吹罐压力相等，然后依次打开均压阀 9、下钟阀 14 和中钟阀 12，使中间罐内煤粉装入喷吹罐，当中间罐煤粉放空时，然后依次关闭中钟阀 12、下钟阀 14 和均压阀 9，开启放散阀 5 直到中间罐压力为零，依此循环。

串罐喷吹系统的喷吹罐连续运行，喷吹稳定，设备利用率高，厂房占地面积小。

7.2.2.2 并罐喷吹

并罐喷吹工艺如图 7-15 所示，两个或

图 7-14 串罐喷吹工艺

1—塞头阀；2—煤粉仓电子秤；3—煤粉仓；4—软连接；
5—放散阀；6—上钟阀；7—中间罐充压阀；
8—中间罐电子秤；9—均压阀；10—中间罐；
11—中间罐流化阀；12—中钟阀；13—软连接；14—下钟阀；
15—喷吹罐充压阀；16—喷吹罐电子秤；17—喷吹罐；
18—流化器；19—给煤球阀；20—混合器

多个喷吹罐并列布置，一个喷吹罐喷煤时，另一个喷吹罐装煤和充压，喷吹罐轮流喷吹煤粉。并罐喷吹工艺简单，设备少，厂房低，建设投资少，计量方便，常用于单管路喷吹。

图 7-15　并罐喷吹工艺

1—塞头阀；2—粉仓；3—粉仓秤；4—软连接；5—喷吹罐；6—喷吹罐秤；7—流化器；8—下煤阀；
9—混合器；10—安全阀；11—切断阀；12—分配器；13—充压阀；14—放散阀

7.2.3　单管路喷吹和多管路喷吹

按照喷吹管路的条数分为单管路喷吹和多管路喷吹两种工艺。

7.2.3.1　单管路喷吹

单管路喷吹工艺是指在喷吹罐下只设一条喷吹管路的喷吹形式。单管路喷吹必须与多头分配器配合使用。各风口喷煤量的均匀程度取决于多头分配器的结构形式和支管补气调节的可靠性。

单管路喷吹工艺具有如下优点：工艺简单、设备少、投资低、维修量小、操作方便以及容易实现自动计量；由于混合器较大，输粉管道粗，不易堵塞；在个别喷枪停用时，不会导致喷吹罐内产生死角，能保持下料顺畅，并且容易调节喷吹速率；在喷煤总管上安装自动切断阀，以确保喷煤系统安全。

在喷吹高挥发分的烟煤时，采用单管路喷吹，可以较好地解决由于死角处的煤粉自燃和因回火而引起爆炸的可能性。因此，目前多采用单管路喷吹工艺。

7.2.3.2　多管路喷吹

从喷吹罐引出多条喷吹管，每条喷吹管连接一支喷枪的形式称为多管路喷吹。下出料喷吹罐的下部设有与喷吹管数目相同的混合器，采用可调式混合器可调节各喷吹支管的输煤量，以减少各风口间喷煤量的偏差。上出料式喷吹罐设有一个水平安装的环形沸腾板即流态化板，其下面为气室，喷吹支管是沿罐体四周均匀分布的，喷吹支管的起始段与沸腾板面垂直，喷吹管管口与沸腾板板面的距离为 20~50mm，调节管口与板面的距离能改变各喷枪的喷煤量，但改变此距离的机构较复杂，因此，一般都采用改变支管补气量的方法来减少各风口间喷煤量的偏差。

多管路系统与单管路—分配器系统相比较，多管路系统存在许多明显的缺点：

首先是多管路系统设备多、投资高、维修量大。在多管路喷煤系统中，每根支管都要有相应的切断阀、给煤器、安全阀以及喷煤量调节装置等，高炉越大，风口越多，上述设备越多；而单管路系统一般只需一套上述设备，大于 2000m³ 的高炉有两套也足够了，因而设备数量比多管路系统少得多，节省投资。据统计，1000m³ 级高炉，多管路系统投资比单管路系统高 3~4 倍。设备多，故障率就高，维修量也相应增大。

其次是多管路系统喷煤阻损大，不适于远距离输送，也不能用于并罐喷吹系统。据测定，在相同的喷煤条件下，多管路系统因喷煤管道细，阻损比单管路系统（包括分配器的阻损）约高 10%~15%，即同样条件下要求更高的喷煤压力。多管路系统不适于远距离喷吹，一般输送距离不宜超过 150m，而单管路系统输煤距离可达 500~600m。多管路系统因管道细，容易堵塞，影响正常喷吹；而单管路系统几乎不存在管路堵塞问题。单管路系统对煤种变化的适应性也比多管路系统大得多。另外，多管路喷吹只能用于串罐喷吹系统；单管路系统既可用于串罐系统，又可用于并罐系统。

再次是关于调节喷煤量的问题。从理论上分析，多管路喷吹系统可以调节各风口的喷煤量。但是，要实现这一目的，其前提条件是必须在各支管装设计量准确的单支管流量计。对于这种流量计，国内外虽然花费了很大精力去开发，但至今还很少有能够用于实际生产的产品，即使有个别产品，也因价格太高难以为用户接受。另外，还应装设风口风量流量计，这又是一种技术难度大、价格高、国外也很少采用的设备。即使花费巨大投资，装上单支管煤粉流量计和风口风量流量计来调节风口喷煤量，也不能准确控制各风口喷煤量。因为在实际生产中，只要调节一个风口的喷煤量，其余风口的喷煤量也会变化，因此要调节各风口喷煤量，在目前条件下还难以达到要求。

对于单管路喷煤系统，要调节总喷煤量，既方便，又简单。至于高炉各风口的喷煤量，从目前国内外高炉实际操作来看，由于高炉风口风量也不是均匀的，以目前煤粉分配器所达到的水平，各支管间分配误差小于 ±3%，完全可以满足高炉操作的需要。

由于多管路系统存在许多明显的缺点，鞍钢、首钢、武钢、唐钢等以前曾采用多管路系统的企业，后来借高炉大修的机会改为单管路—分配器系统。实践证明，单管路—分配器系统比原有的多管路系统具有明显的优越性。

7.2.4 上出料和下出料

上出料方式是把流化板放在喷吹罐底部，流化后的煤粉被罐内压力向上送进带有喇叭口的喷吹管内，上行一小段距离后从侧面出罐，上出料喷吹方式（1）如图 7-16a 所示。另一种上出料方式是喷吹罐底部接一个圆形直筒，流化板设在筒的底部，同样将煤粉送进带有喇叭口的喷吹管内，喷吹管从筒的侧面引出，上出料喷吹方式（2）如图

7-16b 所示。与前一种上出料比较，具有检修、更换比较方便的优点，其缺点是要增加一定高度。

下出料方式是把流化器放在喷吹罐锥体的出口段，流化后的煤粉被罐内压力向下压送进入喷吹管，然后喷吹管再转向上行，下出料喷吹方式（1）如图 7-17a 所示。另一种下出料方式，与上出料基本相似，煤粉在底部流化板上面流化，喷吹管从下部穿过流化板接引被流化的煤粉，下出料喷吹方式（2）如图 7-17b 所示。

上出料和下出料两种出料方式没有什么本质差别，都是靠罐压压出煤粉，只是煤粉进入喷吹管的位置和方向不同，先上行和后上行的不同，罐内上行和罐外上行的不同。目前大型高炉多采用下出料方式。

图 7-16   上出料喷吹方式示意图

a—上出料喷吹方式（1）；*b*—上出料喷吹方式（2）
1—喷吹罐；2—流化室；3—流化板；4—喷吹管出口段

图 7-17   下出料喷吹方式示意图

a—下出料喷吹方式（1）；*b*—下出料喷吹方式（2）
1—流化室；2—流化板；3—喷吹管出口段

7.2.5 浓相输送和稀相输送

煤粉输送采用气力输送，喷吹煤粉需要消耗一定量的氮气（或压缩空气）。当输送煤粉浓度大于 30kg 粉/kg 气时，称为浓相输送，反之，称为稀相输送。

稀相输送存在以下缺点：

（1）由于固气比低，输送气体消耗量大，不但影响成本，而且大量冷气进入高炉，导致风口理论燃烧温度降低，大喷吹量时会给高炉带来不利影响。

（2）稀相输送由于输送速度高，对输煤管路特别是管路转折部位磨损严重，容易造成管路破损，而且对风口磨损也较为严重。

浓相输送克服了稀相输送的上述缺点，输送效率高，气体消耗量少，对高炉风口理论燃烧温度的影响较稀相输送小。由于输送浓度高，输送速度低，对输煤管路特别是管路转折部位磨损小。浓相输送的缺点是容易造成输煤管路的堵塞，不适合长距离的煤粉输送。国内宝钢、石钢、马钢等钢铁厂的高炉喷煤都采用了浓相输送，固气比达 40kg/kg。

图 7-18 所示为德国马克思冶金工厂的 KOSTE 喷吹工艺。在喷吹罐下面设一流化床，气体从罐底部进入，流化床上的煤粉局部流化，与风口数目相同的若干输煤支管插在局部流化床中，煤粉进入支管后向高炉风口输送，固气比可达 200~500kg/m³。采用浓相输送可节约输送动力，减少管道磨损，而且浓度大大超过了煤粉爆炸的范围，有利于安全喷煤。

图 7-18 德国马克思冶金
工厂 KOSTE 喷吹工艺

1—煤粉输送；2—收集器；3—储煤罐；
4—中间罐；5—喷吹和分配罐；
6—浓相输送管；7—保护气体

7.3 煤粉喷吹的主要设备

7.3.1 混合器

混合器是将压缩空气与煤粉混合并使煤粉启动的设备，由壳体和喷嘴组成。混合器的工作原理是利用从喷嘴喷射出的高速气流所产生的相对负压将煤粉吸附、混匀和启动的。喷嘴周围产生负压的大小与喷嘴直径、气流速度以及喷嘴在壳体中的位置有关。

混合器的喷嘴位置可以前后调节，调节效果极为明显。喷嘴位置稍前或稍后都会引起相对负压不足而出现空喷——只喷空气不带煤粉。目前，使用较多的是沸腾式混合器，其结构如图 7-19 所示。其特点是壳体底部设有气室，气室上面为沸腾板，通过沸腾板的压缩空气能提高气、粉混合效果，增大煤粉的启动动能。

有的混合器上端设有可以控制煤粉量的调节器，调节器的开度可以通过气粉混合比的大小自动调节。

图 7-19 沸腾式混合器

1—压缩空气阀门；2—气室；3—壳体；
4—喷嘴；5—调节帽

7.3.2　分配器

单管路喷吹必须设置分配器。煤粉由设在喷吹罐下部的混合器供给，经喷吹总管送入分配器，在分配器四周均匀布置了若干个喷吹支管，喷吹支管数目与高炉风口数相同，煤粉经喷吹支管和喷枪喷入高炉。目前使用效果较好的分配器有瓶式、盘式和锥形分配器等几种。图 7-20 所示为瓶式、盘式和锥形分配器结构示意图。

图 7-20　分配器结构示意图

a—瓶式；b—盘式；c—锥形

1—分配器外壳；2—中央锥体；3—煤粉分配刀；4—中间法兰；5—喷煤支管；6—喷煤主管

我国从 20 世纪 60 年代中期曾对瓶式分配器进行了研究，但并没有真正用到高炉生产上。80 年代中后期，对盘式分配器进行了研究，并于 80 年代后期用于实际高炉。生产实践证明盘式分配器具有较高的分配精度。

锥形分配器如图 7-20c 所示。该分配器呈倒锥形，中心有分配锥，煤粉由下部进入分配器，经分配锥把煤粉流切割成多个相等的扇形流股，经各支管分配到各风口。煤粉在该分配器前后速度变化不大，产生的压降小，分配器出口煤粉流量受喷煤支管长度的影响。

高炉操作要求煤粉分配器分配均匀，分配精度小于 3%。在高炉生产实践中总结出使用上述分配器应遵循的一些原则：

（1）一座高炉使用两个分配器比使用一个分配器好。使用两个分配器，除了工艺布置灵活外，分配精度也可以提高。

（2）两个分配器应对称布置在高炉两侧，这样可保证分配器后喷吹支管的长度大致相等，从而使喷吹支管的压力损失近似。

（3）喷吹主管在进入分配器前应有相当长的一段垂直段，一般要求大于 3.5m，以减少加速段不稳定流的影响，保证适当的气粉速度及煤粉沿径向均匀分布。

（4）评估分配器的性能，只从寿命及精度来评估是不全面的，还应从分配器对环境的适应性来考虑，如喷枪堵塞时的性能等。

由于瓶式、盘式和锥形分配器对喷煤主管进入分配器前的垂直段高度有一定要求，有时难以满足，特别是旧高炉改造时，并且难以满足浓相输送的要求。

在分配器的研究中，寿命和精度是最重要的内容，而寿命取决于分配器的抗磨特性，精度取决于其结构，因此分配器的磨损及其结构一直是研究热点。

球式分配器的研究出发点是克服其他分配器要求垂直安装的高度问题及实现浓相输送的均匀分配，其结构如图 7-21 所示。由一个球形空腔及空腔中一个直立圆筒组成，圆筒下部与球体密封固定，煤粉流从侧面切向进入球内壁与圆筒外侧的空腔内，边旋转边上升，从上面旋转进入圆筒内部后，再螺旋下降，从下面等角布置的出口流出。

图 7-21　球式分配器结构示意图
1—球腔；2—圆筒；3—入口；4—出口

煤粉流束切向进入分配器后将沿球体内壁螺旋上升，到顶后转入圆筒内壁做螺旋运动。当螺距小于或等于煤粉流束的宽度时，相邻两圈流束将重合并相互掺混，由于煤粉的输送是连续稳定进行的，即单位长度流束上煤粉量相等，所以圆筒内壁将均匀覆盖一层煤粉流，也就是煤粉流呈轴对称分布，从而可从等角布置的直径相同的出口均匀流出。另外，在煤粉运动中，离心力占绝对优势，其他因素的扰动影响很小，因此此类分配器适应性更强，并且适合于浓相输送。

7.3.3　喷煤枪

喷煤枪是高炉喷煤系统的重要设备之一，由耐热无缝钢管制成，直径 15～25mm。根据喷枪插入方式可分为三种形式，如图7-22所示。

斜插式从直吹管插入，喷枪中心与风口中心线有一夹角，一般为 12°～14°。斜插式喷枪的操作较为方便，直接受热段较短，不易变形，但是煤粉流冲刷直吹管壁。

直插式喷枪从窥视孔插入，喷枪中心与直吹管的中心线平行，喷吹的煤粉流不易冲刷风口，但是妨碍高炉操作者观察风口，并且喷枪受热段较长，喷枪容易变形。

风口固定式喷枪由风口小套水冷腔插入，无直接受热段，停喷时不需拔枪，操作方便，但是制造复杂，成品率低，并且不能调节喷枪伸入长度。

图 7-22　喷煤枪
a—斜插式；b—直插式；c—风口固定式

7.3.4　氧煤枪

由于喷煤量的增大，风口回旋区理论燃烧温度降低太多，不利于高炉冶炼，而补偿的方法主要有两种，一是通过提高风温实现；二是通过提高氧气浓度即采取富氧操作实现。但是欲将 1150～1250℃的热风温度进一步提高非常困难，因此提高氧气浓度即采用富氧操作成为首选的方法。

高炉富氧的方法有两种：一是在热风炉前将氧气混入冷风；二是将有限的氧气由风口及直吹管之间，用适当的方法加入。氧气对煤粉燃烧的影响主要是热解以后的多相反应阶段，并且在这一阶段氧气浓度越高，越有利于燃烧过程。因此，将氧气由风口及直吹管之间加入非常有利，可以将有限的氧气用到最需要的地方，而实现这一方法的有效途径是采用氧煤枪。图 7-23 所示为氧煤枪的结构示意图。

氧煤枪枪身由两支耐热钢管相套而成，内管吹煤粉，内、外管之间的环形空间吹氧气。枪嘴的中心孔与内管相通，中心孔周围有数个小孔，氧气从小孔以接近音速的速度喷出。图 7-23 中 A、B、C 三种结构不同，氧气喷出的形式也不一样。A 型为螺旋形，能迫使氧气在煤股四周做旋转运动，以达到氧煤迅速混合燃烧的目的；B 型为向心形，能将氧气喷向中心，氧煤股的交点可根据需要预先设定，其目的是控制煤粉开始燃烧的位置，以防止过早燃烧而损坏枪嘴或风口结渣现象的出现；C 型为退后形，当枪头前端受阻时，该喷枪可防止氧气回灌到煤粉管内，以达到保护喷枪和安全喷吹的目的。

英国钢铁公司采用的双枪系统可谓独树一帜，他们将煤粉和氧气分别用单筒喷枪从风口与直吹管之间的适当的位置喷入，这种喷吹方式使高炉喷吹煤比达到 300kg/t Fe 以上。

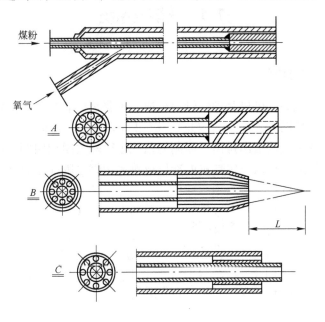

图 7-23　氧煤枪

7.3.5　仓式泵

仓式泵有下出料和上出料两种，下出料仓式泵与喷吹罐的结构相同，上出料仓式泵实际上是一台容积较大的沸腾式混合器，其结构如图 7-24 所示。

仓式泵仓体下部有一气室，气室上方设有沸腾板，在沸腾板上方出料口呈喇叭状，与沸腾板的距离可以在一定范围内调节。仓式泵内的煤粉沸腾后由出料口送入输粉管。输粉速度和粉气混合比可通过改变气源压力来实现。夹杂在煤粉中比重较大的粗粒物因不能送走而残留在沸腾板上。在泵体外的输煤管始端设有补气管，通过该管的压缩空气能提高煤粉的动能。

输送延迟是仓式泵常见故障。所谓输送延迟是指输送完一仓式泵煤粉所需时间明显超过正常输送时间。产生输送延迟的原因有：输送空气的压力偏低；煤粉含水多，煤粉中杂物过多；下出料形式仓式泵泵体压力偏低，喷嘴过大或已损坏；上出料形式仓式泵的可调单向阀开度不足，气室与罐体压差不适当；流态化板

图 7-24　上出料仓式泵
1—煤粉仓；2—给煤阀；3—充压阀；4—喷出口；
5—沸腾板；6—沸腾阀；7—气室；8—补气阀

损坏或透气性不好，吸嘴高度不适当等。一旦发生输送延迟，要将煤粉送空，查明原因后，及时进行处理。

7.4　热烟气系统

7.4.1　热烟气系统工艺流程

　　热烟气系统由燃烧炉、风机和烟气管道组成，主要是给制粉系统提供热烟气，用于干燥煤粉，其工艺流程如图7-25所示。燃料一般用高炉煤气，高炉煤气通过烧嘴送入燃烧炉内，燃烧后产生的烟气从烟囱排出，当制粉系统生产时关闭烟囱阀，则燃烧炉内的热烟气被吸出，在烟气管道上兑入一定数量的冷风或热风炉烟道废气作为干燥气送入磨煤机。

图7-25　热烟气系统工艺流程
1—调节阀；2—引风机；3—燃烧炉；4—烟囱阀；5—切断阀；6—烟气引风机

　　当燃烧炉距制粉系统较远时，为解决磨煤机入口处吸力不足的问题，在燃烧炉出口处设一台烟气引风机（图7-25中虚线所示）。在磨制高挥发分烟煤时，为控制制粉系统内氧气含量，要减少冷风兑入量或不兑冷风，而使用热风炉烟道废气进行调温，热风炉烟道废气由引风机2抽出，通过切断阀5与燃烧炉产生的烟气混合。若热风炉的废气量充足，且其温度又能满足磨煤机的要求，也可取消燃烧炉，以简化工艺流程。但实际生产中由于热风炉废气温度波动较大，因此，一般都保留了燃烧炉。

7.4.2　主要设备

7.4.2.1　燃烧炉

　　燃烧炉由炉体、烧嘴、进风门、送风阀、混风阀、烟囱及助燃风机组成。炉膛内不砌蓄热砖，只设花格挡火墙。

　　烧嘴分为有焰烧嘴和无焰烧嘴两种。有焰烧嘴又分扩散式、大气式和低压式；无焰烧嘴有高压喷射式，此种烧嘴不宜在煤气压力低和炉膛容积小的条件下使用。

　　烟囱设在炉子出口端，其顶端设有盖板阀。由于制粉系统的磨煤机启动频繁，并有突然切断热烟气的可能，因此，该阀是燃烧炉的主要设备。燃烧炉的烟囱应具有足够的排气能力和产生炉膛负压的能力。

　　宝钢1号高炉的燃烧炉是从德国Loesche公司引进的两台LOMA烟气升温炉，由多喷头烧嘴、带衬砖的燃烧室和带多孔板内套的混合室组成。点火烧嘴燃料用焦炉煤气、主烧嘴燃料用高炉煤气。总热负荷可达14×10^6 kJ/h。具有结构紧凑、体积小；本体蓄热量小，可快速启动和停机；燃烧充分、热效率高等优点，与国产相同容量的炉子相比，价格相差不多。

7.4.2.2 助燃风机

助燃风机为煤气燃烧提供助燃空气，一般选用离心风机，空气量的调节通过改变进风口插板开度或改变风机转速来实现。

7.4.2.3 引风机

热风炉烟道引风机和燃烧炉烟气引风机均需采用耐热型的，但耐热能力有限，故引风机只能在烟气温度不高于300℃的情况下工作。

7.5 喷煤技术的发展

7.5.1 喷煤技术进步

高炉实际应用喷煤技术始于20世纪60年代，但由于受能源价格因素的影响，喷煤技术并没有得到大的发展。70年代末，发生了第二次石油危机，世界范围内高炉停止喷油。为了避免全焦操作，大量的高炉开始喷煤，喷煤成为高炉调剂和降低成本的手段。进入90年代，西欧、美国和日本的一批焦炉开始老化，由于环保及投资等原因，很难新建和改造焦炉。为保持原有的钢铁生产能力，必须大幅度降低焦炭消耗。喷煤已不仅是高炉调剂和降低成本的手段，也是弥补焦炭不足，从而不新建焦炉的战略性技术。另外，全世界炼焦用煤资源日益短缺，在世界范围内大量喷煤，用煤粉代替焦炭就成为高炉技术发展的必然趋势，并且发展速度越来越快。喷煤技术的进步主要体现在以下几方面：

（1）喷煤设备大型化和装备水平的提高。现代高炉炼铁技术进步的特点之一是不断提高生产率，喷吹更多煤粉，大幅度降低焦比。欧洲高炉的煤比已突破200kg/t Fe，焦比降至300kg/t Fe左右，正向煤比250kg/t Fe，焦比250kg/t Fe的目标迈进。我国宝钢高炉喷吹煤比已实现295 kg/t Fe，进入世界先进行列。喷吹煤粉绝对量的增大，要求喷煤设备大型化和提高装备水平。喷煤设备装备水平的提高集中表现在喷煤自动控制及计量和调节精度方面。喷煤量可以按照高炉要求自动调节，喷煤量计量精度可以控制在1%误差范围内，各风口喷吹煤粉的均匀性控制在3%的误差范围内。

（2）高炉富氧喷煤。富氧喷煤是实现高炉生产稳产、高产、优质、低耗的必备手段，是高炉炼铁技术进步的重要标志。高炉富氧和喷吹煤粉是互为条件、互为依存的。喷煤量增加到一定程度，需要用氧气促进煤粉燃烧，以提高煤焦置换比和保证高炉顺行。实践证明，当风温1000℃时，在不富氧的条件下，煤粉喷吹量不宜超过100 kg/t Fe，否则，煤粉不能完全燃烧，引起煤焦置换比下降，并且可能引起高炉难行。相反，如果不喷吹煤粉，富氧使高炉风口前的理论燃烧温度过高，引起高炉不能顺行。只有富氧和喷煤相结合，才能大幅度提高产量，降低焦炭消耗。生产实践证明，高炉鼓风中富氧率每增加1%，喷煤量约增加13 kg/t Fe，生铁产量增加3%。国外大喷煤量高炉的用氧量已达到$40 \sim 70 m^3/t$ Fe。

（3）喷吹烟煤或烟煤与无烟煤混合喷吹。我国长期喷吹无烟煤，其优点是含碳量高，挥发分低，喷吹安全。但是不易燃烧，煤质硬，制粉能耗高；随着无烟煤储藏量的减少，无烟煤质量逐年下降，灰分含量增多，使得煤焦置换比降低，高炉冶炼的渣量增大，不利于高炉生产。改喷烟煤，扩大了喷煤煤种，从煤的储量及分布看，烟煤储量较多，分布较广，保证了充足的喷煤资源。烟煤挥发分高，燃烧性能好，含氢量高，有利于高炉顺行，并且煤质软，易粉碎，制粉能耗低。但是喷吹烟煤时，特别是喷吹高挥发分、强爆炸性烟煤时，安全性差，易爆易燃，必须采取相应的安全保护措施。目前我国喷吹烟煤技术已经成熟。国外喷吹用烟煤的挥发分在30%左右，甚至更高，灰分小于10%。

目前我国部分高炉采用烟煤和无烟煤混合喷吹技术取得了良好的效果，表现为燃烧率明显提高，置换比上升。生产实践表明，无烟煤中配加一定比率的烟煤后，其燃烧率明显提高。

（4）浓相输送。高炉喷煤采用气力输送，按单位气体载运煤粉量的多少，可分为稀相输送和浓相输送。浓相输送的特点是单位气体载运的煤粉量大，或者说输送单位煤粉消耗的气体量小，管径细，输送速度较低。气力输送过程中，一般稀相输送的速度在 20m/s 以上，而浓相输送的速度则小于 10m/s。由于煤粉流速的降低，对管道及设备的磨损会大大减小。

7.5.2　浓相输送技术

近年来，浓相输送技术在国内外高炉喷煤系统中得到迅速推广，大体上可分为单管路系统和多管路系统。单管路系统按供料方式又有流化罐和可调给料器两种；多管路系统又可分为在喷吹罐设一个大流化罐，上设若干支管直接将煤粉输送到各风口，或者在喷吹罐下再分设若干小流化罐，小流化罐数与风口数相同，负责向高炉风口喷煤。

7.5.2.1　浓相输送特征

浓相输送是先将喷吹罐下部的煤粉通过流化床进行流态化，再在罐压作用下输送到高炉风口。流化床由多孔材料构成，具有一定的透气性。按照煤粉的物理性质——密度、粒度等从流化床下部吹入一定气体后，使流化床上部的煤粉开始"悬浮"起来，形成气固两相混合流，这时通过流化床的气流速度称为临界流化速度。高炉喷吹的煤粉，粒度一般小于 0.074mm 占80%以上，临界流化速度为 0.1m/s 左右。将通过流化床的气流速度继续增大，直到将煤粉悬浮起来，这时的气体流速称为煤粉的悬浮速度。如果再增加气流速度，超过煤粉的悬浮速度后，则部分煤粉被吹出，因气体流量增加，单位体积内煤粉的浓度降低，这时则成为稀相输送。因此，实现浓相输送的适宜气流速度应是大于临界流化速度且小于煤粉的悬浮速度。

但是，在气力输送过程中，还要克服煤粉颗粒间摩擦、煤粉颗粒与管壁间的摩擦阻力等，另外，在输送管中由于气流沿管径分布不均匀，管壁附近存在边界层，因而在输送煤粉时所需的实际气流速度比煤粉的悬浮速度大几十倍。一般在浓相输送时，煤粉在水平管道中的输送速度为 4~7m/s。

7.5.2.2　浓相输送与稀相输送的区别

浓相输送与稀相输送在管道中的输送形态有很大差别。

（1）稀相输送时煤粉均匀地分布在气流中，煤粉沿管道断面均匀分布呈悬浮状态；而浓相输送时，由于气体流速低，单位体积内煤粉浓度高，形成输送管道下部煤粉较多，上部较少，但没有停滞现象，由于煤粉粒度又不很均匀，较大颗粒的煤粉主要在管底流动，这种现象称为底密悬浮流动。在实验室内用透明的塑料管输送时，可以明显地看到底密悬浮流动现象。

（2）在稀相输送时，煤粉与气流速度基本一致，是一种均匀流动；而浓相输送的底密悬浮流动与气流速度不一致，一般煤粉流动速度仅为气流速度的1/2左右。

7.5.2.3　影响浓相输送的因素

A　输送浓度与输送压力

浓相输送时输送管道中的压力损失（Δp）可由下式计算：

$$\Delta p = (\lambda_g + m\lambda_s)\frac{L}{D}\frac{v^2}{2}\rho_g \tag{7-3}$$

式中　λ_g——气体的摩擦阻力系数；

m ——固气混合比；

λ_s——煤粉的附加摩擦阻力系数；

L ——输送管长度；

D ——输送管径；

v ——气流的平均速度；

ρ_g ——气体的平均密度。

由式（7-3）可以看出，输送浓度越高，即 m 越大，Δp 越大，要求喷吹罐的压力越高。

B　输送距离与混合比

由式（7-3）可知，输送管道越长，Δp 越大，因为罐压只能在一定范围内升降，因此增大输送距离，会降低输送浓度。

C　输送管径与混合比

一般浓相输送要求输送管径不宜太大，应比稀相输送小。因为单位煤粉所需载气量较少，但是如果管径太小，容易造成管道堵塞。根据实验不发生管道堵塞的条件是：

$$m \leqslant 0.41\left(\frac{Fr}{10}\right)^3 \tag{7-4}$$

式中　Fr——弗劳德准数（ $Fr = \dfrac{v}{\sqrt{gD}}$ ）；

v——输送速度；

g——重力加速度；

D——输送管道直径。

7.6　烟煤喷吹的安全措施

7.6.1　煤粉爆炸的条件

与喷吹无烟煤相比，喷吹烟煤的最大优点是煤粉中挥发分含量高，在高炉风口区燃烧的热效率高，但其安全性较差。喷吹烟煤的关键是防止煤粉爆炸。产生爆炸的基本条件有：

（1）必须具备一定的含氧量。煤粉在容器内燃烧后体积膨胀，压力升高，其压力超过容器的抗压能力时容器爆炸。容器内氧浓度越高，越有利于煤粉燃烧，爆炸力越大。控制含氧量即可控制助燃条件，即控制煤粉爆炸的条件。因此，喷吹烟煤时，必须严格控制气氛中的含氧量。至于含氧量控制在什么范围才安全，目前有两种意见，一种认为控制在15%以下；另一种则认为控制在12%以下。因为煤粉爆炸的气氛条件还与烟煤本身的特性——挥发分多少、煤粉粒度组成及混合浓度的高低等有关，故只能针对特定的煤种，在模拟实际生产的条件下进行试验，来确定该煤粉的临界含氧量。实际生产可取临界含氧量的0.8倍作为安全含氧量。

（2）一定的煤粉悬浮浓度。试验证明，煤粉在气体中的悬浮浓度达到一个适宜值时才可能发生爆炸，高于或低于此值时均无爆炸可能。发生爆炸的适宜浓度值随着烟煤的成分组成、煤粉粒度组成以及气体含氧量的不同而改变，这些数值需要由试验得出。由于实际生产的情况错综复杂，煤粉的悬浮浓度一般无法控制，因此要消除这一爆炸条件是极为困难的。

（3）煤粉温度达到着火点。烟煤煤粉沉积后逐步氧化、升温以及外来火源都是引爆条件，彻底消除火源即可排除爆炸的可能性。

以上三个条件必须同时具备，否则煤粉就不会爆炸。实际生产中应该采取一系列必要的措施，防止煤粉爆炸的发生。

7.6.2　高炉喷吹烟煤的安全措施

喷吹烟煤的关键是防止煤粉爆炸，烟煤爆炸具有上述三个必要条件，只要消除其中一个即可达到安全运行。由于实际生产条件多变，影响安全生产的因素很多，有些因素难以预计。并且当一个条件变化时常常会引起其他条件的变化，因此，对所有能够控制的条件都应该重视和调节。

（1）控制系统气氛。磨煤机所需的干燥气一般多采用热风炉烟道废气与燃烧炉热烟气的混合气体。为了控制干燥气的含氧量，必须及时调节废气量和燃烧炉的燃烧状况，减少兑入冷风量，防止制粉系统漏风。严格控制系统的氧含量在8%~10%。分别在磨煤机干燥气入口管、气箱式脉冲袋式收粉器出口管处设置氧含量和一氧化碳含量的检测装置，达到上限时报警，达到上上限时，系统各处消防充氮阀自动打开，向系统充入氮气。袋式收粉器的脉冲气源一般采用氮气，氮气用量应能够根据需要进行调节。在布袋箱体密封不严的情况下，若氮气压力偏低，则空气被吸入箱体内会提高氧的含量，反之，氮气外溢可能使人窒息。喷吹罐补气气源、充压、流化气源采用氮气，喷吹煤粉的载气使用压缩空气。实际生产中应重视混合器、喷吹管、分配器及喷枪的畅通，否则，喷吹用载气会经喷嘴倒灌入罐内，使喷吹罐内的氧含量增加。在处理煤粉堵塞和磨煤机满煤故障时，使用氮气，严禁使用压缩空气。

（2）设计时要避免死角，防止积粉，如煤粉仓锥形部分倾角应大于70°，或设计为双曲线形煤粉仓。在储煤仓、中间罐、喷吹罐下部设流化装置。

（3）综合喷吹。可以采取烟煤和无烟煤混合喷吹技术，这样可以降低煤粉中挥发分的含量，各种煤的配比，应根据煤种和煤质特性经过试验而定。若制粉和喷吹工艺条件允许，可在煤粉中加入高炉冶炼所需要的其他粉料，如铁矿粉、石灰石粉、焦粉和炼钢炉尘等，加入这些粉料对烟煤爆炸起着极为明显的抑制作用。

（4）控制煤粉温度。严格控制磨煤机入口干燥气温度不超过 $250 \sim 290$℃ 及其出口温度不超过 90℃。在其他各关键部位，如收粉装置煤粉斗、煤粉仓、中间罐、喷吹罐等都设有温度检测装置。当各点温度达到上限时报警，达到上上限时，系统各处消防充氮阀自动打开，向系统充入氮气。

（5）设备和管道采取防静电措施。管道、阀门及软连接处设防静电接地线，布袋选用防静电滤袋。

（6）喷煤管道设自动切断阀，当喷吹压力低时自动切断阀门，停止喷煤。

另外，系统还应设置消防水泵站和消防水管路系统。各层平台均应有消防器材和火灾报警装置。

8 高炉煤气处理系统

高炉冶炼过程中，从炉顶排出大量煤气，其中含有 CO、H_2、CH_4 等可燃气体，可以作为热风炉、焦炉、加热炉等的燃料。另外，高炉炉顶煤气中夹带着许多细粒度的炉料，即高炉煤气中的炉尘。高炉炉顶煤气一般含尘量为 $20 \sim 40 g/m^3$，经粗除尘器除去粗颗粒后，含尘量降至 $6 \sim 12 g/m^3$。这些粉尘如不经净化处理直接送至用户使用，会造成管道、燃烧器堵塞及管道和设备的磨损，加快耐火材料的熔蚀，从而缩短耐火材料的使用寿命，降低蓄热器的效率，因此必须对高炉煤气进行净化处理，以保证高炉煤气含尘量满足用户的使用要求。

目前国内外大型高炉煤气除尘分为干式和湿式两大类。

湿法除尘常采用洗涤塔—文氏管—脱水器系统，或一级文氏管—脱水器—二级文氏管—脱水器系统。高压高炉还须经过调压阀组—消音器—快速水封阀或插板阀，常压高炉当炉顶压力过低时，需增设电除尘器，经过湿法净化系统后，煤气含尘量可降到小于 $10 mg/m^3$，温度从 $150 \sim 300℃$ 降到 $35 \sim 55℃$，湿法净化系统流程如图 8-1 所示。

图 8-1 湿法净化系统流程

干法除尘有两种，一种是用耐热尼龙袋式除尘器（BDC），另一种是用干式电除尘器（EP）。为确保 BDC 入口最高温度小于 240℃，EP 入口最高温度小于 350℃，在重力除尘器加温控装置或在重力除尘器后设蓄热缓冲器。当高炉开炉、高炉休风、复风前后以及干式净化设备出现故障时，需要用并联的湿法系统净化，此时由图 8-2 中两蝶阀切换系统完成。经过干法净化系统煤气含尘量可降到小于 $5 mg/m^3$，在干式除尘器后采用水喷雾冷却装置使煤气温度降到余压发电机组（TRT）入口的允许温度 $125 \sim 175℃$，TRT 出口煤气需要经洗净塔脱除煤气中的氯离子，以免对管道腐蚀，同时温度降至 40℃饱和温度。

评价煤气除尘设备的主要指标：

（1）生产能力。生产能力是指单位时间处理的煤气量，一般用每小时所通过的标准状

图 8-2 干法净化系统流程图

态的煤气体积流量来表示。

（2）除尘效率。除尘效率是指标准状态下单位体积的煤气通过除尘设备后所捕集下来的灰尘重量占除尘前所含灰尘重量的百分数。可用下式计算：

$$\eta = \frac{m_1 - m_2}{m_1} \times 100\% \qquad (8\text{-}1)$$

式中 η ——除尘效率，% ；

m_1，m_2——分别为入口和出口煤气（标态）含尘量，g/m^3。

用式（8-1）来表示除尘效率是很不严格的，因为它没有说明灰尘粒径的大小及灰尘的物理性质。因此，对于不同粒径和不同物理性质的灰尘是不能用式（8-1）来加以比较的。各种除尘设备对不同粒径灰尘的除尘效率见表8-1。

表 8-1　部分除尘设备的除尘效率

除尘器名称	除尘效率/%		
	灰尘粒度，≥50μm	灰尘粒度，5~50μm	灰尘粒度，1~5μm
重力除尘器	95	26	3
旋风除尘器	96	73	27
洗涤塔	99	94	55
湿式电除尘器	>99	98	92
文氏管	100	99	97
袋式除尘器	100	99	99

（3）压力降。压力降是指煤气压力能在除尘设备内的损失，以入口和出口的压力差表示。

（4）水的消耗和电能消耗。水、电消耗一般以每处理1000m³（标态）煤气所消耗的水量和电量表示。

评价除尘设备性能的优劣，应综合考虑以上指标。对高炉煤气除尘的要求是生产能力大、除尘效率高、压力损失小、耗水量和耗电量低、密封性好等。

8.1 煤气除尘设备及原理

8.1.1 粗除尘设备

粗除尘设备包括重力除尘器和旋风除尘器。粗煤气除尘设备必须设置防止炉尘溢出和煤气泄漏的卸灰装置。

8.1.1.1 重力除尘器

重力除尘器是高炉煤气除尘系统中应用最广泛的一种除尘设备，其基本结构如图8-3所示，其除尘原理是煤气经下降管进入中心导入管，气流突然转向，流速突然降低，煤气中的灰尘颗粒在惯性力和重力作用下沉降到除尘器底部，从而达到除尘的目的。煤气在除尘器内的流速必须小于灰尘的沉降速度，而灰尘的沉降速度与灰尘的粒度有关。荒煤气中灰尘的粒度与原料状况、炉况、炉内气流分布及炉顶压力有关。

设计重力除尘器的关键是确定圆筒部分直径和高度，圆筒部分直径必须保证煤气在除尘器内流速不超过0.6~1.0m/s，圆筒部分高度应保证煤气停留时间达到12~15s。可按经验直接确定，也可按式（8-2）、式（8-3）计算。

重力除尘器圆筒部分直径 D（m）：

$$D = 1.13 \sqrt{\frac{Q}{v}} \tag{8-2}$$

图8-3 重力除尘器
1—煤气下降管；2—除尘器；
3—清灰口；4—中心导入管；
5—塔前管

式中　Q——煤气流量，m^3/s；
　　　v——煤气在圆筒内的速度，约0.6~1.0m/s。高压操作取高值。

除尘器圆筒部分高度 H(m)：

$$H = \frac{Qt}{F} \tag{8-3}$$

式中　t——煤气在圆筒部分停留时间，一般12~15s，大高炉取低值；
　　　F——除尘器截面积，m^2。

计算出圆筒部分直径和高度后，再核其高径比 $\dfrac{H}{D}$，其值一般在1.00~1.50之间，大高炉取低值。

除尘器中心导入管可以是直圆筒状，也可以做成喇叭状，中心导入管以下高度取决于储灰体积，一般应满足3天的贮灰量。除尘器内的灰尘颗粒干燥而且细小，排灰时极易飞扬，严重影响劳动条件并污染周围环境，目前多采用螺旋清灰器排灰，改善了清灰条件。螺旋清灰器的构造如图8-4所示。

图 8-4　螺旋清灰器

1—筒形给料器；2—出灰槽；3—螺旋推进器；4—喷嘴；5—水和灰泥的出口；6—排气管

通常高炉煤气粉尘粒度为 $0 \sim 500 \mu m$，其中粒度大于 $150 \mu m$ 的颗粒约占 50%，煤气中粒度大于 $150 \mu m$ 的颗粒都能在重力除尘器中沉积下来，除尘效率可达到 50%，出口煤气含尘量可降到 $6 \sim 12 g/m^3$ 范围内，阻力损失较小，一般为 $50 \sim 200 Pa$。

8.1.1.2　旋风除尘器

旋风除尘器的工作原理如图 8-5 所示。含尘煤气以 $10 \sim 20 m/s$ 的流速（标态）从切线方向进入后，在煤气压力能的作用下产生回旋运动，灰尘颗粒在离心力作用下，被抛向器壁积集，并向下运动进入积灰器。

旋风除尘器一般采用 $10 mm$ 左右的普通钢板焊制而成，上部为圆筒形，下部为圆锥形，其顶部的中央为圆形出口。煤气由顶部一侧的矩形断面进气管引入。矩形管断面积一般按气流速度 $14 \sim 20 m/s$ 计算确定。圆筒部分的高度一般与圆筒直径接近，锥体部分的长度一般为圆筒部分直径的 2.5 倍。顶部排气管通常插入到除尘器的圆筒内，与圆筒壁构成气流的环形通道。环形通道越小，气流速度越大，除尘效率越高，但气流阻损增加。一般出口管直径为除尘器圆筒直径的 $40\% \sim 50\%$。出口管插入除尘器的深度越小，气流阻损越小，但最低也要低于进气口的下沿，以避免气流短路，降低除尘效率；最大插入深度不能与圆锥部分的上沿在同一平面，以免影响气流运动。

旋风除尘器可以除去大于 $20 \mu m$ 的粉尘颗粒，压力损失较大，为 $500 \sim 1500 Pa$，因此，高压操作的高炉一般不用旋风除尘器，只是在常压高炉和冶炼铁合金的高炉还有使用旋风除尘器的。

图 8-5　旋风除尘器

8.1.2　半精细除尘设备

半精细除尘设备设在粗除尘设备之后，用来除去粗除尘设备不能沉降的细颗粒粉尘。

主要有洗涤塔和溢流文氏管，一般可将煤气（标态）含尘量降至 $800mg/m^3$ 以下。

8.1.2.1 洗涤塔

洗涤塔属于湿法除尘，结构原理如图 8-6a 所示，外壳由 8～16mm 钢板焊成，内设三层喷水管，每层都设有均布的喷头，最上层逆气流方向喷水，喷水量占总水量的 50%，下面两层则顺气流方向喷水，喷水量各占 25%，这样不至造成过大的煤气阻力且除尘效率较高。喷头呈渐开线型，喷出的水呈伞状细小雾滴并与灰尘相碰，灰尘被浸润后沉降塔底，再经水封排出。当含尘煤气穿过水雾层时，煤气与水还进行热交换，使煤气温度降至 40℃以下，从而降低煤气中的饱和水含量。

为使煤气流在塔内分布均匀，在洗涤塔的下部设有 2～3 层相互错开一定角度的煤气分配板，煤气分配板由弧形钢板构成。

洗涤塔的排水机构，常压高炉可采用水封排水，水封高度应与煤气压力相适应，不小于 3000mm 水柱，如图 8-6b 所示。当塔内煤气压力加上洗涤水的静压力超过 3000mm 水柱时，就会有水不断从排水管排出；当小于 3000mm 水柱时则停止，既保证了塔内煤气不会经水封逸出，又使塔内的水不会把荒煤气入口封住。在塔底设有排放淤泥的放灰阀。

高压操作的高炉洗涤塔上设有自动控制的排水设备，如图 8-6c 所示。一般设两套，每套都能排除正常生产时的用水量，蝶式调节阀由水位调节器中的浮标牵动。

图 8-6 洗涤塔

a—空心洗涤塔；b—常压洗涤塔水封装置；c—高压煤气洗涤塔的水封装置
1—煤气导入管；2—洗涤塔外壳；3—喷嘴；4—煤气导出管；5—人孔；6—给水管；7—洗涤塔；
8—煤气入口；9—水位调节器；10—浮标；11—蝶式调节阀；12—连杆；13—排水沟

影响洗涤塔除尘效率的主要因素是水的消耗量、水的雾化程度和煤气流速。一般是耗水量越大，除尘效率越高。水的雾化程度应与煤气流速相适应，水滴过小，会影响除尘效率，甚至由于过高的煤气流速和过小的雾化水滴会使已捕集到灰尘的水滴被吹出塔外，除尘效率下降。为防止载尘水滴被煤气流带出塔外，可以在洗涤塔上部设置挡水板，将载尘水滴捕集下来。根据试验，洗涤塔的水滴直径为 $500 \sim 1000 \mu m$ 时，与不同粒径的灰尘碰撞效率最高，除尘效率也最高，可见，在洗涤塔中不需要非常细的雾滴。

洗涤塔的除尘效率可达 80% ~ 85%，压力损失 80 ~ 200Pa，1000m^3 煤气耗水量（标态）4.0 ~ 4.5t，喷水压力为 0.1 ~ 0.15MPa。

8.1.2.2 溢流文氏管

溢流文氏管结构如图 8-7 所示，由煤气入口管、溢流水箱、收缩管、喉口和扩张管等组成。工作时溢流水箱的水不断沿溢流口流入收缩段，保持收缩段至喉口连续地存在一层水膜，当高速煤气流通过喉口时与水激烈冲击，使水雾化，雾化水与煤气充分接触，使粉尘颗粒湿润聚合并随水排出，并起到降低煤气温度的作用。其排水机构与洗涤塔相同。

溢流文氏管与洗涤塔比较，具有结构简单、体积小的优点，可节省钢材 50% ~ 60%，但阻力损失大，约 1500 ~ 3000Pa。溢流文氏管主要设计参数见表 8-2，喉口直径不大于 500mm，其断面为圆形，如需扩大断面，可采用矩形或椭圆形断面，为了提高溢流文氏管除尘效率，也可采用调径文氏管。

图 8-7 溢流文氏管示意图

1—煤气入口；2—溢流水箱；3—溢流口；
4—收缩管；5—喉口；6—扩张管

表 8-2 溢流文氏管主要设计参数

收缩角	扩张角	喉口长度/mm	喉口流速/m·s⁻¹	喷水量/t·m⁻³	溢流水量/t·m⁻³
20°~25°	6°~7°	300	50~70	3500~4000	500

8.1.3 精细除尘设备

高炉煤气经粗除尘和半精细除尘之后，尚含有少量粒度更细的粉尘，需要进一步精细除尘之后才可以使用。精细除尘的主要设备有文氏管、袋式除尘器和电除尘器等。精细除尘后煤气含尘量（标态）小于 10mg/m^3。

8.1.3.1 文氏管

文氏管由收缩管、喉口、扩张管三部分组成，一般在收缩管前设两层喷水管，在收缩管中心设一个喷嘴。

文氏管除尘原理与溢流文氏管相同，只是通过喉口部位的煤气流速更大，气体对水的冲击更加激烈，水的雾化更加充分，可以使更细的粉尘颗粒得以湿润凝聚并与煤气分离。

文氏管的除尘效率与喉口处煤气流速和耗水量有关，当耗水量一定时，喉口流速越高则除尘效率越高；当喉口流速一定时，耗水量多，除尘效率也相应提高。但喉口流速不能过分提高，因为喉口流速提高会带来阻力损失的增加。精细除尘文氏管主要设计参数见表8-3。

表8-3　文氏管主要设计参数

收缩角	扩张角	喉口部位/L·d^{-1}	喉口流速/m·s^{-1}	压力损失/kPa	耗水量/t·m^{-3}
20°~25°	6°~7°	1	90~120	8~10	500~1000

由于文氏管压力损失较大，适用于高压高炉，文氏管串联使用可以使煤气含尘量（标态）降至5mg/m^{3}以下。

由于高炉冶炼条件时有变化，从而使煤气量发生波动，这将影响到文氏管正常工作。为了保证文氏管工作稳定和较高的除尘效率，设计时可采用多根异径文氏管并联使用，也可采用调径文氏管。调径文氏管在喉口部位设置调节机构，可以改变喉口断面积，以适应煤气流量的改变，保证喉口流速恒定和较高的除尘效率。

8.1.3.2　静电除尘器

静电除尘器的基本结构是由产生电晕电流的放电极和收集带电尘料的集电极组成，当气体通过两极间的高压电场时，由于产生电晕现象而发生电离，带阴离子的气体聚集在粉尘上，在电场力作用下向阳极运动，在阳极上气体失去电荷向上运动并排出，灰尘沉积在阳极上，用振动或水冲的办法使其脱离阳极。

静电除尘器电极形式有平板式和管式两种，通常称负极为电晕极，正极为沉淀极。其结构形式有管式、套筒式和平板式三种类型，如图8-8所示。沉淀极用钢板制成，电晕极由紫铜（或黄铜）线（或片）组成，其形状有圆形（ϕ3.5~4.5mm）、星片形和芒刺形。套筒式静电除尘器各层的间距为180~200mm，平板式各钢板间距为170~180mm。

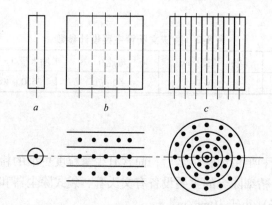

图8-8　静电除尘器结构形式
a—单管式；b—平板式；c—套筒式

静电除尘器由煤气入口、煤气分配设备、电晕极与沉淀极、冲洗设备、高压瓷瓶绝缘箱等构成，图8-9所示为5.5m^{2}套筒式静电除尘器结构。

定期冲洗的设备是用6个半球形喷水嘴，均布在沉淀极上方。而连续冲洗设备则用溢流水槽，在沉淀极表面形成水膜。对板式、套管式沉淀极则用水管向沉淀极表面连续喷水，在板面上形成水膜。

煤气分配设备是为煤气能均匀地分配到沉淀极之间而设置的。用导向叶片和配气格栅装在煤气入口处。

影响静电除尘器效率的因素有：

（1）荷电尘粒的运动速度。即尘粒横穿气流移向沉淀极的平均速度，速度愈大除尘效率就愈高。增大电晕电流，增大了电场与荷电尘粒的相互作用力，加速了荷电尘粒向沉淀极的运动速度，可以使吸附于尘粒上的荷电量相应的增多。可以采用提高工作电压或降低临界电压的方法，增大电晕电流。通过改变电晕极的形状，可实现降低临界电压，如管式静电除尘器的电晕极，由圆导线改为星片后，临界电压由 39kV 左右降到 29kV；减小电晕线的直径也可以降低临界电压，但受到材料强度的限制。采用利于尖端放电的电晕极可发挥电风效应，电风可直接加速荷电尘粒向沉淀极的运动速度，电风又可使离子和尘粒的浓度趋于均匀，加速离子沉积于尘粒上的过程。

（2）沉淀极比表面积愈大除尘效率愈高。沉淀极比表面积是指在 1s 内净化 $1m^3$ 煤气所具有的沉淀极面积。

（3）煤气流速与入口煤气含尘量。煤气流速要适当，过大会影响荷电尘粒向沉淀极运动的速度，或把已沉积在沉淀极上的尘粒带走；过小则降低了生产效率，一般为 $1 \sim 1.2m/s$，如果煤气先经过文氏管处理，含尘量较低时流速可以提高到 $1.5 \sim 2.0m/s$。煤气含尘量不宜过多，否则会产生电晕闭塞现象，引起除尘效率下降。

图 8-9 $5.5m^2$ 套筒式静电
除尘器结构

1—分配板；2—外壳；3—电晕极；
4—沉淀极；5—框架；
6—连续冲洗喷嘴；7—绝缘箱

（4）喷水冲洗沉淀极上的尘粒，可防止"反电晕"现象产生，以提高除尘效率。一般入口煤气含尘量少时，可定期冲洗，含尘量多时应连续冲洗。

（5）灰尘本身的性质和数量也影响着除尘效率。灰尘本身的导电性，影响它在沉淀极上失去电子的难易程度。导电性过高，易重新被煤气流带走，过低则会造成沉淀极堆积。煤气的湿度和温度直接影响灰尘的导电性。

静电除尘器的除尘效率可达99%以上，可将煤气含尘量降至 $5mg/m^3$ 以下，除尘效果不受高炉操作条件的影响，压力损失小，但是一次性投资高。

由于分子热运动造成的扩散作用的影响，静电除尘器对温度同样敏感，煤气入口温度以不超过200℃为宜，否则除尘效率会大幅度下降。

8.1.3.3 袋式除尘器

袋式除尘是利用各种高孔隙率的织布或滤毡，捕集含尘气体中的尘粒的高效率除尘器。含尘煤气流通过布袋时，灰尘被截留在纤维体上，而气体通过布袋继续运动，一般直径大于布袋孔径 1/10 的尘粒均能被布袋捕集，属于干法除尘，可以省去脱水设备，投资较低，特别是对采用余压透平发电系统的高炉，干法袋式除尘的优点就更为突出，可以提高余压透平发电系统入口煤气温度和压力，提高能源回收效率。

袋式除尘器对高炉煤气的除尘效率在 99% 以上，阻力损失小于 1~3kPa，净煤气含尘量可达到 5mg/m³ 以下。

袋式除尘器主要由箱体、布袋、清灰设备及反吹设备等构成，如图 8-10 所示。

图 8-10　袋式除尘器示意图

1—袋式除尘器壳体；2—氮气脉冲喷吹装置；3—滤袋及框架；

4—煤气入口管；5—煤气出口管；6—排灰管；7—支座

袋式除尘器在工作过程中，当布袋清洁时，起截留作用的主要是纤维体。随着纤维体上灰尘的不断增加，部分灰尘嵌入到布袋纤维体内，部分灰尘在布袋表面上形成一层灰尘，这时煤气流中的灰尘被截留主要是靠灰尘层来完成的。所以，布袋清洁时，除尘效率低，阻损小；当布袋脏时，除尘效率高，但阻损也高。因此，当煤气流通过袋式除尘器的压力降达到规定值时需要进行反吹清灰，将黏附在布袋上的灰尘抖落下来，便于布袋继续工作。通常玻璃纤维针刺毡阻损达到 3~5kPa 时，应进行反吹操作，一般 2~3h 反吹一次。常用的反吹方式有放散反吹、调压反吹、加压反吹、脉冲反吹等。

袋式除尘器的总过滤面积可以根据布袋可能承受的过滤负荷进行计算。过滤负荷是指每平方米布袋每小时允许过滤的煤气量。可按下式进行计算：

$$I = V/F \tag{8-4}$$

式中　I——过滤负荷，m³/(m²·h)；

　　　V——煤气量，m³/h；

　　　F——过滤面积，m²。

其中煤气量用标准状态下的煤气量来表示，此时过滤负荷称为标准状态下的过滤负荷：

$$I_N = V_N / F \qquad (8-5)$$

式中　I_N——标准状态下的过滤负荷，$m^3 / (m^2 \cdot h)$；

　　　V_N——标准状态下的煤气量，m^3/h。

　　在实际工况下，过滤负荷与标准状态下的过滤负荷关系如下：

$$I = m \cdot I_N \qquad (8-6)$$

式中　m——过滤负荷系数。

　　过滤负荷除与滤袋材质有关外，还与煤气温度、煤气压力、粗煤气含尘量等有关。

　　布袋总面积按下式计算：

$$A = \frac{V}{I} \qquad (8-7)$$

式中　A——除尘器总过滤面积，m^2；

　　　V——除尘器过滤煤气总流量，m^3/h；

　　　I——布袋允许的过滤负荷，一般取 $30 \sim 35 m^3 / (m^2 \cdot h)$。

　　除尘器总过滤面积除以每条布袋的表面积，即可求出布袋的总条数。袋式除尘器需要设置的箱体个数和每个箱体内布袋的条数要统筹考虑。

　　目前用于高炉煤气除尘的滤布材质主要有玻璃纤维针刺毡、氟美斯针刺毡、尼龙布袋等。

　　袋式除尘器箱体由钢板焊制而成，箱体截面为圆筒形或矩形，箱体下部为锥形集灰斗，水平倾斜角应大于60°，以便于清灰时灰尘下滑排出。集灰斗下部设置螺旋清灰器，定期将集灰排出。

　　采用袋式除尘器，需要解决的主要问题是进一步改进布袋材质，延长布袋使用寿命，准确监测布袋破损，以及控制进入袋式除尘器的煤气温度及湿度等。

8.2　脱水器

　　清洗除尘后的煤气含有大量细颗粒水滴，而且水滴吸附有尘泥，这些水滴必须除去，否则会降低净煤气的发热值，腐蚀和堵塞煤气管道，降低除尘效果。因此，在煤气除尘系统精细除尘设备之后设有脱水器，又称灰泥捕集器，使净煤气中吸附有粉尘的水滴从煤气中分离出来。

　　高炉煤气除尘系统常用的脱水器有重力式脱水器、挡板式脱水器和填料式脱水器等。

8.2.1　重力式脱水器

　　重力式脱水器结构如图8-11所示。其工作原理是气流进入脱水器后，由于气流流速和方向的突然改变，气流中吸附有尘泥的水滴在重力和惯性力作用下沉降，与气流分离。煤气在重力脱水器内标态流速为 $4 \sim 6 m/s$，进口煤气流

图8-11　重力式脱水器结构

速 15～20m/s。其特点是结构简单，不易堵塞，但脱泥、脱水的效率不高。通常安装在文氏管后。

8.2.2　挡板式脱水器

挡板式脱水器结构如图 8-12 所示。挡板式脱水器一般设在调压阀组之后，煤气从切线方向进入后，经曲折挡板回路，尘泥在离心力和重力作用下与挡板、器壁接触被吸附在挡板和器壁上、积聚并向下流动而被除去。煤气入口速度（标态）为 12m/s，筒内速度为 4m/s。

图 8-12　挡板式脱水器结构

8.2.3　填料式脱水器

填料式脱水器结构如图 8-13 所示。其脱水原理是靠煤气流中的水滴与填料相撞失去动能，从而使水滴与气流分离。一般设两层填料，每层厚 0.5m，填料层内填充塑料环，每个塑料环的表面积为 $0.0261m^2$，填充密度为 3600 个/m^3，每层塑料环层压力损失为 0.5kPa。填料式脱水器作为最后一级脱水设备，其脱水效率为 85%。

图 8-13　填料式脱水器结构

8.3　煤气除尘系统附属设备

8.3.1　煤气管道

高炉煤气管道由导出管、上升管、下降管、除尘器出口煤气管道等组成。煤气上升管及下降管用于把粗煤气从炉顶外封罩引出，并送至重力除尘器的煤气输送管道，如图 8-14 所示。从粗除尘设备到半精细除尘设备之间的煤气管道称为荒煤气管道，从半精细除尘设备到精细除尘设备之间的煤气管道称为半净煤气管道，精细除尘设备以后的煤气管道称为净煤气管道。

图 8-14　高炉炉顶煤气管道

煤气导出管的设置应有利于煤气在炉喉截面上均匀分布，减少炉尘携出量。小型高炉设置两根导出管，大型高炉设有四根导出管，均匀分布在炉头处，总截面积大于炉喉截面积的 40%，煤气在导出管内的流速为 3~4m/s，导出管倾角应大于 50°，一般为 53°，以防止灰尘沉积堵塞管道。

导出管上部成对地合并在一起的垂直部分称为煤气上升管。煤气上升管的总截面积为炉喉截面积的 25%~35%，上升管内煤气流速为 5~7m/s。上升管的高度应能保证下降管有足够大的坡度。

由上升管通向重力除尘器的一段为煤气下降管，为了防止煤气灰尘在下降管内沉积堵塞管道，下降管内煤气流速应大于上升管内煤气流速，一般为 6~9m/s，或按下降管总截面积为上升管总截面积的 80% 考虑，同时应保证下降管倾角大于 40°。

8.3.2　煤气遮断阀

煤气遮断阀设置在重力除尘器上部的圆筒形管道内，是一盘式阀，如图 8-15 所示。高炉正常生产时处于常通状态，阀盘提到虚线位置，煤气入口与重力除尘器的中心导入管相通。高炉休风时关闭，阀盘落下，将高炉与煤气除尘系统隔开。要求遮断阀的密封性能良好，开启时压力降要小。

8.3.3　煤气放散阀

煤气放散阀属于安全装置，设置在炉顶煤气上升管的顶端、除尘器的顶端和除尘系统煤气放散管的顶端，为常关阀。当高炉休风时打开放散阀并通入水蒸气，将煤气驱入大气，操作时应注意不同位置的放散阀不能同时打开。对煤气放散阀的要求是密封性能良好，工作可靠，放散时噪声小。

大型高炉常采用揭盖式盘式阀，如图 8-16 所示，阀盖和阀座接触处，加焊硬质合金，在阀壳内设有防止料块飞出的挡帽。

图 8-15　煤气遮断阀

图 8-16　煤气放散阀

8.3.4　煤气切断阀

为了把高炉煤气清洗系统与钢铁联合企业的煤气管网隔开，在精细除尘设备后的净煤气管道上，设有煤气切断阀。

8.3.5　调压阀组

调压阀组又称减压阀组，是高压高炉煤气清洗系统中的减压装置，既控制高炉炉顶压力，又确保净煤气总管压力为设定值。

调压阀组设置在煤气除尘系统二级文氏管之后，用来调节和控制高炉炉顶压力，其构造如图8-17所示，阀组配置情况与煤气管道直径有关，详见表8-4。以 $\phi2150mm$ 的煤气主管为例来说明调压阀组的组成，其是由四个调节阀和一个常通管道构成。在断开的净煤气管道上用五根支管连通，其中三根内径为 $\phi750mm$ 的支管中设有电动蝶式调节阀，一根内径为 $\phi400mm$ 的支管中设有自动控制的电动蝶式调节阀，另一根内径为 $\phi250mm$ 的支管常通。当三个 $\phi750mm$ 的电动蝶式调节阀逐次关闭后，高炉进入高压操作，这时 $\phi400mm$ 的自动控制电动蝶式调节阀则不断变动其开启程度，来维持稳定的炉顶压力。$\phi400mm$ 自动控制蝶式调节阀用于细调，$\phi750mm$ 电动蝶式调节阀用于粗调或分档调节，以实现不同的炉顶压力和高压、常压之间的转换，$\phi250mm$ 的常通管起安全保护作用。调压阀组后的煤气压力一般为 $20\sim35kPa$，管道中煤气流速为 $15\sim20m/s$。

图8-17 煤气调压阀组

1—电动蝶式调节阀；2—常通管；3—自动控制蝶式调节阀；4—给水管；5—煤气主管；6—终点开关

表8-4　调压阀组配置情况

序号	煤气主管直径/mm	调压阀组的配置	质量/kg	高炉容积/m³
1	φ1720	3×φ600 电动蝶式调节阀 1×φ300 自动控制蝶式调节阀 1×φ250 常通管	4642	620
2	φ2150	3×φ750 电动蝶式调节阀 1×φ400 自动控制蝶式调节阀 1×φ250 常通管	6142	1000~1500
3	φ2300	4×φ600 电动蝶式调节阀 1×φ500 自动控制蝶式调节阀 1×φ250 常通管	9400	2516

9 渣铁处理系统

渣铁处理系统是高炉生产的重要环节，完善的出铁场操作，及时合理地处理好生铁和炉渣是保证高炉按时正常出铁、出渣，确保高炉顺行，实现"高效、优质、低耗、长寿、环保"的重要手段。

9.1 风口平台及出铁场设计

9.1.1 风口平台及出铁场

在高炉下部，沿高炉炉缸风口前设置的工作平台为风口平台。为了操作方便，风口平台一般比风口中心线低 1150~1250mm，风口平台表面应该平坦并且还要留有排水坡度，操作面积随高炉炉容大小而异。操作人员可以在此平台上通过风口观察炉况，更换风口设备，检查高炉冷却设备，操作部分阀门及更换氧、煤喷枪等。

出铁场是布置铁沟、渣沟、安装炉前设备、进行出铁放渣操作的炉前工作平台。出铁场平台上布置有铁沟、渣沟、炉前设备以及相关的液压站、操作室、配电室等辅助设施。出铁场厂房是与高炉紧密结合在一起的工业厂房，内部设有检修吊车，用于设备检修。出铁场平台下边是运输铁水及熔渣的铁路线。

出铁场是整个高炉操作中劳动密集度最高的地方，所以出铁场的设计必须综合考虑高炉的生铁产量、炉缸的安全容铁量，以及出铁的实际情况，从而达到最低的人力配备、最少的设备维修量和最小的耐火材料消耗量的要求，同时达到较高的环保要求，改善出铁场的工作环境。中小高炉一般只有一个出铁场，大型高炉铁口数目多时，可设 2~4 个出铁场。

（1）出铁场的设计和操作的首要任务，就是在满足高炉生铁产量、炉缸安全容铁量的基础上，保证炉缸内的铁水和熔渣及时出净。依此设计出铁场和风口平台，以及相应的铁沟、渣沟和出铁场设备，以满足高炉的正常出铁速度和出铁次数的要求。

（2）通过合理的出铁场布置和出铁场除尘来改善出铁场的工作环境。在出铁场的设计中，必须设计完善的出铁场除尘系统，保护环境，减少出铁过程中散发出的烟尘和高温烟气。

（3）提高出铁场的机械化和自动化水平，可以显著地降低劳动强度和改善劳动条件。出铁场平坦化和完善出铁场的布置是实现出铁场机械化的前提。从而方便出铁场设备及渣铁沟的维护和检修。除了主铁沟的除尘罩高出出铁场平台工作面以外，出铁场应平坦化，要求渣沟、铁沟设在平台下，所有沟盖、沟罩全部与出铁场平台面平齐，包括铁水摆动流嘴除尘罩也与平台面平齐。

（4）提高出铁场的自动化水平。出铁场的自动控制系统，实现出铁场设备的全自动操作和遥控操作。使操作人员有很强的灵活性、机动性，并且能够方便、有效地监视各个设备和出铁过程。

（5）出铁主铁沟、支铁沟系统需要进行优化设计，从而缩短沟的长度，降低耐火材料的消耗量，提高沟的使用寿命，减少高炉的运行成本。

风口平台出铁场的设计原则，应适当延长主铁沟长度，改善渣铁分离，尽量缩短渣沟、支铁沟长度，减小劳动强度，减少沟料消耗，提高炉前机械化水平。主铁沟长度应符合渣铁分离的要求，并应采用摆动流嘴缩短渣沟和支铁沟的长度，选用鱼雷罐车和多铁水罐车的高炉宜采用摆动流嘴。

出铁场一般比风口平台低约1.5m。出铁场面积的大小，取决于渣铁沟的布置和炉前操作的需要。出铁场长度与铁沟流嘴数目及布置有关，而高度则要保证任何一个铁沟流嘴下沿不低于4.8m，以便机车能够通过。根据炉前工作的特点，出铁场在主铁沟区域应保持平坦，其余部分可做成由中心向两侧和由铁口向端部随渣铁沟走向一致的坡度。

风口平台和出铁场的结构有两种：一种是实心的，两侧用石块砌筑挡土墙，中间填充卵石和沙子，以渗透表面积水，防止铁水流到潮湿地面上，造成"放炮"现象，这种结构常用于小高炉；另一种是架空的，它是支持在钢筋混凝土柱子上的预制钢筋混凝土板或直接捣制成的钢筋混凝土平台。下面可做仓库和存放沟泥、炮泥，上面填充1.0~1.5m厚的沙子。渣铁沟底面与楼板之间，为了绝热和防止渣铁沟下沉，一般要砌耐火砖或红砖基础层，最上面立砌一层红砖或废耐火砖。

出铁场布置形式有以下几种：1个出铁口1个矩形出铁场，双出铁口1个矩形出铁场，3个或4个出铁口两个矩形出铁场，4个出铁口圆形出铁场；出铁场的布置随具体条件而异。目前1000~2000m³高炉多数设两个出铁口，4000m³以上的巨型高炉则设多个出铁口，轮流使用，基本上连续出铁，不同炉容的高炉出铁口数目见表9-1。

表9-1　高炉的出铁口数目

炉容级别/m³	1000	2000	3000	4000	5000
铁口数目/个	1~2	2~3	3~4	4	4~5

下面介绍2个出铁口和4个出铁口的几种典型的出铁场及渣铁沟布置形式。

9.1.1.1　2个出铁口、1个矩形出铁场的布置

图9-1所示为2个出铁口布置在1个矩形出铁场内的工艺布置。新建高炉的出铁场内

图9-1　2个出铁口、1个矩形出铁场的工艺布置

1—高炉；2—出铁口；3—出铁场；4—摆动流嘴；5—炉前吊车；6—渣沟

设有 2 个出铁口时，2 个出铁口之间的夹角应等于或大于 60°。

9.1.1.2　2 个出铁口、2 个矩形出铁场的布置

图 9-2 所示为 2 个出铁口、2 个矩形出铁场的工艺布置，每个出铁口设 1 个出铁场。

图 9-2　2 个出铁口、2 个矩形出铁场的工艺布置

1—高炉；2—出铁口；3—出铁场；4—摆动流嘴；5—炉前吊车；6—渣沟

我国大多数高炉采用矩形出铁场。在一个出铁场上设置 2 个出铁口时，可以采用矩形框架。有 2 个以上出铁口的高炉可以参照图 9-2 的双矩形出铁场，或者圆形出铁场，可以保证出铁口间的夹角在 40°～120°之间。

马钢 1 号 2500m³ 高炉设 2 个对称纵向布置的矩形出铁场，3 个出铁口成 Y 形布置，为了便于出铁场物料的装卸作业，采用公路与出铁场连通，汽车可以直接驶入出铁场平台。出铁场与风口平台通过坡道连接，2t 叉车可以上风口平台，这给更换风口装置带来很大方便。

9.1.1.3　2 个矩形出铁场、4 个出铁口的布置

图 9-3 所示为 4 个出铁口布置在 2 个矩形出铁场内。

图 9-3　2 个矩形出铁场，4 个出铁口的布置

1—高炉；2—铁口；3—出铁场；4—摆动流嘴；5—炉前吊车；6—渣沟

宝钢3号、4号高炉，鞍钢新1号、2号高炉设计为双矩形平坦出铁场。汽车可直接上出铁平台。设置4个铁口，32个风口，6个摆动流嘴，2个出铁场。其中一个出铁场的铁口间夹角为76°，其余相邻铁口间夹角为104°。采用了固定贮铁式主铁沟和浇注料内衬，正常工作制度为：2个铁口工作，1个备用，1个修理。

9.1.1.4　圆形出铁场，4个出铁口布置

图9-4所示为4个出铁口的圆形出铁场工艺布置。

图9-4　4个出铁口的圆形出铁场工艺布置
1—高炉；2—铁口；3—出铁场；4—摆动流嘴；5—炉前吊车；6—渣沟

圆形出铁场的优点是可以在任何方位布置出铁口。其缺点是布置二次除尘有困难，炉体平台较狭窄，难以实现快速大修和扩容。

针对炼铁生产对出铁场设计提出新的更高的要求，炼铁工艺对出铁场的结构要求如下：

（1）出铁场必须为平坦化设计，便于检修设备的运行。新建大于2000m³级高炉宜采用道路上出铁场。

（2）工作面采用耐热混凝土，使工作表面连续平整又可抵抗渣铁的侵蚀。

（3）尽可能取消填沙层，减轻结构自重荷载，减少河沙的用量。

（4）采用钢结构梁和柱，缩短建设周期，并可以实现高炉快速大修。

（5）在渣铁沟和土建挡墙之间增加隔热材料，减少热损失。

（6）出铁场平台的钢梁及柱要做好防渣铁喷溅的喷涂保护。

图9-5所示为宝钢1号高炉出铁场的平面布置。

宝钢1号高炉是4063m³巨型高炉，出铁场可以处理干渣、水渣两种炉渣，设有两个对称的出铁场，4个铁口，每个出铁场上布置两个出铁口。出铁场分为主跨和副跨，主跨跨度28m，铁沟及摆动溜嘴布置在主跨；副跨跨度20m，渣沟、残铁罐布置在副跨。每个出铁口都有两条专用的鱼雷罐车停放线，并且与出铁场垂直，这样可以缩短铁沟长度，减小铁沟维修工作量，减小铁水温度降。

图 9-5　宝钢 1 号高炉出铁场的平面布置

1—高炉；2—活动主铁沟；3—支铁沟；4—渣沟；5—摆动溜嘴；6—残铁罐；7—残铁罐倾翻台；8—泥炮；
9—开铁口机；10—换钎机；11—铁口前悬臂吊；12—出铁场间悬臂吊；13—摆渡悬臂吊；14—主跨吊车；
15—副跨吊车；16—主铁沟、摆动溜嘴修补场；17—泥炮操作室；18—泥炮液压站；
19—电磁流量计室；20—干渣坑；21—水渣粗粒分离槽；22—鱼雷罐车停放线

对风口平台结构的要求如下：

（1）风口平台要连成整体，便于操作和运输风口设备，以及机械化检修风口。

（2）风口平台设计应充分考虑出铁场设备的布置，在满足通风除尘、炉前设备检修要求的前提下，宜扩大风口平台的面积。

（3）风口平台应采用大跨度钢梁结构。

9.1.2　渣铁沟和渣铁分离器

9.1.2.1　主铁沟

从高炉出铁口到渣铁分离器之间的一段铁沟称为主铁沟，其构造是在 80mm 厚的铸铁槽内，砌一层 115mm 的黏土砖，上面捣以碳素耐火泥。主铁沟长度应保证渣铁很好地分离。主铁沟的宽度是逐渐扩张的，这样可以减小渣铁流速，有利于渣铁分离，一般铁口附近宽度为 1m，渣铁分离器处宽度为 1.4m 左右。

过去采用干式主铁沟，坡度一般为 8% ~ 12%。由于出铁后只在渣铁分离器内贮存少量铁水，主铁沟内衬大部分暴露在空气中，温度变化很大，因受急冷、急热和氧化的作用，主铁沟寿命很短。大型高炉均已淘汰这种主铁沟。

对于高压操作的高炉，由于出铁时铁水流速高，渣铁不易充分分离，因此，近来除加长主铁沟长度外，大型高炉多采用贮铁式主铁沟，主铁沟坡度约为 3° ~ 5°。

高压操作的高炉出铁时，铁水从铁口喷出，落入主铁沟处的沟底最先损坏，修补频

繁。通常情况下，采用贮铁式主铁沟。主铁沟内贮存铁水，能减缓出铁时铁水呈射流状从
出铁口喷出的冲击力，渣铁不直接冲击沟底内衬，减轻了主铁沟耐火材料受冲击和磨损的
程度。在出铁后，主铁沟内贮存一定量的铁水，起着保护内衬的作用，如图9-6所示。此
外，主铁沟内贮存的铁水减少了内衬急冷急热大幅度的温度波动，因而提高了主铁沟内衬
的寿命。铁水在主铁沟中的流速直接影响渣铁分离。适当加大贮铁式主铁沟断面积，减缓
铁水在主铁沟中的流动速度。主铁沟浇注工作衬底部和侧面厚度不应小于350mm，有利于
延长主铁沟工作内衬寿命。

图9-6　铁口处铁水射流及其落入贮铁式主铁沟的情况

9.1.2.2　渣铁分离器

渣铁分离器又称撇渣器、砂口或小坑，其示意图如图9-7所示。利用渣铁的密度不同，
用挡渣板把下渣挡住，只让铁水从下面穿过，达到渣铁分离的目的。近年来对渣铁分离器进
行了不断改进，如用炭捣或炭砖砌筑的渣铁分离器，寿命可达一周至数月。通过适当增大渣
铁分离器内贮存的铁水量，一般在1t以上，上面盖
以焦末保温，可以一周至数周放一次残铁。

由于主铁沟和渣铁分离器的清理与修补工作
是在高温下进行的，劳动条件十分恶劣，工作非
常艰巨，往往由于修理时间长而影响正点出铁。
因此，目前大中型高炉多做成活动主铁沟和活动
渣铁分离器，可以在炉前平台上冷态下修好，定
期更换。更换时分别将它们整体吊走，换以新做
好的主铁沟和渣铁分离器。

图9-7　渣铁分离器示意图

1—主铁沟；2—下渣沟砂坝；3—残渣沟砂坝；
4—挡渣板；5—沟头；6—支铁沟；7—残铁孔；
8—小井；9—砂口眼

9.1.2.3　支铁钩和渣沟

支铁沟是从渣铁分离器后至铁水摆动流嘴或铁水流嘴的铁水沟。坡度一般为5% ~
6%，在流嘴处可达10%。尽量缩短支铁沟的长度，可以减少耐火材料的直接消耗，减少

维护费用，相对地缩短了沟的检修、维护时间。

渣沟的结构是在 80mm 厚的铸铁槽内捣一层垫沟料，铺上河沙即可，不必砌砖衬，这是因为渣液遇冷会自动结壳。渣沟的坡度在渣口附近较大，约为 20% ~ 30%，流嘴处为 10%，其他地方为 6%。

9.1.3 摆动溜嘴

摆动溜嘴安装在出铁场下面，其作用是把经铁水沟流来的铁水注入出铁场平台下的任意一个铁水罐中。设置摆动溜嘴的优点是：缩短了铁水沟长度，简化了出铁场布置；减轻了修补铁沟的作业。

摆动溜嘴由驱动装置、摆动溜嘴本体及支座组成，如图 9-8 所示。电动机通过减速机、曲柄带动连杆，使摆动溜嘴本体摆动。在支架和摇台上设有限止块，为减轻工作中出现的冲击，在连杆中部设有缓冲弹簧。一般摆动角度为 30°，摆动时间 12s。在采用摆动溜嘴时，需要有两个铁水罐列。

图 9-8 摆动流嘴

1—支架；2—摇台；3—摇臂；4—摆动溜嘴；5—曲柄-连杆传动装置；

6—驱动装置；7—铁水罐车

9.1.4 炉前渣铁沟内衬材料

渣铁沟是出渣出铁的通道。渣铁沟中的耐火内衬，受高温渣铁的化学侵蚀和物理侵蚀，极易损坏，需要不断地更换和维护。

目前，国内外用于高炉铁沟的不定形耐火材料主要有 Al_2O_3-SiC-C 质、莫来石-碳化硅-碳质、氧化铝-碳质、镁铝尖晶石质等，所用结合剂也分为无机和有机多种类型。

（1）日本几乎所有高炉铁沟都使用 Al_2O_3-SiC-C 质浇注料，因局部损坏而全面拆除不经济，故采用热态喷补修理。

（2）法国、美国高炉铁沟一般也使用 Al_2O_3-SiC-C 质浇注料，后来在此基础上又研制出了一种自流浇注料，使主铁沟工作衬寿命大幅度提高。主铁沟在使用浇注料后，在不修补的情况下，通铁量达 15 万吨，若按计划修补，通铁量可达 40 万吨。

（3）德国大型高炉铁沟，一般采用化学结合 Al_2O_3-SiC-C 质捣打料，有时掺加 Si_3N_4 以增强抗氧化性和耐侵蚀性。近年来，引进了铁沟用 Al_2O_3-SiC-C 质浇注料和干式振动料。

（4）我国大型高炉则采用以电熔刚玉、碳化硅、少量金属硅和金属铝粉以及适量的促凝剂和解胶剂等高级原料配成的浇注料。宝钢高炉采用从国外引进的 Al_2O_3-SiC-C 质低气孔高密度浇注料，主要原料选用致密电熔刚玉、碳化硅，添加少量金属硅、金属铝粉和一定量的促凝剂、解胶剂等。我国某研究院研究了高炉铁沟浇注料，以棕刚玉为主要材料，适当配入 SiC、碳质材料、黏土、高铝水泥、超微粉和外加剂制成铁沟浇注料。该浇注料原料易得，成本低廉，施工方便，使用寿命长。

（5）近年来，又研制出了自流浇注料，自流浇注料是一种无须振动，可自流成形、找平的新型耐火材料。适用于施工空间狭窄、形状复杂的部分，并能降低劳动强度，提高劳动生产率，改善工作环境，减少噪声和振动的危害。现在由于喷射料的一系列的优异性能，国内有很多单位已经开始了高炉铁沟用喷射料的研究。

9.1.4.1 铁沟用耐火材料

在 20 世纪 80 年代前，国内均采用耐火砖及捣打料砌筑，铺沟料主要是碳素捣打料，一般是由黏土、焦粉、沥青组成。渣铁沟修补作业是采用人工捣打而成。修补时烟尘大，捣打密实度低，内衬更换和维护的劳动强度很大。后来改用了 Al_2O_3-SiC-C 质捣打料。

随着技术的进步，国内研制和生产的浇注料得到迅速推广和应用。浇注料具有含水量低、致密度高、耐高温、抗侵蚀等特点。此外，在浇注料中添加微量铝粉作为快干防爆裂剂，在快速干燥时不易发生爆裂。经过生产验证，具有使用寿命长、消耗低的优点。

我国某厂铁沟使用的不定形耐火材料理化性能指标见表 9-2，铁沟使用的定形耐火材料理化性能指标见表 9-3。

表 9-2　铁沟使用的不定形耐火材料理化性能指标

理 化 指 标		主铁沟浇注料 BG-ZGZX	主铁沟浇注料 BG-ZGTX	主铁沟接头料 BG-ZGD	铁沟浇注料 BG-TG	铁沟盖浇注料 BG-17FLS2
含量/%	Al_2O_3	≥50	≥68	≥62	≥50	≥65
	SiC	≥30	≥8	≥10	≥7	≥15
体积密度/g·cm^{-3}	110℃×24h	≥2.70	≥2.80	≥2.65	≥2.40	≥2.60
	1450℃×3h	≥2.60	≥2.70	≥2.60	≥2.30	
耐压强度/MPa	110℃×24h	≥15	≥20		≥15	≥40
	1450℃×3h	≥25	≥30		≥25	
线变化率/%	1450℃×3h	±0.5	±0.5	±0.5	±0.5	±0.5

续表9-2

理化指标		主铁沟浇注料	主铁沟浇注料	主铁沟接头料	铁沟浇注料	铁沟盖浇注料
		BG-ZGZX	BG-ZGTX	BG-ZGD	BG-TG	BG-17FLS2
抗折强度/MPa	干燥后 (110℃×24h)	≥2.5	≥2.5	≥4.0	≥2.0	≥3.0
	热态 (1450℃×3h)	≥3.5	≥3.5	≥3.5	≥3.5	≥3.0
显气孔率/%	110℃×24h					≤20

表9-3　铁沟使用的定形耐火材料理化性能指标

理化指标		高铝质碳化硅砖	黏土砖	黏土隔热砖	硅藻土隔热砖
		BG-D5A	BG-N3	BG-IN0.9	BG-ID0.7
含量/%	Al_2O_3	≥60			
	SiO_2	≥13			
体积密度/g·cm^{-3}		≥2.7	≥1.9	≤0.9	≤0.7
显气孔率/%		≤20	≤25		
耐压强度/MPa		≥90	≥20	≥8	≥2.5
抗折强度/MPa		≥12			
耐火度/℃			≥1690		
荷重软化温度T_2/℃			≥1350		
重烧线变化/%			±0.5 (1350℃×3h)	≤2 (1350℃×3h)	≤0.20 (1350℃×3h)
热导率/W·(m·K)$^{-1}$				≤0.279 (300℃±10℃)	0.209 (300℃±10℃)
用　途		主铁沟、摆动流嘴及铁口框下保护墙	渣铁沟、摆动流嘴及出铁场平台、风口平台	摆动流嘴	渣铁沟

9.1.4.2　渣沟用耐火材料

高炉渣沟不仅承受高炉炉渣的冲击和侵蚀，而且承受温度的急剧变化，这使得高炉渣沟也成为高炉消耗耐火材料的重要区域之一。因此，渣沟料应具有以下性能：

（1）有良好的抗渣侵蚀性能，能抵抗熔渣的侵蚀；

（2）有较高的强度，能够抵抗高温熔渣的剧烈冲刷；

（3）为避免或减少因高温作用使渣沟体积变化而产生裂纹，要求材料具有均匀、高致密的结构，耐热震性好，重烧体积变化小；

（4）良好的施工性能，且不粘渣，便于修理和拆除。

我国某厂渣沟使用的耐火材料理化性能指标见表9-4。

表 9-4　渣沟使用的耐火材料理化性能指标

理 化 指 标		渣沟浇注料 BG-ZG	渣沟捣打料 BG-ZRG	浇注料 SMSIR	浇注料 SMC3S
含量/%	Al_2O_3	≥50	≥58	60 ~ 65	55 ~ 60
	SiC	≥12	≥12	8 ~ 10	10 ~ 12
体积密度 /g · cm^{-3}	110℃ ×24h	≥2.40	≥2.30	2.4 ~ 2.5	2.4 ~ 2.5
	1450℃ ×3h	≥2.30		2.35 ~ 2.4 *	2.35 ~ 2.4 *
耐压强度 /MPa	110℃ ×24h	≥15		10 ~ 15	15 ~ 20
	1450℃ ×3h	≥25		30 ~ 35 *	30 ~ 35 *
线变化率/%	1450℃ ×3h	±0.5	±0.5	+0.3 ~ +0.4 *	+0.5 ~ +0.6 *
抗折强度 /MPa	干燥后 (110℃ ×24h)	≥2.0	≥2.0	2.5 ~ 3.0	2.5 ~ 3.0
	热 态 (1450℃ ×3h)	≥3.0	≥3.0	4.5 ~ 5.0 *	4.0 ~ 4.5 *

注：1. SMSIR 和 SMC3S 为材料的实验数据，其中带 * 的指标是以 1450℃ ×2h 为试验条件；

　　2. 注意试验数据与材料的性能是有区别的。

浇注料与捣打料相比，具有以下优点：

（1）可以制成适合工艺要求的渣铁沟断面；

（2）便于机械化施工，时间缩短，效率提高；

（3）减少了沟体内衬砖缝，整体密封性能好。

浇注料与捣打料施工性能比较见表 9-5。

表 9-5　浇注料与捣打料施工性能比较

项　目	浇注料	捣打料	项　目	浇注料	捣打料
耐火材料利用情况	在95%以上	约80%	施工所需场地	可在原处修理	无法施工，只能进行修补
新沟施工 50t 料所需时间	4h	50h	耐用性	未熔损料可继续使用	只能进行 2 ~ 3 次修补
新沟施工 50t 料所需人员	7 人	13 人			
施工后耐火材料组织情况	均匀	不太均匀	施工情况	简单	复杂

9.1.5　炉前渣铁沟浇注施工用设备

炉前渣铁沟耐火浇注料施工用设备，主要有快速搅拌机和浇注料运送小车。这两种设备是高炉铁沟、渣沟和摆动流嘴用耐火浇注料的搅拌、浇注的专用设备，是 20 世纪 80 年代开发出来的。由两台可移动的单体设备，即 KJB-500 型快速搅拌机和 YCL 浇注小车组成，它们是互相搭配、交替使用的。

1990 年这两种设备在宝钢 2 号高炉上成功应用。目前已在宝钢、武钢、鞍钢等国内多座大型高炉上应用。

9.1.5.1 设备配置

由于耐火浇注料的工艺设备是可移动的，可根据工艺要求灵活地进行匹配，目前常用的浇注工艺主要有以下几种配置：

（1）搅拌机和浇注料小车不在一条中心线上，浇注料通过皮带运输机，由搅拌机处运至浇注料小车，然后由浇注料小车往复进行浇注，浇注后加盖，按设定的干燥升温曲线干燥。此工艺如图9-9所示。

图9-9 利用浇注设备和运输设备在线浇注主铁沟

1—主铁沟；2—浇注料小车；3—皮带机；4—搅拌机；
5—捣固器；6—吊车；7—浇注料

（2）利用搅拌机和料斗浇注。这种工艺方法施工简便，适用于浇注和维修铁沟、渣沟。浇注后加盖，按设定的干燥升温曲线干燥。

（3）摆动流嘴离线在修理场大修，进行浇注料施工，施工后加盖，按设定的干燥升温曲线干燥。

9.1.5.2 KJB-500 快速搅拌机

KJB-500 快速搅拌机用于搅拌耐火浇注料，也可用于建筑行业搅拌混凝土或其他物料。

（1）设备的主要技术规格及性能指标见表9-6。

表9-6 KJB-500 快速搅拌机主要技术规格及性能指标

指 标	数 值	指 标	数 值
搅拌机壳体容量/m^3	1.25	水罐容积/L	180
每次装料质量/kg	500	电源电压/V	380
耐火浇注料密度/$t \cdot m^{-3}$	2.6~2.8	冲洗水压力/MPa	0.4
搅拌体回转速度/$r \cdot min^{-1}$	25.2	设备质量/kg	6996
快速搅拌装置回转速度/$r \cdot min^{-1}$	86.3		

（2）设备结构。KJB-500快速搅拌机设备是由快速搅拌机、上下台架、水罐、供排水系统、电控装置、冲洗用水泵、自动润滑系统和排料溜槽等部分组成，如图9-10所示。

图 9-10　KJB-500 快速搅拌机

1—快速搅拌机；2—台架；3—受料漏斗及支座；4—水罐；5—供排水系统；

6—电控装置；7—冲洗用水泵；8—自动润滑系统

9.1.5.3　YCL 浇注小车

YCL浇注小车是大型高炉渣铁沟浇注料工艺配套用的设备之一，用于承接从搅拌机排出的浇注料，并将其运送、注入、捣实到主铁沟、支铁沟或渣沟等各个部位，可直接完成全部铁沟和渣沟的浇注工作。

（1）设备的主要技术规格及性能指标见表9-7。

表 9-7　YCL 浇注小车主要技术规格及性能指标

指　标	数　值	指　标	数　值
载重量/kg	1000	电源电压/V	380
行走速度/m·min^{-1}	22.2	设备重量/kg	1918
行走方式（电缆滚筒）	往复行走		

（2）设备结构及工作原理。浇注小车由车体、储料槽、电控装置、左右闸门、电缆滚筒、振动电机、捣固器、小车驱动等部分组成，如图9-11所示。

电动浇注小车安装在与主铁沟中心线相重合的临时铁轨面上。浇注小车可进入搅拌机下框架内，通过限位开关的控制将注料槽对准搅拌机的卸料闸门。浇注料从卸料闸门排出落入注料槽。电动注料小车沿轨面行至铺料面，打开左右闸门，浇注料卸入主铁沟内。启动振动电机，将粘在槽内的浇注料振落在沟内并捣实。一车料浇注完后，小车返回，重新周而复始至整个主铁沟浇注完毕为止。小车往复运动时，其电源线由搅拌机上引出，并通过车上电缆滚筒将电缆放开或卷取。

图 9-11 浇注小车

1—电缆卷筒；2—右闸门；3—撞铁；4—料车；5—辊轴；6—电控柜；7—小车驱动机构；
8—小车从动机构；9—车架；10—左闸门；11—振动电机

9.1.6 炉前渣铁沟烘烤设备

RGZ-36 热风干燥机是用以烘干浇注料的专用设备，使用气体燃料和高速燃烧器，将燃烧器产生的热风，强制地通入高炉主铁沟或渣铁沟、摆动流嘴进行浇注后干燥。该设备的干燥时间和温度采用程序自动控制。该设备也适于钢铁企业钢水包、铁水包、中间罐等烘烤之用。

热风干燥机由台架、风机、燃烧系统、调节系统、电控装置、仪控装置等组成。燃烧系统包括点火装置、高速燃烧器、V 形导火筒。高速燃烧器是双层套管式，内层是煤气，压力为 5~6kPa，外层是空气，压力为 7kPa。打开风机燃烧器内通入空气，煤气在空气压力作用下，在入口处产生负压被吸入混合器，点火后在燃烧筒内燃烧。燃烧产生的热风由 V 形导火筒导入主铁沟，从而达到除去浇注料内结晶水和干燥的目的。

RGZ-36 热风干燥机主要技术规格及性能指标见表 9-8。

表 9-8　**RGZ-36 热风干燥机主要技术规格及性能指标**

指　标	数　值	指　标	数　值
燃料参数： 　发热量 /MJ·m⁻³ 　压力 /kPa 　流量 /m³·h⁻¹	焦炉煤气 18.84 5~6 300	风机参数： 　风量 /m³·min⁻¹ 　静风压 /kPa 　噪声 /dB	36 7 低于 75（带隔声箱）
燃烧器性能： 　最大燃烧能力 / MJ·h⁻¹ 　烘烤温度 /℃ 　常用温度 /℃	5024.16 150~800 500	设备质量 /kg	2282

9.1.7　炉前事故用氧气设备

出铁场操作中，在处理铁口事故、渣铁沟检修以及清除渣铁沟内部的残渣和残铁时，需要使用氧气。

通常采用氧气管道和氧气瓶供应氧气。使用氧气时，经过减压阀减压至需用的压力，经过专用的氧气管至使用地点。

氧气主管经过专用的氧气阀箱分配后，可以同时供给 2~3 个使用点。氧气主管的压力一般为 1.5MPa。炉前为间断性使用。

随着高炉操作水平及炉前设备装备水平的提高，炉前出铁事故大大降低，炉前用氧气的消耗量很少。

9.2　炉前主要设备

高炉炉前配备大吨位的全液压泥炮、多功能全液压开铁口机、液压移盖机、大容量铁水罐车、机械化换风口设备、遥控炉前吊车等设备。这些设备均可以实现自动及遥控操作，大大减轻了工人的劳动强度。

出铁场起重设备还包括各种悬臂起重机、过跨起重机、拆沟机等。为减轻炉前工人劳动强度，提高机械化作业率，大型高炉一般配备拆沟机。

9.2.1　开铁口机

开铁口机就是高炉出铁时打开出铁口的设备。为了保证炉前操作人员的安全，现代高炉打开铁口的操作都是机械化、远距离进行的。

开铁口机必须满足以下要求：开铁口时不得破坏泥套和覆盖在铁口区域炉缸内壁上的泥包；能远距离操作，工作安全可靠；外形尺寸应尽可能小，并当打开出铁口后能很快撤离出铁口；开出的出铁口孔道应为具有一定倾斜角度、满足出铁要求的直线孔道。铁口深度和铁口直径是选择开铁口机的重要依据。

开铁口机按其动作原理分为钻孔式和冲钻式两种。目前高炉普遍采用气动冲钻式开铁口机。

9.2.1.1 钻孔式开铁口机

钻孔式开铁口机结构比较简单,吊挂在可作回转运动的横梁上,送进和退出由人力或卷扬机来完成。钻孔式开铁口机旋转机构示意图如图9-12所示。

钻孔式开铁口机的特点是结构简单,制造安装方便,因而被中小高炉广泛采用。其主要缺点是钻杆在电动机驱动下只作旋转运动,而不能作冲击运动,当钻头快要钻到终点时,需要退出钻杆,用人工捅开铁口,这样不安全并且也容易烧坏钻头。这种开铁口机在钻开铁口过程中,由于是无吹风钻孔,钻

图9-12 钻孔式开铁口机旋转机构示意图
1—电动机;2,3—齿轮减速器;4—钻杆

屑不能自动排除,需要退出钻杆后再用压缩空气吹出,降低了工作效率。

为了克服上述缺点,目前已将这种开铁口机改为带吹风结构的钻孔式开铁口机。带吹风结构的钻孔式开铁口机,钻杆、钻头是空心的,从空心部分鼓入压缩空气,这样能及时吹出钻屑,使钻孔作业顺利进行,并且钻头在钻进过程中得以冷却,还可根据吹出的钻屑颜色来判断钻进深度,防止钻透铁口。带吹风结构的钻孔式开铁口机工作效率高,安全可靠,结构紧凑,因此得到广泛应用。

9.2.1.2 冲钻式开铁口机

冲钻式开铁口机由起吊机构、转臂机构和开铁口机构组成。开铁口机构中钻头以冲击运动为主,同时通过旋转机构使钻头产生旋转运动,即钻头既可以进行冲击运动又可以进行旋转运动。

开铁口时,通过转臂机构和起吊机构,使开铁口机构处于工作位置,先在开铁口机构上安装好带钻头的钻杆。开铁口过程中,钻杆先只做旋转运动,当钻杆以旋转方式钻到一定深度时,开动正打击机,钻头旋转、正打击前进,直到钻头钻到规定深度时才退出钻杆,并利用开铁口机上的换钎装置卸下钻杆,再装上钎杆,将钎杆送进铁口通道内,开动打击机,进行正打击,钎杆被打入到铁口前端的堵泥中,直到钎杆的插入深度达到规定深度时停止打击,并松开钎杆连接机构,开铁口机便退回到原位,钎杆留在铁口内。到放铁时,开铁口机开到工作位置,钳住插在铁口中的钎杆,进行逆打击,将钎杆拔出,铁水便立即流出。

冲钻式开铁口机的特点是:钻出的铁口通道接近于直线,可减少泥炮的推泥阻力;开铁口速度快,时间短;自动化程度高,大型高炉多采用这种开铁口机。

9.2.2 堵铁口泥炮

高炉出铁后,必须用耐火材料(炮泥)将铁口迅速堵住,堵铁口的专用设备称为泥炮。泥炮在高炉不停风的全风压条件下把炮泥压进铁口,其压力应大于炉缸内压力。对泥炮的要求是:泥炮工作缸应具有足够的容量,能供给需要的堵铁口泥量,有效地堵塞出铁口通道和修补炉缸前墙,使前墙厚度达到所要求的出铁口深度;活塞应有足够的推

力，以克服较密实的堵铁口泥的最大运动阻力，并将堵铁口泥分布在炉缸内壁上；工作可靠，能适应高炉炉前高温、多粉尘、多烟气的恶劣环境；结构紧凑，高度矮小；维修方便。

按驱动方式可将泥炮分为汽动泥炮、电动泥炮和液压泥炮三种。汽动泥炮采用蒸汽驱动，由于泥缸容积小，活塞推力不足，已被淘汰。随着高炉容积的大型化和无水炮泥的使用，要求泥炮的推力越来越大，电动泥炮已难以满足现代大型高炉的要求，现代大型高炉多采用液压矮泥炮，常用的国产泥炮主要有 BG 型液压矮式泥炮和 SGXP 型液压矮式泥炮，如图 9-13 和图 9-14 所示。

图 9-13　BG 型液压矮式泥炮

1—炮身；2—压炮装置；3—旋转装置；4—液压站；5—电控装置

图 9-14　SGXP 型液压矮式泥炮

1—打泥机构；2—回转机构；3—斜底座

9.2.2.1　电动泥炮

电动泥炮主要由打泥机构、压紧机构、锁炮机构和转炮机构组成。

电动泥炮打泥机构的主要作用是将炮筒中的炮泥按适宜的吐泥速度打入铁口，其结构如图 9-15 所示。当电动机旋转时，通过齿轮减速器带动螺杆回转，螺杆推动螺母和固定在螺母上的活塞前进，将炮筒中的炮泥通过炮嘴打入铁口。

图 9-15 电动泥炮打泥机构

1—电动机；2—联轴器；3—齿轮减速器；4—螺杆；5—螺母；6—活塞；7—炮泥；8—炮嘴

压紧机构的作用是将炮嘴按一定角度插入铁口，并在堵铁口时把泥炮压紧在工作位置上。

转炮机构要保证在堵铁口时能够回转到对准铁口的位置，并且在堵完铁口后退回原处，一般可以回转180°。

电动泥炮虽然基本上能满足生产要求，但也存在着不少问题，主要是：活塞推力不足，受到传动机构的限制，如果再提高打泥压力，会使炮身装置过于庞大；螺杆与螺母磨损快，维修工作量大；调速不方便，容易出现炮嘴冲击铁口泥套的现象，不利于泥套的维护。液压泥炮克服了上述电动泥炮的缺点。

9.2.2.2 液压泥炮

液压泥炮由液压驱动。转炮用液压马达，压炮和打泥用液压缸，其特点是体积小，结构紧凑，传动平稳，工作稳定，活塞推力大，能适应现代高炉高压操作的要求。但是，液压泥炮的液压元件要求精度高，必须精心操作和维护，以避免液压油泄漏。

现代大型高炉多采用液压矮泥炮。所谓矮泥炮是指泥炮在非堵铁口和堵铁口位置时，均处于风口平台以下，不影响风口平台的完整性。

宝钢1号高炉采用的是MHG60型液压矮泥炮，如图9-16所示。这是当今世界上打泥能力最大——6000kN、工作油压最高——35MPa、自动化程度最高——可手动、自动、无线电遥控的液压泥炮。生产实践证明，这种泥炮工作可靠，故障很少，适合于大型高炉。

堵铁口泥炮的泥缸容积和打泥压力，随高炉容积和炉缸压力大小的不同而不同，其主要参数见表9-9。

图 9-16 MHG60 型液压矮泥炮

表 9-9 泥炮主要参数

高炉容积 /m³	250	620	1000 ~ 1500	2000 ~ 2500	4000
高炉风机风压 /MPa	0.17	0.25	0.35	0.40	0.45
泥缸有效容积 /m³	0.1	0.15	0.2	0.25	0.25

泥缸活塞压力/MPa	5.0	7.5	10.0	12.0	16.7
吐泥速度/m·s⁻¹	0.2	0.32	0.35	0.2	0.27

9.2.3　堵渣口机

堵渣口机是用来堵塞渣口的设备。现代高炉一般不设渣口，在此做一简单介绍。对堵渣口机的要求是工作可靠，能远距离操作；塞头进入渣口的轨迹应近似于一条直线；结构简单、紧凑；能实现自动放渣。

堵渣口机常用铰接的平行四连杆机构，如图 9-17 所示。堵渣机的塞杆和塞头均为空心的，其内通水冷却，塞头堵入渣口，在冷却水的作用下熔渣凝固，起封堵作用。放渣时，堵渣机塞头离开渣口后，人工用钢钎捅开渣壳，熔渣就会流出。这样操作很不方便，且不安全，因此，这种水冷式的堵渣机已逐渐淘汰，由吹风式的堵渣机代替。

图 9-17　四连杆式堵渣机

1—塞头；2—塞杆；3—框架；4—平行四连杆；5—塞头冷却水管；6—平衡重锤；
7—固定轴；8—钢绳；9—钩子；10—操纵钩子的钢绳；11—气缸

吹风式堵渣机，其构造与水冷式堵渣机相同，只是塞杆变成一个空腔的吹管，在塞头上也钻了孔，中心有一个孔道。堵渣时，高压空气通过孔道吹入高炉炉缸内，由于塞头中心孔在连续不断地吹入压缩空气，这样，渣口就不会结壳。放渣时拔出塞头，熔渣就会自动放出，无须再用人工捅穿渣口，放渣操作方便。塞头内通压缩空气不仅起冷却塞头的作用，而且压缩空气吹入炉内，还能消除渣口周围的死区，延长渣口寿命。

9.2.4　换风口机

高炉风口烧坏后必须立即更换。过去普遍采用人工更换风口，不仅工作艰巨，而且更换时间长，影响高炉生产。随着高炉容积的大型化，风口数目增多，重量增加，要求缩短更换风口的时间，人工更换风口已不能适应高炉操作的要求。因此，大型高炉多采用换风口机来更换风口。对换风口机的要求是：操作简单方便，灵活可靠，运转迅速、适应性强，耐高温性能与耐冲击性能好。

换风口机按其走行方式，可分为吊挂式和炉前地上走行式两类。吊挂式换风口机结构如图9-18所示。主要由小车运行机构、立柱回转及升降机构、挑杆伸缩机构、挑杆摆动机构、挑杆冲击机构及卷扬机构等组成。

图9-18　吊挂式换风口机

1—吊挂梁；2—吊挂小车；3—立柱；4—伸缩臂；5—挑杆

换风口机吊挂在小车上，小车在热风围管下面的工字梁环形轨道上运行。环形轨道设计成双轨，以承受由风口、直吹管等引起的水平推力。也有的换风口机轨道，设计成单轨道，小车运行由电动机驱动。

在换风口的操作过程中，挑杆需要通过立柱的回转机构和升降机构来完成回转和升降运动。立柱的回转运动为手动，其升降运动用液压缸来完成。在取装风口及直吹管时，挑杆还需要做伸缩移动。在取下风口时，伸缩臂完全伸出，同时带有挑杆的小车借助卷扬钢绳的牵引，走到伸缩臂头部，使拉钩伸入到炉内勾住风口，然后利用液压锤冲击挑杆，冲击风口，使其松动，再用挑杆将风口拉出。此时，要求伸缩臂缩回，带有挑杆的小车退回到伸缩臂的尾部，最后将风口从挑杆上取下。利用挑杆挑起或放下风口及直吹管时，均要求挑杆做上下摆动，挑杆的摆动是用两个油缸来完成的。卸风口时需要用卷扬机先将弯头吊起，再卸下直吹管和风口。

装风口时，需要用液压锤给挑杆以相反方向的冲击力，使新装的风口紧固。装卸风口的液压锤分为装风口锤和卸风口锤。两锤安装在同一根轴上，且结构相同，只是活塞冲程不同，安装方向相反。

9.2.5 炉前吊车

为了减轻炉前劳动强度，应设置炉前吊车。炉前吊车主要用于吊运炉前的各种材料，清理渣铁沟，更换主铁沟、渣铁分离器和检修炉前设备等。炉前吊车一般为桥式吊车，其走行轨道设置在出铁场厂房两侧支柱上。我国部分高炉炉前吊车主要性能参数见表 9-10。

表 9-10 部分高炉炉前吊车主要性能参数

高炉容积 /m³	620	1000	1500	2000	2500
吊车吨位 /t	10	15/3	20/5	20/5	20/5
吊车跨距 /m	19.5	22.5	25.5	25.5	25.5
工作范围	跨铁线	跨铁线	跨渣铁线	跨渣铁线	跨渣铁线

吊车的主要设计参数有吨位、跨距和起升高度。

吊车吨位的确定，要根据炉前最重设备来考虑。吊车跨距有三种形式：同时跨渣线与铁线；只跨其中一线；只能在出铁场内运行。一般大型高炉应该考虑跨渣、铁线。吊车司机室应布置在铁线侧，便于操作。吊车起升高度应满足最高起升能力。

9.3 铁水处理设备

高炉生产的铁水主要是供给炼钢，同时还要考虑炼钢设备检修等暂时性生产能力配合不上时，将部分铁水铸成铁块；生产的铸造生铁一般要铸成铁块，因此铁水处理设备包括运送铁水的铁水罐车和铸铁机两种。

9.3.1 铁水罐车

铁水罐车是用普通机车牵引的特殊的铁路车辆，由车架和铁水罐组成，铁水罐通过本身的两对枢轴支撑在车架上。另外还设有被吊车吊起的枢轴，供铸铁时翻罐用的双耳和小轴。铁水罐由钢板焊成，罐内砌有耐火砖衬，并在砖衬与罐壳之间填以石棉绝热板。

铁水罐车可以分为两种类型：上部敞开式和混铁炉式，如图 9-19 所示。图 9-19a 所示为上部敞开式铁水罐车，这种铁水罐散热量大，但修理铁水罐比较容易。图 9-19b 所示为混铁炉式铁水罐车，又称鱼雷罐车，它的上部开口小散热量也小，上部可以加盖，但修理罐较困难。由于混铁炉式铁水罐车容量较大，可达到 200～600t，大型高炉上多使用混铁炉式铁水罐车。炉容不同，所用铁水罐车也不同，我国常用的几种铁水罐车性能参数见表 9-11。

图 9-19 铁水罐车

a—上部敞开式铁水罐车；*b*—420t 混铁炉式铁水罐车

1—锥形铁水罐；2—枢轴；3—耳轴；4—支承凸爪；5—底盘；6—小轴

表 9-11 常用的几种铁水罐车性能参数

型 号	容量/t	满载时总重/t	吊耳中心距/mm	车钩舌内侧距/mm	通过轨道最小曲率/m	自重/t	外形尺寸（长×宽×高）/mm×mm×mm
ZT-35-1	35	46.4	3050	6580	25	24.0	6730×3250×2700
ZT-65-1	65	85.9	3620	8200	40	39.3	8350×3580×3664
ZT-100-1	100	127.5	3620	8200	40	49.2	8350×3600×4210
ZT-140-1	140	170.8	4250	9550	80	59.3	9700×3700×4500

9.3.2 铸铁机

铸铁机是把铁水连续铸成铁块的机械化设备。

铸铁机是一台倾斜向上的装有许多铁模和链板的循环链带，如图 9-20 所示。环绕着上下两端的星形大齿轮运转，上端的星形大齿轮为传动轮，由电动机带动，下端的星形大齿轮为导向轮，其轴承位置可以移动，以便调节链带的松紧度。按辊轮固定的形式，铸铁机可分为两类：一类是辊轮安装在链带两侧，链带运行时，辊轮沿着固定轨道前进，称为辊轮移动式铸铁机；另一类是把辊轮安装在链带下面的固定支座上，支撑链带，称为固定辊轮式铸铁机。

图 9-20 铸铁机及厂房设备

1—链带；2—电动机；3—减速器；4—联轴器；5—传动轮；6—机架；7—导向轮；8—铸台；9—铁水罐车；
10—倾倒铁水罐用的支架；11—铁水罐；12—倾倒耳；13—长廊；14—铸铁槽；15—将铸铁块
装入车皮用的槽；16—车皮；17—喷水用的喷嘴；18—喷石灰浆的小室

装满铁水的铁模在向上运行一段距离后，一般为全长的三分之一，铁水表面冷凝，开始喷水冷却。每吨铁冷却水耗量为 1~1.5t。当链带绕过上端的星形大齿轮时，已经完全凝固的铁块，便脱离铁模，沿着铁槽落到车皮上。空链带从铸铁机下面返回，途中向铁模内喷一层 1~2mm 厚的石灰与煤泥的混合泥浆，以防止铁块与铁模黏结。

铸铁机的生产能力，取决于链带的速度和倾翻卷扬速度及设备作业率等因素，链带速度一般为 5~15m/min，过慢会降低生产能力，过快则冷却时间不够，易造成"淌稀"现象，使铁损增加，铁块质量变差，同时也加速铸铁机设备零件的磨损。链带速度还应与链带长度配合考虑，链带长度短时不利于冷却，太长会使设备庞大，在铁模的预热等措施跟不上时，模子温度不够，喷浆效果就差，可能造成粘模子等。一般选择铸铁机时，根据昼夜最大商品生铁产量来确定，常用的双链带铸铁机可按下式计算：

$$Q = 2 \times \frac{60 \times 24}{1000} \times \frac{PV}{l} K_1 K_2 K_3 \tag{9-1}$$

式中 Q ——铸铁机产量，t/昼夜；

P ——铁块重量，kg；

V ——链带速度，m/min；

l ——两块铁模中心距，m，一般取 300mm 左右；

K_1——铸一罐铁水的浇铸时间与铸一罐铁水的总时间之比，35t 罐为 0.46，65t 罐为 0.54，100t 罐为 0.625；

K_2——铸铁机作业率，即铸铁机作业时间与日历时间之比，一般取 0.69；

K_3——铁水收得率，一般取 0.975。

9.4 炉前通风除尘设施

在高炉生产过程中，将产生大量的烟尘，因此改善高炉出铁场的劳动环境，防止烟尘对大气的污染，是高炉环境保护工程的重要课题之一。

9.4.1 出铁场烟尘的特点

高炉出铁场烟尘污染严重，每生产 1t 铁，约产生 2.5kg 烟尘，其中一次烟尘占烟尘总量的 86%，二次烟尘占烟尘总量的 14%。

9.4.1.1 出铁场烟尘排放特点

高炉出铁场烟尘排放的特点主要表现在以下四个方面：

（1）污染源分布范围广。高炉出铁场烟尘主要是从出铁口、渣铁分离器、渣沟、铁沟及摆动流嘴等部位产生。高炉出铁时，出铁场几乎有一半面积不同程度地散发出烟尘，产生辐射热。在出铁末期，出铁口还喷出含 CO 的烟气，不仅严重污染了周围的环境，而且直接影响了工人的操作和身体健康。

（2）出铁时间长。大型高炉出铁口有 2~4 个，一般是连续性出铁，出铁场散发的烟尘也是连续性的。

（3）烟尘量大。高炉出铁场每产生 1t 铁水，平均散发 2.5kg 烟尘，大型高炉每天生产铁水在 1 万吨以上，产生的烟尘量达 25t 之多。

（4）烟尘粒度细。高炉出铁场烟尘粒度较细，粉尘在大气中处于悬浮状态，停留时间长，扩散范围广，对人体健康极为有害。

9.4.1.2 出铁场粉尘的性质

粉尘的性质是指粉尘的成分、密度、粒径分布、电阻率、吸湿性、浸润性、水硬性、安息角、磨琢性等特性，粉尘的性质对除尘器的性能参数影响很大。高炉出铁场产生烟尘的粒度分布和化学成分的实例见表 9-12 和表 9-13。

表 9-12 高炉出铁场产生烟尘的粒度分布

粒度/μm	0~3.4	3.4~10.2	10.2~20.3	20.3~28.0	18.0~40.0
组成/%	7.9	34.5	17.7	3.4	8.3
粒度/μm	40.0~50.0	50.0~63.0		63.0~71.0	>71.0
组成/%	18.4	3.0		3.0	3.8

表 9-13 高炉出铁场烟尘的化学成分

化学成分	TFe	FeO	Fe_2O_3	P_2O_3	SiO_2	Al_2O_3	MgO	C	S
质量分数/%	68.1	32.36	61.4	0.19	1.38	1.16	0.083	2.5	0.235

（1）烟尘密度：假密度为 1.13~1.3g/cm³；真密度为 4.733~5.04g/cm³。

（2）烟尘含湿量：平均 1.79g/kg，最大 2.7g/kg。

对袋式除尘器，含尘浓度越低，要求除尘器的性能越好。在较高初始含尘浓度时，进行连续清灰，压力损失和排放浓度也能满足环保要求。对电除尘器一般要求初始含尘浓度在 30g/m³ 以下。某些高炉出铁场烟尘浓度见表 9-14。

表 9-14　某些高炉出铁场烟尘浓度　　　　　　　　　　　　（g/m³）

宝钢 1 号高炉	首钢 2 号高炉	武钢 4 号高炉	日本高炉	美国高炉
0.35 ~ 2.0	0.5 ~ 2.9	0.5 ~ 2.0	0.5 ~ 2.0	0.5 ~ 2.0

电除尘器的粉尘电阻率应该在 $10^4 \sim 10^{11}\Omega \cdot cm$ 范围内。粉尘的电阻率因含尘气体的温度、湿度不同而有很大变化，对同种粉尘，在 100 ~ 200℃ 的电阻率值最大，如果含尘气体加硫调节，则电阻率降低。因此，在选择电除尘器时，需事先掌握粉尘的电阻率，充分考虑含尘气体的温度和含尘气体的性质。出铁场烟尘的电阻率，会随高炉冶炼情况和烟气温度的变化而发生变化，但变化的幅度不大，详见表 9-15。

表 9-15　国内某高炉出铁场粉尘电阻率

温度/℃	湿度/%	电阻率/$\Omega \cdot cm$	温度/℃	湿度/%	电阻率/$\Omega \cdot cm$
12.5	38	1.5×10^{11}	150	38	2.6×10^{11}
20	38	7.0×10^{11}	175	38	1.8×10^{11}
50	38	1.4×10^{11}	200	38	2.0×10^{11}
75	38	6.2×10^{11}	225	38	6.5×10^{11}
100	38	1.4×10^{11}	250	38	7.2×10^{11}
125	38	1.2×10^{11}			

对于干式除尘设备，原则上必须在含尘烟气露点以上的温度条件下工作。同时需考虑袋式除尘器的滤料耐温必须高于含尘烟气的温度。玻璃滤布的使用温度一般在 260℃ 以下。其他滤布则在 80 ~ 200℃ 之间。电除尘器的使用温度可达 400℃。烟气温度与各除尘捕集罩密封程度、除尘系统运行制度有关。出铁场含尘气体温度一般在 40 ~ 80℃ 之间。

在选择除尘器时，要考虑烟气含尘量、排放要求、粉尘的电阻率和气体的温度。由于袋式除尘器能达到较高的要求，因此，一般使用袋式除尘器。

9.4.2　出铁场烟尘的治理

高炉出铁场除尘设施的布置形式与该区域的工艺布置密切相关，原则上炉前除尘设备尽可能靠近出铁场布置。除了高寒地区外，除尘风机宜露天布置。

9.4.2.1　出铁场烟尘系统

目前国内外高炉炉前除尘多为干式除尘系统，根据不同的划分方式可划分为不同形式的除尘系统。

根据处理的烟气的不同可划分为"一次除尘系统"和"二次除尘系统"。

一次除尘系统处理的是一次烟尘，主要是指正常出铁时的出铁口、渣铁分离器、铁沟、渣沟、摆动流嘴（或铁水罐）等处产生的烟尘。

二次除尘系统处理的是二次烟尘，主要是指高炉开、堵铁口时瞬间喷出的烟气以及由出铁场一次系统未捕集到而外逸的烟尘。

出铁场散发的一次烟尘占总烟尘量的 86%，所以搞好一次烟尘的控制是控制好整个出铁场烟尘的前提，净化设备采用电除尘器或袋式除尘器。

9.4.2.2　出铁场二次烟尘治理

出铁场二次烟尘约占总烟尘量的14%，而二次除尘的投资却占出铁场除尘总投资的一半以上。二次烟尘的控制方法有：

（1）垂幕或活动烟罩全面控制法。其由出铁口罩、垂幕和垂幕罩组成。出铁时使用出铁口罩排烟，开堵铁口时将垂幕降至距出铁场平台适当高度处。二次烟尘由出铁口罩和垂幕同时将烟尘抽出。垂幕式的二次除尘能较好地解决烟尘对环境的污染，但同时也存在垂幕易损坏等缺点，影响了捕集效果。

（2）屋顶排气全面控制法。将出铁场房顶封闭，利用机械抽风或烟气的热压进行排气，通过屋顶袋式除尘器或屋顶电除尘器净化后，排至大气。

（3）局部小房控制法。由移盖机、出铁口盖，以及小房和小房门组成。出铁时使用出铁口罩排烟，开堵铁口时关闭小房的房门，将烟尘封堵在小房内并抽出。但构建成密闭小房比较困难。

（4）顶吸罩控制法。由移盖机、出铁口盖以及在出铁口顶部设置的吸烟罩组成。开堵铁口时顶部吸烟罩将烟尘抽出。但受其他因素的影响较大。

目前，我国尚不能达到发达国家的环保水平，采用高投资和高能耗方式除尘。因此应开发适合我国国情和厂情的二次除尘系统。

主要难点在于二次烟尘控制。二次烟尘产生的时间较短，只在打开出铁口将主铁沟沟盖盖上，以及揭开主铁沟沟盖堵出铁口这两个短暂操作时间内，从出铁口喷出大量烟尘。

一次、二次除尘系统可合并设置，也可分开设置。宝钢3号、4号高炉及首钢高炉大修改造设计时，高炉出铁场一次、二次除尘就合为一个系统。

9.4.3　炉前通风除尘罩

9.4.3.1　炉前通风除尘罩设计原则

炉前通风除尘罩设计原则如下：

（1）改善烟尘排放条件和工作环境，尽量减少烟尘的危害。

（2）考虑飞散方向、速度和临界点，用除尘罩口对准粉尘的飞散方向。除尘罩尽量靠近污染源并围罩起来。

（3）在不影响操作的情况下，将四周围起来，尽量减少烟尘的扩散范围。

（4）炉前除尘罩应尽量满足出铁场平坦化的要求，并应根据渣铁沟的布置统筹考虑除尘罩的抽风口。

（5）紊流会使除尘罩丧失应有的作用。为防止除尘罩周围产生紊流，应选择适当的风速。

（6）为使有害物能从飞散界限的最远点流进除尘罩，需要合适的最小风速，此风速称为控制风速。

9.4.3.2　出铁口除尘罩

出铁口是出铁场内散发污染物的主要烟尘源，约占总污染物的30%。为提高出铁口抽风效果，在不影响开铁口、堵铁口和清理铁口操作的条件下，出铁口一次烟尘除风罩形式一般采用侧吸和移动主铁沟盖，出铁场侧吸罩的布置如图9-21所示。

图 9-21　出铁口侧吸罩

a—平面布置；*b*—立面布置

1—高炉中心线；2—铁口中心线；3—侧吸罩；4—除尘管；5—风口平台；6—热风围管；7—出铁场平台

9.4.3.3　出铁口二次烟尘的捕集

根据高炉的实际生产操作情况，为捕集开、堵铁口时突然从铁口冲出的大量烟尘，一般应该设置二次除尘。二次烟尘的捕集主要有垂幕式、厂房屋顶式和在靠近出铁口处设置局部顶吸罩等形式。这些形式各有其优缺点。日本高炉应用垂幕式、厂房屋顶式、小房密闭式较多。在 20 世纪 80 年代，首钢和宝钢对垂幕式有过尝试，但因技术和运行管理方面还存在一些问题，所以在我国没有得到推广。目前，对出铁口二次烟尘的捕集，一般采用在出铁口上部设置顶吸罩方式，顶吸罩可根据具体情况设置成固定式或移动式，如图 9-22 所示。

图 9-22　出铁口顶吸罩

1—高炉中心线；2—铁口中心线；3—顶吸罩；4—除尘管；5—风口平台；6—热风围管；7—出铁场平台

9.4.3.4 摆动流嘴除尘罩

大型高炉出铁时一般采用摆动流嘴向铁水罐内流注铁水的方式。其除尘罩的形式有适应平坦化要求的平盖式和上吸式。上吸式摆动流嘴除尘罩如图 9-23 所示。

图 9-23 上吸式摆动流嘴除尘罩

1—摆动流嘴；2—侧吸管；3—吸尘罩；4—除尘管

9.4.3.5 渣铁沟盖

渣铁沟产生的烟尘与沟槽暴露在大气中的面积和铁水温度有关。铁水冷却时，碳以片状的石墨从饱和的铁水中析出。为防止受敞露铁水液面的辐射热和烟尘的影响，以及提高铁水沟各抽风点的抽风效果，首先应对渣铁沟等部位进行加盖密闭。沟盖采用平沟盖或半圆形，平沟盖如图 9-24 所示，半圆形沟盖如图 9-25 所示。

图 9-24 渣铁沟平沟盖

1—渣铁沟中心线；2—渣铁沟；3—沟盖；4—除尘管

图 9-25 渣铁沟半圆形沟盖

1—渣铁沟中心线；2—渣铁沟；3—半圆形沟盖；4—除尘管

9.4.3.6 渣铁分离器除尘罩

渣铁分离器产生的污染物不仅与敞露在大气中的面积有关，且与铁水温度和使用的耐火材料有关。该处随着密闭罩抽风，密闭罩设吊钩，以便于维修与更换。渣铁分离器除尘罩如图 9-26 所示。

图 9-26　渣铁分离器除尘罩
1—铁沟中心线；2—吸尘罩；3—除尘管；4—渣沟中心线

9.4.4　炉前各吸尘点风量参数

高炉炉前各吸尘点风量与高炉容积、密闭罩的形式、渣铁沟断面大小及工艺设计条件和工艺布置等因素有关，要进行理论计算非常困难。一般可按表 9-16 中的参数范围取值，对高炉容积较小和设计条件较好的取低值，对高炉容积较大及设计条件较差的取高值。

表 9-16　高炉炉前各吸尘点设计参数

尘　源	抽风点数/个	总风量/m³·min⁻¹	温度/℃	备　注
出铁口侧吸	2	1330 ~ 3400	135 ~ 200	
渣铁分离器	1	850 ~ 1140	100 ~ 180	
渣　沟	1 ~ 2	每 1m，7	120 ~ 200	
主铁沟	1	每 1m，80 ~ 120	135 ~ 200	
铁　沟	1 ~ 2	每 1m，13	135 ~ 200	
摆动流嘴	3	顶吸 1500 ~ 1900 侧吸 2 × (600 ~ 770)	70 ~ 100	1 个顶吸加 2 个侧吸或合并成 1 个顶吸
铁水罐	1	18 ~ 10/t 铁水	80 ~ 100	
出铁口顶吸	1	1400 ~ 4000	40 ~ 60	收集二次烟气

一次除尘的平均烟气温度为 80 ~ 100℃，二次除尘的平均烟气温度为 40 ~ 60℃。

国内外部分高炉炉前除尘系统设计风量见表 9-17。

表 9-17　国内外部分高炉炉前除尘系统设计风量

厂　名	炉号	炉容/m³	出铁口数/出铁场数	一次烟气量/m³·min⁻¹	二次烟气量（排放方式）/m³·min⁻¹	备　注
日本大分	1	4153	4/2	4800×2	6500×2（垂幕）	
	2	5070	5/3	14500×2	10000×2（垂幕）	
君　津	3	4063	4/2	2000+11000	（密闭小房）	最后一次大修前
	4	4930	4/2	12500×2	25000（密闭小房）	
户　畑	1	4140	4/2	15000	15000（屋顶集尘）	
名古屋	新1	4000	4/3	11000×2	25000（屋顶集尘）	正压反吹风袋式除尘器
福　山	5	4617	3/2	15000	10000（屋顶集尘）	
扇　岛	1	4050	4/3	20000	10000（屋顶集尘）	
千　叶	6	4540	4/3	10000×2	10000（屋顶集尘）	
鹿　岛	3	5050	4/4	6600×2	15000×2（屋顶集尘）	
神户加古川	3	4500	4/2	25000		
前苏联克里沃罗格	9	5026	4/环形	7000（主铁沟）	（工作区空气淋浴）	自然通风换气70 次/h
法国敦刻尔克	4	4526	4/2	3000（溜槽）	15000（垂幕）	
英国雷特卡	1	4573	4/2	6500×2	4800×2（垂幕）	
巴西图巴朗	1	4415	4/2	10000×2		
武　钢	5	3200	4/环形	10666×2		电除尘器
宝　钢	1	4063	4/2	11400×2	11200（垂幕）	正压反吹风袋式除尘器
	2	4063	4/2	8650×2	10000（小幕帘）	
首　钢	1	2500	3/环形	9333		负压反吹风袋式除尘器
迁　钢	2	2650	3/环形	9333	5000（出铁口顶吸）	低压脉冲袋式除尘器
首　秦	2	1780	2/2	9166	3300（出铁口顶吸）	低压脉冲袋式除尘器
攀　钢	4	1350	2/2	10000	5400（屋顶集尘）	负压反吹风袋式除尘器

9.5　炉渣处理设备

高炉炉渣可以作为水泥原料、隔热材料以及其他建筑材料等。高炉渣处理方法有炉渣水淬、放干渣、冲渣棉或生产膨渣。目前，国内高炉普遍采用水冲渣处理方法，特殊情况时采用干渣生产，在炉前直接进行冲渣棉或生产膨渣的高炉很少。

高温炉渣自然冷却后变成坚硬的干渣；用水淬将高温液态炉渣击碎后，变成松散的水渣；用蒸汽或压缩空气将高温液态炉渣击散后，变成颗粒状膨渣或蓬松的渣棉。干渣、水渣、膨渣和渣棉，都能得到合理利用，变废为宝。

目前高炉多采用炉前水冲渣。根据炉渣流量的大小，用一定压力和流量的水，通过喷头、专用喷嘴、冲制箱等设备，形成多股水流，将液态熔渣打散、击碎，使熔渣与水迅速混合、冷却，变成水渣。

炉前水冲渣的优点是可以及时放渣，有利于高炉操作。其缺点是炉前占地面积大，布局拥挤；产生的蒸汽和有害气体对高炉操作环境有一定的影响。

在炉前冲制水渣时，应保证水渣的质量，并应满足节水的要求，冲渣水必须循环使用。

水冲渣设施的能力应满足全部炉渣冲制水渣，并应设置干渣处理设施或其他备用设施。干渣处理设施的能力，应满足开炉初期和水渣设施检修时高炉的正常生产。

炉前冲渣点应设置在出铁场外，并应设置必要的安全设施。根据高炉水渣的渣、水分离方式不同，可分为多种，下面详细介绍。

9.5.1　沉淀池法水淬渣

沉淀池法水淬渣生产工艺：熔渣经渣沟流入冲渣槽，在冲渣槽中淬化后，渣水混合物经水渣沟流入一次沉淀池，大部分渣在此沉淀。少量细颗粒浮渣随冲渣水流入二次沉淀池进一步沉淀，并设置过滤网，将浮渣挡住，以防止水泵叶轮过快磨损。

沉淀后的水渣，用桥式或龙门抓斗吊车抓取堆放，堆渣脱水后，采用火车或汽车运送水渣。

为防止对江河污染，将冲渣水循环使用。经多次沉淀后的冲渣水流入吸水井，用水泵打至炉前淬化装置循环使用。这种方式，一般称为平流沉淀池法。为彻底解决浮渣对管道和水泵的磨损，后来又发展为在渣池底部过滤，并设有反冲洗装置。在渣和水经过水渣层、卵石层过滤后由出水口排出，水流入循环水泵房，循环使用。

9.5.2　底滤法水淬渣

高炉熔渣进入冲渣沟后，由带有多孔喷嘴的粒化头出来的水喷射，渣水混合物沿冲渣沟经转换流槽进入两个过滤池中的任一个池子进行过滤脱水。

冲渣点处喷水嘴的安装位置应与熔渣沟和冲渣沟位置相适应，要求熔渣沟、喷水嘴和冲渣沟三者的中心线在一条垂直线上，喷水嘴的倾斜角度应与冲渣沟坡度一致，补充水的喷嘴设置在主喷水嘴的上方，主喷水嘴喷出的水流呈带状，水带宽度大于熔渣流股的宽度。喷水嘴一般用钢管制成，出水口为扁状或锥状，以增加喷出水的速度。

冲渣沟一般采用 U 形断面，在靠近喷嘴 10～15m 段最好采用钢结构或铸铁结构槽，其余部分可以采用钢筋混凝土结构或砖石结构。冲渣沟的坡度一般不小于 3.5%，进入渣池前 5～10m 段，坡度应减小到 1%～2%，以降低水渣流速，有利于水渣沉淀。

冲渣点处的水量和水压必须满足熔渣粒化和运输的要求。水压过低，水量过小，熔渣无法粒化而形成大块，冲不动，堆积起来难以排除。更为严重的是熔渣不能迅速冷却，内部产生蒸汽，容易造成"打炮"事故。冲渣水压一般应大于 0.2～0.4MPa，渣、水质量比为 1:8～1:10，冲渣沟的渣水充满度为 30% 左右。

在热水泵的动力下，过滤池中的水经过滤层和带有多孔的支管汇到总管进入高架冷却塔，冷却后的水贮于下方的冲渣贮水池。由冲渣水泵将水从贮水池打至炉前冲渣。因此，一面冲渣，一面过滤，操作协调统一，闭路循环。基本上出一次渣倒换一个贮水池。

冲渣完毕后，冲渣管闸门关闭，停泵。此时，热水泵还未停止工作，当过滤池水位下降到等于或略低于池中工字钢网面时，水渣全部露出水面，关闸门。随后进行清渣，抓渣完毕后，启动冲渣泵，相应打开反冲水管的闸门，使水进到过滤池，作为下次冲渣的垫底水，借以保护过滤层的完整性。当池中的水到达工字钢网面以上 1m 时，停泵，关闸门，一次循环完毕，等着下一次的冲渣，重复以上程序进行工作。

以上的冲渣、过滤、反冲等动作转换，由水位计发出信号进行联动和人工启动。为了水位控制的可靠性，除设置水位计外，还设置水位压力计，同时进行声光报警。

由于采用反冲洗的介质不同，又分为两种：用过滤水反冲洗的，一般称为底滤法；用加压空气反冲洗的，一般称为 OCP 法，其工艺如图 9-27 所示。

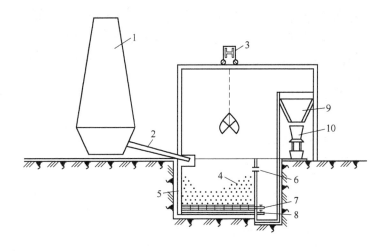

图 9-27　OCP 法水淬渣工艺示意图

1—高炉；2—熔渣沟和水冲渣槽；3—抓斗起重机；4—水渣堆；5—保护钢轨；6—溢流水口；
7—冲洗空气进口；8—排出水口；9—贮渣仓；10—运渣车

高炉车间有两座以上的高炉时，一般采取两座高炉共用一个冲渣系统。冲渣沟布置于高炉的一侧，并尽可能缩短渣沟，增大坡度，减少拐弯。

9.5.3　拉萨法水淬渣

高炉熔渣从渣槽流入冲制箱，经喷水制成水渣，进入粗粒分离槽，沉淀在底部的粗颗粒水渣，由渣泵送到脱水槽脱水。在分离槽上面的浮渣由溢流口流入中间槽。在中间槽下方，用渣泵将渣水混合物送到沉淀池。经沉淀后，用渣浆泵将渣水混合物送到脱水槽进行脱水。脱水槽下方设有闸门，控制水渣装卸，脱水后的水渣用汽车运走。

脱水槽过滤的水也流入沉淀池，并与中间槽由渣泵送往沉淀池的渣水混合物一起经沉淀后，水溢流入温水池。用上塔泵将热水打入冷却塔，经冷却后，进入供水池。用循环泵将水打入冲制箱供冲渣使用。在冲渣时，由于熔渣冷却而产生大量水蒸气和硫化氢气体，为防止污染操作环境，在粗粒分离槽上部设置了排气筒。

拉萨法水淬渣的特点是水淬后的渣浆通过管道输送到高炉较远的地方，再进行脱水等处理。该法优点是：工艺布置灵活，炉渣粒化充分，成品渣含水量低，质量高，冲渣时产生的大量有害气体经过处理后排空，避免了有害气体污染车间环境。其缺点是设备复杂，耗电量大，渣泵及运输管道容易磨损等。

宝钢1号高炉采用拉萨法水冲渣工艺流程，如图9-28所示。主要设备包括吹制箱、粗粒分离槽、中继槽、脱水槽、沉淀池、冷却塔、水池及输送泵等。高炉的两个出铁场各设一套水淬渣装置及粗粒分离系统，通过渣泵和中继泵将渣浆输送到共用的水处理设施进行脱水、沉淀和冷却。

图9-28　宝钢1号高炉拉萨法水冲渣工艺流程

1—给水泵；2—水渣泵；3—中继泵；4—冲洗泵；5—冷却泵；6—液面调整泵；7—搅拌泵；8—排泥泵；9—水渣沟；
10—粗粒分离槽；11—中继槽；12—脱水槽；13—沉淀池；14—温水槽；15—给水槽；16—冷却塔

拉萨法的优点是：使用闭路循环水，占地面积小，处理渣量大；水渣运出方便，水渣质量好，自动化程度高，管理方便等；污染公害较少。缺点是：系统复杂，管道长，设备重量大，投资和建设费用高；渣泵、输送渣浆管道磨损严重，设备维修及运行费用高。新建大型高炉已不再采用拉萨法水冲渣工艺。

9.5.4　轮法水淬渣

唐钢2560m³高炉炉渣处理系统采用了俄罗斯的图拉法工艺。唐山嘉恒实业有限公司在消化俄罗斯的图拉法工艺的基础上，结合生产操作，不断改进，成功开发了轮法水淬渣工艺，其工艺流程如图9-29所示。

高炉熔渣经渣沟进入粒化轮，在熔渣下落过程中被高速旋转的粒化轮轮齿击碎，并沿切线方向抛射出去，同时粒化轮周边喷射出的冷却水将渣粒冷却，急冷后的渣粒和水沿护罩流入脱水器中。

图 9-29　轮法水淬渣系统工艺流程

1—粒化装置；2—冲渣水管；3—渣沟；4—脱水装置；5—压缩空气管；
6—胶带机；7—供水管；8—回水管；9—集水池

粒化的水渣进入脱水器后经二次冷却水淬，脱水器旋转滤水，水渣被装有筛板的脱水器过滤并提升，转到最高处时落入漏斗，滑入胶带运输机上被运走。脱水器斜上方还装有压缩空气吹扫管，用来吹落粘连在脱水器筛板上的细渣。脱水器内筛板的过滤网由不锈钢制成。

滤出的水在脱水器外壳下部，经溢流装置流入沉淀池中。脱水器内的水位控制由翻板阀来调节。冲渣水在沉淀池中沉淀后，底部的渣浆用渣浆泵或气力提升机输送回脱水器中循环脱水，上部的水由循环水泵抽至炉渣粒化装置内重新使用。补充的新水首先作为挡渣板冷却水，然后进入冲渣循环水系统。

在粒化和脱水过程中产生的高温蒸汽，通过脱水器外壳两侧的导管引入脱水转鼓上部的排气筒集中排放。

在生产过程中，可以随时调整粒化轮转速和脱水器转速及溢流装置翻板阀的工作角度来控制水位，最终控制成品水渣的质量。

轮法水淬渣工艺的特点是：

（1）补充的新水量能够降低冲渣水温，系统中不需设置大型泵站和冷却塔，占地面积小。

（2）熔渣主要受高速旋转的粒化轮的机械作用而粉碎，允许渣中带铁可达 40%，不爆炸。

（3）作业率高。

（4）水淬熔渣所需的冷却水量较少，能耗低，运行费用低。每吨渣冲渣水用量 4~6t，补充水 0.7t，吨渣耗电 2.4kW·h。

（5）渣流量过大时，粒化轮的轮齿不能充分粒化熔渣，时有红渣进入脱水器，炉况异常时对高炉出渣影响较大。

9.5.5　明特法水渣处理

明特法水渣处理技术于 2000 年应用于上钢一厂的 750m³ 高炉，以后又相继应用于首钢迁安一期、二期 2650 m³ 高炉、唐钢 3200 m³ 高炉等，首钢曹妃甸 5500m³ 高炉也采用了明特法水渣处理设备。

明特法水渣处理系统工艺流程如图 9-30 所示。熔渣经冲制箱冲成水渣进入水渣池，搅笼机将沉淀渣捞出、脱水，使得捞出的渣含水率小于 15%，而浊水经溢流口流入到孔径 0.5mm 的过滤器过滤，过滤成净水进入储水池，再由冲渣泵送至冲制箱进行冲渣，实现循环使用。整个水渣系统为全密闭循环，蒸汽由蒸汽烟罩排向高空，无污染物外排。每套水渣搅笼机由一台螺旋机和一台滚筒式过滤器组成。整套系统占地面积 150m²。

图 9-30   明特法水渣处理系统工艺流程

明特法高炉水渣搅笼机技术作为一种高炉水渣分离设备，其主要特点是，采用一种特殊设计和制造的螺旋机，20°倾斜角安装在搅笼池内，螺旋机的一头沉在搅笼池底部，随着螺旋机的转动，其叶片将搅笼池底部的水渣向上输送，水则靠重力以及机械搅动两重脱水自动向下回流，使渣水得到分离。水渣经脱水离开螺旋机后，通过皮带机送至水渣堆场或直接上车皮外运。

明特法水渣处理设备将高炉水渣的捞渣、细渣水过滤过程，分别用两个明特专利产品搅笼机及过滤器完成。有别于其他工艺方法将水渣同时进行捞渣、滤水处理，致使顾此失彼，使得渣水分离不彻底，水中含渣量大，对管道、阀、泵磨损较大，维修频繁。

明特法整套设备非常紧凑，仅占地 150m²。现场布置灵活，既可在炉台边布置，也可远离炉台任意组合布置，并可以多座高炉共用一组设备，安全、环保。整个系统的沟池完全封闭，水闭路循环使用，没有蒸汽、水渣外溢现象。设备简单可靠，牢固耐用，无脆弱环节，设备寿命长。水渣处理能力大，对渣水分离能力最大可达 650t/h（约 11t/min）。

明特法水渣处理设备与其他方式水渣设备相比因脱水时间长，确保了脱水渣的含水率小于 15%。迁安 2650m³ 高炉于 2004 年 9 月投产到现在，没有因为明特水渣处理设备耽误生产，充分证明明特法水渣处理设备运行可靠，工艺合理。

环保型明特法水渣处理系统工艺流程如图 9-31 所示。是在普通明特法水渣处理系统基础上加装了蒸汽冷凝回收塔、冷却塔，确保了周边环保问题，最大限度满足企业环保要求。首钢曹妃甸 5500m³ 高炉采用了此方案。

图 9-31　环保型明特法水渣处理系统工艺流程

明特法水渣处理的主要特点是：

（1）节能、节水、环保。节能，因明特整套设备功率才 112kW，与其他水渣处理方法相比，明特整套水渣设备耗电量最低。节水，明特法在冲制熔渣过程中采用渣水比 1:7 冲制，能大量吸收热量，减少蒸发量，既节约用水又减少蒸汽外排，做到了现场环保，又因过滤器网孔是 0.5mm，过滤后的水很清，所以可以直接用于采暖，通钢新建 7 号 2680m³ 高炉就是直接采用明特法冲渣水用于冬季采暖。

（2）工艺合理，操作简单、维修方便。

（3）主要设备占地面积 150 m²。

（4）渣干水净，脱渣含水率不大于 15%。渣干水净就避免了堆渣场及运输车上污水外流；特别是在东北地区，避免了夏季泥泞，冬季结冰；避免了现场环境遭到破坏；避免了因蒸汽中含有大量二氧化硫对周围设备造成侵蚀，减少了检修维护工作量，增加了设备使用周期。

（5）维修费用低，能给企业带来最大综合效益。正是明特设备坚固耐用、工艺合理、操作简单，使得维修工作量少、综合运行费用低。

9.5.6　冲渣水的处理

尽管冲渣工艺在不断发展和改进，但其技术的核心还是对高炉熔渣进行喷水水淬、冷却、粒化成水渣；然后进行水、渣分离；冲渣的水经过沉淀过滤后再循环使用。

冲渣水处理的主要措施就是根据不同冲渣设备及高炉的渣流量，提出对冲渣水的水压、水温、水质、水量、运行制度的要求，并安全、合理地选择冲渣水循环水泵及其处理设施。

冲渣水处理的主要措施：

（1）循环水泵应根据冲渣的供水量、压力、管路阻损、冲渣制度及频度进行选择。循环水泵以选择耐磨材质的渣浆泵或砂泵为宜。当工作泵台数不少于 2 台时，备用泵宜为 2 台。

供水管路的阀门宜选用耐磨的渣浆阀。阀门与止回阀之间留有一定距离的直线段或膨胀套管，以利于生产检修时更换阀门。

供水管道，特别是管道弯头处，宜采用耐磨衬里或喷刷耐磨涂料，并且尽可能设明管道。管道口径的选择要考虑管道结垢（包括管道衬里）对过流断面的影响。可适当增加管道壁厚，延长管道使用寿命。对未设冷却设施的明装管道，在人员可到处，需对管道外壁进行外包隔热防护处理，以避免不安全因素。

（2）泵站位置要尽可能地靠近高炉冲渣设施处，以减少管道敷设长度。泵站内的水泵机组和吸水井的布置，除应符合国家相关规程、规范的规定外，检修通道尺寸应适当放宽，以利于生产检修。吸水井容积应适当加大，以利于安全生产。

泵站内的检修起重设备宜采用电动方式。

泵站内的设备除设有就地机旁和值班室操作外，也可将值班室与冲渣工艺值班室合并，采用自动化控制。

（3）水泵的吸水井前必须设置沉淀池，用以拦截水渣，减少水渣进入循环水系统，造成堵塞现象。

对沉淀池的底流水渣可设渣浆泵或气力提升机，将渣水打入水渣过滤设备入口，进行再次过滤。

在沉淀池上清液的总出口处，设置细格网或挡板，阻拦浮渣进入吸水井。

（4）冲渣循环水的补水允许采用工业循环排污水作为补水水源。

（5）循环水冷却设施。对冲渣循环水设置冷却设施，选用冷却塔或冷却水池均可。冷却塔的选型要耐高温，填料表面光滑，不易挂渣，喷嘴不易堵塞。

9.5.7　干渣生产

干渣坑作为炉渣处理的备用手段，用于处理开炉初期炉渣、炉况失常时渣中带铁的炉渣，以及在水冲渣系统事故检修时的炉渣。为确保高炉正常生产，每个出铁场宜布置一个干渣坑，以满足事故状态时处理干渣的要求。干渣坑可按平均堆高2m、充满系数0.7、干渣比重2t/m³ 计算。

干渣坑的三面均设有钢筋混凝土挡墙，另一面为清理用挖掘机的进出端，为防止喷水冷却时坑内的水蒸气进入出铁场厂房内，靠出铁场的挡墙应尽可能高些。为使冷却水易于渗透，坑底为120mm 厚的钢筋混凝土板，板上铺1200~1500mm 厚的卵石层。考虑到冷却水的排集，干渣坑的坑底纵向做成1:50 的坡度，横向从中间向两侧为1:30 的坡度。底板上横向铺设三排ϕ300mm 的钢筋混凝土排水管，排水管朝上的240°范围内设有冷却水渗入孔，冷却水经排水管及坑底两侧的集水井和排水沟流入循环水系统的回水池。

干渣采用喷水冷却，由设在干渣坑两侧挡墙上的喷水头向干渣坑内喷水。冷却水量设计为 $3m^3/t$ 渣，水压不小于 0.3MPa。宝钢 1 号高炉的干渣坑在近出铁场的头部采用 $\phi32mm$ 的喷嘴，中间部分采用 $\phi25mm$ 喷嘴，尾部采用双层 $\phi25mm$ 喷嘴，喷嘴间距为 2m，耗水量为 $3m^3/t$。喷水冷却后的干渣还需自然冷却一天。干渣冷却后即可进行清理，干渣清理和装运采用液压挖掘机，然后用载重汽车运往弃渣场。

干渣生产时将高炉熔渣直接排入干渣坑，在渣面上喷水，使炉渣充分粒化，然后用挖掘机将干渣挖掘运走。为使渣能迅速粒化和渣中的气体顺利排出，一般采取薄层放渣和多层放渣，一次放出的熔渣层厚度以 10mm 左右为宜。干渣坑的容量取决于高炉容积大小和采掘机械设备的形式。

9.5.8　渣棉生产

在渣流嘴处引出一股渣液，以高压蒸汽喷吹，将渣液吹成微小飞散的颗粒，每一个小颗粒都牵有一条渣丝，用网笼将其捕获后再将小颗粒筛掉即成渣棉。

渣棉容重小，热导率低，耐火度较高，约800℃左右，可作隔热、隔声材料。

9.5.9　膨渣生产

膨渣即熔渣膨胀后生成的渣球。具有质轻、强度高、保温性能良好的特点，是理想的建筑材料，目前已用于高层建筑。炉渣的膨胀和成珠，是该工艺的两个主要环节，其工艺流程如图 9-32 所示。

高炉出渣温度一般在1450℃左右。熔渣经渣沟流至膨胀槽，与膨胀槽上的水进行激烈的热交换。熔渣将其热量传给水，水受热汽化，瞬间产生大量的蒸汽，使渣水之间形成具有一定压力的气相层。在气压的推动下，部分蒸汽克服表面张力和内部质点的阻碍进入熔渣，并以气泡的形态存在其中。与此同时，熔渣将其热量传给水后，其温度也迅速下降。

图 9-32　膨渣生产工艺流程
1—流渣嘴；2—膨胀槽；3—滚筒；4—抓斗

膨胀后的含气熔渣流向高速旋转的滚筒，在滚筒叶片的打击下，熔渣被分割、击碎、粒化，并做斜上抛运动。渣粒又在空中急冷，在飞溅过程中，由于表面张力的作用，渣粒形成渣珠，渣内气泡形成微孔。落地时，温度降至800~900℃，最后生成表面光洁质轻的膨渣。再用抓斗抓至堆料场堆放或装车运走。

生产膨渣，要尽量减少渣棉生成量，而膨胀槽和滚筒的距离对渣棉的产生有重要影响，如果距离近则会排出一股风，容易将熔渣吹成渣棉，所以距离要远些，以减小这股风力，减少渣棉量。

9.5.10　高炉渣的综合利用

高炉渣是高炉炼铁的副产品之一。根据炉渣处理工艺的不同，分为水渣和干渣等产品。大部分高炉炉渣冲制成水渣，干渣主要在高炉开炉初期或水渣设施检修时产生。

9.5.10.1 水渣的用途

目前冲制水渣的工艺设备均能保证水渣的质量，水渣的玻璃化程度可以达到 90% ~ 95%，平均粒度为 0.2 ~ 3.0mm，含水不大于 15%。先进的高炉，水渣已经全部得到利用。

高炉水渣的主要用途如下：

（1）高炉水渣已经普遍用于制造水泥。掺入 30% ~ 50% 的水渣，可以生产 400 ~ 500 号矿渣硅酸盐水泥。可替代水泥熟料，降低煤耗，降低生产成本，并可节省矿山及水泥厂的基建投资。

（2）用于制造渣砖、渣瓦等预制品。渣砖可以替代红砖，节约宝贵的土地资源。

（3）用于制作湿碾炉渣混凝土。湿碾炉渣混凝土可作大型设备的基础及各种预制品构件。

（4）用于隔热填料。可代替硅藻土用于隔热填料，节约成本。

（5）生产矿渣微粉。高炉水渣经过超细磨，可作为生产矿渣微粉的主要原料。

（6）有的把高炉水渣细磨后作为处理 SO_2 烟气的吸收剂。

9.5.10.2 高炉干渣的用途

矿渣碎石是高炉熔渣在干渣坑喷水冷却形成易于运输的干渣后，再经过挖掘、破碎、磁选和筛分而得到的一种碎石材料。

高炉干渣的主要用途如下：

（1）高炉块状干渣可用做炉渣混凝土的粗细骨料。

（2）用作公路及铁路路基、基础垫层等。

9.5.10.3 其他用途

（1）矿渣膨珠。制作隔热材料、轻质砌块及轻质混凝土骨料等。轻骨砌块已大量应用于建筑行业。

（2）制成矿渣棉的原料。直接在高炉出铁场旁吹制成渣棉，用作制作矿渣棉的原料。

（3）冶炼高磷矿的炉渣可制成磷钙肥料。用于酸性土壤，可达到改良土壤、提高农作物产量的目的。

10 能源回收利用

10.1 高炉炉顶煤气余压发电

为了回收高炉煤气的物理能，在高炉煤气系统设置透平发电机组（简称TRT），与调压阀组并联，利用煤气的压力能和热能发电。高炉炉顶煤气余压发电装置的原理是利用高炉炉顶煤气压力能和煤气显热，把煤气导入膨胀透平机对外做功，通过透平机将高炉煤气压力能和部分热能转换为机械能，驱动发电机发电的能量回收装置。该部分能量约为高炉鼓风机能耗的30%~40%，因此回收这部分能量具有明显的经济效益。同时还可提高煤气质量，减少噪声对环境的污染，是国家政策要求进行推广的环保型高效节能装置，具有良好的经济效益与社会效益。

炉顶煤气余压发电装置（TRT）的主要特点：

（1）TRT装置自动化控制水平高，可靠性强，安全性高，操作简单，检修维护的工作量小，投资回收年限短（一般为2~4年）。

（2）TRT装置利用高炉煤气的余压来发电，其自身消耗的能源较少，电耗约50kW·h，水耗约$10m^3/h$，氮气约$60m^3/h$。

（3）TRT装置运行时，不仅能确保高炉生产的高效性，湿式TRT还具有除尘功效，能进一步降低煤气中的含尘量。

（4）当TRT装置发出的电能需并入电网时，电网容量需大于TRT发电量的20倍以上。

10.1.1 炉顶煤气余压透平机的结构

设备的外形因生产厂商不同而异。通常国内的产品为下进气与下出气形式，国外的产品为水平进气或下进气，出气均为水平形式。国产煤气余压发电透平机基本结构如图10-1所示。

10.1.1.1 静叶可调机构

目前绝大多数的产品为两级叶片，有两级静叶全部可调，也有一级可调，二级固定；两者均采用单伺服阀驱动伺服油缸同步调节机构，以改善传动机构受力状况。其传动灵活平稳，变工况范围内运行稳定，并可有效延长零部件使用寿命。第一级静叶可实现全关闭，且具有足够强度，能在最大压差下打开。

10.1.1.2 转子及叶片

在透平的转子上，国内配有危急保安器。日本三井及川崎均不配危急保安器。主轴材质均为高合金钢，整锻转子，对积灰后不平衡响应迟缓。

图 10-1 国产煤气余压发电透平机基本结构

1—机壳；2—叶片承缸；3—调节缸；4—低压喷水部；5—扩压器；6—进气侧密封套；7—排气侧密封套；

8—进气侧轴承箱；9—排气侧轴承箱；10—底座；11—转子；12—护罩；13—联轴器；14—调节缸支承；

15—特殊密封；16—油封；17—机壳摆动支承；18—机壳固定支承；19—卡套式直角终端；20—轴位移监测支架；

21—支承轴承；22—止推轴承；23—止推轴承热电偶；24—盘车装置；25—危急遮断器油门；26—铂热电阻

转子动力学计算程序包括轴承动静性能计算、转子临界转速和不平衡响应计算、扭曲临界转速计算，确保透平高效运行。透平转子动平衡精度为 G1 级，并在出厂前做高速动平衡试验。

叶片：采用 TRT 专用高效叶片，流动效率高，不易积灰、堵塞及磨损。材质为高强不锈钢，其表面应进行防腐及耐磨处理。处理方法通常有化学镀 Ni-P 合金、离子渗氮、火焰超音速喷涂工艺等。采用干式或湿式 TRT 叶片的耐磨或防腐有所侧重，针对干式 TRT 通常以防止磨损为主，对湿式 TRT 以防止腐蚀为主。

10.1.1.3 盘车装置

对于干式 TRT 应配有盘车装置。而对湿式 TRT，有些厂家配有盘车装置，有些厂家可不配盘车装置。盘车装置按驱动方式分为电动与液动两种，目前一般采用电动盘车装置。由防爆电机、齿轮和机械式超越离合装置组成，当主轴转速超过盘车转速如 6r/min 时，自动脱开。

10.1.1.4 轴端密封装置

透平轴端通常采用充氮气拉别令（Labyrinth）加碳环（德国博克曼公司）组合密封，可有效防止煤气外泄，泄漏量浓度不高于 30mg/m³，并尽可能减少氮气的消耗量，氮气消

耗量不大于 $60m^3/h$。碳环密封寿命不低于 4 万小时。

10.1.1.5 轴系选择

根据透平供货厂家的制造情况，分为柔性轴系或者刚性轴系。陕鼓、三井一般采用柔性轴系（临界转速低于额定转速），成飞、川崎通常采用刚性轴系（临界转速高于额定转速）。

10.1.1.6 危急保安器

国产设备主机主轴上带有机械式危急保安器，针对额定转速 3000r/min 的机组，在超速状态下（一般 3250r/min）飞锤跳出（转速波动值 ±50r/min），快速打开危急保安器的油门开关，导致快切阀迅速关闭，并且发出故障信号。以确保透平主机系统的安全。为防止动力油流向润滑油系统需对启跳后的危急保安器进行复位。

10.1.1.7 隔声罩

TRT 装置可在室内布置也可在室外布置，对于室内布置的 TRT，通常不设隔声罩，对于室外布置的 TRT，考虑设备的保护及对环境噪声的影响，需设置隔声罩。其结构为多扇全封闭式玻璃纤维充填板组装而成。安装拆卸方便，防雨、防晒、防冻、隔声效果好，罩外 1m 处噪声不高于 85dB。罩内配有照明、通风换气扇、一氧化碳检测仪等设施。

TRT 装置的噪声源由两部分组成，一是透平机产生的噪声，二是发电机产生的噪声，其中发电机产生的噪声占主导地位。目前的 TRT 产品中，发电机产生的噪声，通常为 80～100dB。机组越大，噪声值越大。对布置在室内的 TRT 机组，其 TRT 主厂房作为生产工作间。设备运行时，只有巡视人员，短时间的停留检查，按目前国家现行环保规范，通常可不设隔声罩，但尽量采用低噪声型发电机。

10.1.2 炉顶煤气余压透平能力的确定

TRT 的能力应与高炉发生的煤气量和炉顶压力相匹配。而高炉煤气发生量与高炉鼓风机能力相匹配。从透平机的能力和对炉顶压力控制两方面考虑，炉顶余压透平回收方式有如下三种（图 10-2）：

（1）部分回收方式。设计通过透平机的最大煤气量小于高炉产生的煤气量。高炉正常生产情况下，通过透平机的煤气量保持不变，炉顶煤气压力由调压阀组控制，如图 10-2a 所示；

（2）全部回收方式。设计通过透平机的最大煤气量大于高炉产生的煤气量，炉顶煤气压力由透平机调速阀或静叶自动调节控制，如图 10-2b 所示；

（3）平均回收方式。设计通过透平机的最大煤气量，为高炉生产产生煤气量波动幅度的平均值，炉顶煤气压力由调压阀组和透平机分别控制，当高炉煤气量小于透平机设计流量时，由透平机控制；当高炉煤气量大于透平机设计流量时，由调压阀组控制，如图 10-2c 所示。

平均回收方式的发电能力较高，设备投资低，投资回收期最短，而且又能保证高炉炉顶压力的稳定。

在选择 TRT 时，应将高炉操作的典型工况点落实到炉顶煤气余压透平机的性能曲线上。

图 10-2   炉顶余压透平回收方式

A—由调压阀组控制煤气流量；B—由透平机控制煤气流量；

1—透平机最大设计流量；2—高炉产生的煤气量

10.1.2.1   工况点的确定

透平机的出力能力，根据工况点的参数及透平机的效率而定。设计点在实际工程中一般是指生产中出现频率最高的工况点。

正常煤气入口压力应为高炉出现的频率最高的炉顶压力，减去煤气净化系统的阻损。正常炉顶压力与炉况的稳定、顺行有关，一般正常高炉炉顶压力应比最高炉顶压力低 30 ~ 40kPa。正常煤气流量应按正常炉腹煤气量或正常炉腹煤气量指数折算的炉顶煤气发生量计算。此点应为设计 TRT 的最佳工况点。

在高炉燃料比较高的时候，出现最高煤气量。这与最大炉腹煤气量或最大炉腹煤气量指数相对应。这时的煤气压力取正常煤气入口压力值。

最高煤气压力工况，在高炉操作顺行时出现。较设计最高的炉顶压力降低 10 ~ 20kPa 后，再减去煤气净化系统的阻损，作为最高煤气压力值。

TRT 设备的最高煤气压力应按高炉最高的炉顶压力减去煤气净化系统的阻损确定。此压力作为 TRT 设备的最高压力线。同时，按上节所述的 TRT 静叶角度变化范围确定 TRT 的有效运行范围。

10.1.2.2   工况点主要性能参数

煤气入口温度由干式或湿式净化装置确定。各运行点对应的具体性能参数详见表 10-1。

表 10-1   工况点主要性能参数

序号	项目内容	运行工况		
		设计点	最高压力点	最高流量点
1	入口煤气压力/kPa	设计高炉顶压力-煤气净化系统阻力 – 30 ~ 40kPa	高炉炉顶压力-煤气净化系统阻力 – 10 ~ 20kPa	设计高炉顶压力-煤气净化系统阻力 – 30 ~ 40kPa
2	煤气流量/$10^4 m^3 \cdot h^{-1}$	由正常炉腹煤气量确定相应的炉顶煤气量	由正常炉腹煤气量确定相应的炉顶煤气量	由最大炉腹煤气量确定相应的炉顶煤气量
3	煤气出口压力/kPa	12	15	10

序号	项目内容	运 行 工 况		
		设计点	最高压力点	最高流量点
4	煤气含尘量/mg·m^{-3}	≤10	5~15	5~15
5	煤气机械水含量 /g·m^{-3}	≤7	5~30	5~30
6	煤气相对湿度	100%（湿式），不饱和（干式）	100%（湿式），不饱和（干式）	100%（湿式），不饱和（干式）

10.1.3 宝钢炉顶煤气余压透平的选择

宝钢1号高炉煤气余压发电装置引进的时间早，透平发电回收方式采用平均回收方式，即透平与减压阀组共同控制炉顶压力。2号、3号、4号高炉按全部回收方式设计。1号高炉余压透平机设备型号为：70-3-3000 湿式轴流反动式；透平机级数为3级；透平机转速为 3000r/min。工艺设计参数如下：

通过最大煤气量（标态）	670000m³/（h·台）
入口管交接点煤气压力	0.22MPa（表压）
出口管交接点煤气压力	0.13MPa（表压）
入口煤气温度	55℃
高炉煤气相对湿度	100%
煤气中机械水含量	小于 7g/m³
入口煤气含尘量	小于 10mg/m³
出口煤气含尘量	小于 3mg/m³
额定发电能力	17440kW

TRT煤气入口从二级文氏管后的煤气管道接出，TRT煤气出口管道与调压阀组后的高炉煤气主管相连，其平面布置如图 10-3 所示。在 TRT 的入口煤气管道上，依次设有入口电动蝶阀、眼镜阀、紧急切断阀、调速阀等。在 TRT 的出口煤气管道上，依次设有 NK 阀及除雾器。

眼镜阀的作用是在透平机停止运行时完全切断高炉煤气。当 TRT 需要与煤气系统切断时，首先关闭入口电动蝶阀，减低眼镜阀前后的压差，这样有利于眼镜阀的关闭。紧急切断阀用于在 TRT 系统出故障时迅速切断高炉煤气，是保证高炉正常生产的重要设备。此外，在紧急切断阀的旁通管道上设置一个电动蝶阀作为均压阀，在开启紧急切断阀前，先打开均压阀，使紧急切断阀在均压状态下开启。在紧急切断阀后设置调速阀，用于控制炉顶压力，调速阀的动作是由电气调节器控制。这样，既能保持透平机最高的发电效率，又不影响高炉炉顶压力的稳定。

TRT 设施与高炉煤气净化系统有密切关系，因此，在平面布置时应尽量缩短两者间距离。

图 10-3   宝钢 TRT 系统平面布置图

1—工业用水；2—氮气；3—仪表氮气；4—蒸汽；5—润滑油；6—控制油；7—回收水

10.2   热风炉烟道废气余热回收

余热回收装置的作用是利用热风炉烟道废气来预热助燃空气和煤气，有效回收热风炉烟道废气的显热。回收热风炉废气热量的较为成熟的方法是通过各种形式的换热器将烟气的热量传递给热风炉烧炉用的煤气和助燃空气，由于被预热的煤气和助燃空气增加了物理热，可提高理论燃烧温度。目前常用的余热回收装置有热管式换热器和热媒式换热器两种。

10.2.1   热管式换热器

热管式换热器是一种新型高效率的换热元件，其本身是一个封闭抽真空的管件，管内充入适量的热工介质。热管一般以蒸馏水、二次蒸馏水或液态无机混合物作为热工介质。

热管换热器的工作原理如图 10-4 所示，把带有翅片的

图 10-4   热管换热器工作原理图

1—外壳；2—凝结液

金属管密封抽成真空后，灌入热媒体，热管换热器的受热端置于热风炉烟道废气管路系统内，冷凝端置于助燃空气或煤气管路系统内。热媒体在受热端吸热蒸发，由于温差产生的压差使蒸汽流向冷凝端，热媒体在冷凝端放出潜热传给管外冷源——助燃空气或煤气，蒸汽又凝结成液体，在重力作用下又流回受热端，如此反复循环，热量不断地从受热端传入冷凝端，达到换热目的。

热管式换热器属于低温换热器，能够承受的废气温度一般要低于400℃，过高的废气温度会引起热管内压力升高而造成热管爆裂。

热管式热交换器在结构上可分为整体式热管换热器和分离式热管换热器。

10.2.1.1　整体式热管换热器

整体式热管换热器回收热风炉烟道废气余热的基本工艺流程如图10-5所示。

整体式热管换热器等温性能好，可回收热风炉烟道废气的低温余热，易密封，可预热助燃空气和煤气，结构简单。但是，大直径的助燃空气管道和煤气管道往返较多，增加了投资，工作温度受热媒体的限制，并且管道容易破裂。

图10-5　整体式热管换热器工艺流程

1—引风机；2—煤气换热器；3—助燃风机；4—空气换热器；5—热风炉；6—烟囱

10.2.1.2　分离式热管换热器

分离式热管换热器的工作原理如图10-6所示，与整体式热管换热器的区别在于分离式热管的受热端和冷凝端置于不同的换热器内，受热端和冷凝端之间用蒸汽连接管与液体连接管相连，热媒体在受热端被热风炉烟道废气加热成蒸汽，通过蒸汽连接管送到冷凝端。蒸汽在冷凝端被煤气或助燃空气冷却后凝结成液体，冷凝液通过液体连接管返回到受热端，液体的返回是由受热端与冷凝端位置的高差实现的，如此不断循环，实现热量的连续传递。在热管的冷凝端，还有不凝性气体分离装置，产生的不凝性气体可随时排放。

分离式热管换热器的典型流程如图10-7所示。这种换热器设备制造比较容易，易于大型化，高架布置，占地面积小，布置灵活。其缺点是热管受热端和冷凝端的分离距离和高差有一定限制。

图 10-6　分离式热管换热器的工作原理

图 10-7　分离式热管换热器工艺流程

1—热媒体贮存罐；2—供给泵；3—膨胀罐；4—循环泵；5—热风炉烟道废气；

6—助燃空气；7—煤气；8—氮气

10.2.2　热媒式换热器

热媒式换热器工艺流程如图 10-8 所示，主要设备包括烟气换热器、助燃空气换热器、煤气换热器、循环泵、热媒体贮罐、膨胀罐、供给泵等。

热媒式换热器的工作原理是：热媒体在循环泵的强制驱动下流入烟气换热器中的钢管内而被热风炉烟道废气加热，冷却后的热风炉烟道废气通过烟囱排入大气，加热后的热媒体流入助燃空气换热器和煤气换热器的钢管内，将热量传递给助燃空气和煤气，加热后的助燃空气和煤气送入热风炉内燃烧，冷却后的热媒体经过循环泵再次送入烟气换热器内加热，如此循环。

这种余热回收系统的优点是，由于烟气换热器、助燃空气换热器和煤气换热器分开布置，分别靠近相应的管道，因此，热风炉烟道废气管、煤气管和助燃空气管不用往返重复，可缩短大直径管道的长度，节省材料，占地面积小，布置紧凑，热效率高，气密性好，可以通过调节热媒体的流量来调节预热助燃空气和预热煤气之间的热量。缺点是设备比较复杂、投资较高。

图 10-8　热媒式换热器工艺流程

1—烟囱；2—烟气换热器；3—循环泵；4—热媒体贮罐；5—供给泵；6—煤气换热器；

7—助燃风机；8—助燃空气换热器；9—膨胀罐；10—外燃式热风炉

参 考 文 献

［1］项钟庸，王筱留．高炉设计——炼铁工艺设计理论与实践［M］．北京：冶金工业出版社，2007．

［2］周传典．高炉炼铁生产技术手册［M］．北京：冶金工业出版社，1999．

［3］成兰伯．高炉炼铁工艺及计算［M］．北京：冶金工业出版社，1991．

［4］王筱留．高炉生产知识问答［M］．北京：冶金工业出版社，2005．

［5］王明海．炼铁原理与工艺［M］．北京：冶金工业出版社，2006．

［6］胡洶璞，吕岳辉，王建丽．高炉炼铁设计原理［M］．北京：化学工业出版社，2010．

［7］王筱留．钢铁冶金学（炼铁部分，第2版）［M］．北京：冶金工业出版社，2000．

［8］王平．炼铁设备［M］．北京：冶金工业出版社，2006．

［9］中国冶金设备总公司编著．现代大型高炉设备及制造技术［M］．北京：冶金工业出版社，1996．

［10］任贵义．炼铁学［M］．北京：冶金工业出版社，1996．

［11］张殿友．高炉冶炼操作技术［M］．北京：冶金工业出版社，2007．

［12］由文泉，赵民革．实用高炉炼铁技术［M］．北京：冶金工业出版社，2003．

［13］宋建成．高炉炼铁理论与操作［M］．北京：冶金工业出版社，2005．

［14］丁泽洲．钢铁厂总平面设计［M］．北京：冶金工业出版社，1998．

［15］刘全兴．高炉热风炉操作与煤气知识问答［M］．北京：冶金工业出版社，2005．

［16］项钟庸，郭庆弟．蓄热式热风炉［M］．北京：冶金工业出版社，1988．

［17］傅燕乐．高炉操作［M］．北京：冶金工业出版社，2006．

［18］杨天钧，苍大强，丁玉龙．高炉富氧煤粉喷吹［M］．北京：冶金工业出版社，1996．

［19］杨天钧，刘应书，杨珉．高炉富氧喷煤-氧煤混合与燃烧［M］．北京：科学出版社，1998．

［20］吕庆，蒋武锋．炼铁操作技术解疑［M］．石家庄：河北科学技术出版社，1998．

［21］王维邦．耐火材料工艺学（第二版）［M］．北京：冶金工业出版社，1994．

［22］万清国．炼铁设备及车间设计［M］．北京：冶金工业出版社，1994．

［23］李慧．钢铁冶金概论［M］．北京：冶金工业出版社，1993．

［24］薛立基，万真雅．钢铁冶金设计原理（上册）［M］．重庆：重庆大学出版社，1992．

［25］赵润恩．炼铁工艺设计原理［M］．北京：冶金工业出版社，1993．

［26］郝素菊，蒋武锋，方觉．高炉炼铁设计原理［M］．北京：冶金工业出版社，2003．